ÉLÉMENS
D'ALGEBRE.

TOME PREMIER.

ÉLÉMENS
D'ALGEBRE

P A R

M. LÉONARD EULER,

TRADUITS DE L'ALLEMAND,

AVEC DES NOTES ET DES ADDITIONS.

TOME PREMIER.

DE L'ANALYSE DÉTERMINÉE.

A LYON,

Chez Jean-Marie BRUYSET, Pere & Fils.

M. DCC. LXXIV.

Avec Approbation & Privilege du Roi.

A MONSIEUR,
M. D'ALEMBERT,

SECRÉTAIRE PERPÉTUEL DE L'ACADÉMIE FRANÇOISE, DES ACADÉMIES ROYALES DES SCIENCES DE FRANCE, DE PRUSSE, D'ANGLETERRE ET DE RUSSIE, DE L'ACADÉMIE ROYALE DES BELLES-LETTRES DE SUEDE, DE L'INSTITUT DE BOLOGNE ET DES SOCIÉTÉS ROYALES DES SCIENCES DE TURIN ET DE NORWEGE.

MONSIEUR,

Il ne nous appartient ni de prononcer sur le mérite de l'Ouvrage dont vous nous avez permis de faire

paroître la premiere édition Françoise
sous vos auspices , ni d'ajouter aux
éloges qu'il a reçus , soit dans sa
langue originale , soit dans la traduction Russe qu'on en a donnée. Le
nom seul de M. EULER, en le rendant
précieux aux Mathématiciens, an-
nonce à ceux qui travaillent à le devenir , tout ce qu'ils peuvent s'en
promettre.

M. BERNOULLI , digne héritier
de ce nom si grand dans les Sciences,
& Directeur de l'Observatoire de
Berlin, s'est chargé de rendre en notre
langue le texte de M. EULER, &
de l'enrichir de quelques Notes histo-
riques. M. DE LA GRANGE, dont
le rare génie & les nombreux succès
fixent depuis long-temps l'attention

de toute l'Europe savante, a ajouté au mérite de l'Ouvrage, en y joignant un morceau destiné à compléter le traité de l'Analyse indéterminée.

Tout concourt, MONSIEUR, à établir vos droits sur l'hommage que nous prenons la liberté de vous offrir. C'est au Philosophe, au Mathématicien qui honore son siecle, que nous devions présenter l'Ouvrage d'un homme également destiné à l'illustrer. L'ambition s'attacha souvent au rang pour s'appuyer de la faveur de la protection; un motif qui nous est plus cher nous porte à vous offrir le témoignage public de la reconnoissance que nous devons aux bontés dont vous nous avez honorés. En plaçant votre nom à la tête de ce Livre, nos sentimens pour vous, MONSIEUR, nous ont suggéré le choix qu'auroit pu faire le discernement le plus juste, & nous nous applaudirons dans notre hommage, d'avoir l'Europe entiere pour témoin & pour approbateur.

Nous avons l'honneur d'être avec le plus profond respect,

MONSIEUR,

Vos très-humbles & très-obéissans serviteurs

J. M. BRUYSET, pere & fils.

AVERTISSEMENT
DES ÉDITEURS
DE L'ORIGINAL.

Nous mettons entre les mains des Amateurs de l'Algebre un Ouvrage dont il a déjà paru une traduction Ruſſe il y a deux ans.

Les vues du célebre Auteur étoient de compoſer un Livre élémentaire, au moyen duquel on pût apprendre, ſans aucun autre ſecours, l'Algebre à fond. La perte de ſa vue lui avoit ſug- géré cette idée, l'activité de ſon génie ne lui permit pas de différer long-temps à la mettre en exécution. M. *Euler* choisit pour cet effet un jeune homme qu'il avoit pris à son service en quittant Berlin, qui possédoit assez bien l'Arithmétique, mais qui n'avoit d'ailleurs aucune teinture des Mathématiques ; il avoit appris le métier de Tailleur, & ne pouvoit être mis, quant à sa capacité, qu'au rang des esprits ordinaires. Non-seulement ce jeune homme a très-bien saisi tout ce que son illustre Maître lui enseignoit & lui dictoit, mais il s'est même trouvé en peu de temps en état d'achever tout seul les calculs algébriques les plus difficiles, & de réfoudre promptement toutes les queftions analytiques qu'on lui propofoit.

Le fait que nous citons doit donner une idée d'autant plus avantageufe de la méthode qui regne dans cet Ouvrage, que le jeune homme qui l'a écrit, qui en a développé les calculs, & dont les progrès ont été fi marqués, n'a reçu abfolument d'autres inftructions que de ce Maître, fupérieur à la vérité, mais privé de la vue.

Indépendamment d'un avantage auffi grand, les Connoiffeurs verront, avec autant de

plaifir que d'admiration, l'ex-
pofition de la doctrine des logarithmes & de fa liaifon avec
d'autres calculs, ainfi que les
méthodes qu'on donne pour la
réfolution des équations du troifieme & du quatrieme degré.

Ceux enfin que les problemes
de *Diophante* peuvent intéref-
fer, feront charmés de trouver
dans la derniere fection de la
feconde Partie, tous ces problemes préfentés d'une maniere
fuivie, & l'explication de tous
les procédés de calcul néceffai-
res pour les réfoudre.

AVERTISSEMENT
DU TRADUCTEUR.

LE Traité d'Algebre que j'ai entrepris de traduire, a été publié en Allemand en 1770 par l'Académie Impériale des Sciences de Saint-Pétersbourg. Je m'abſtiendrai d'en louer le mérite, ce ſeroit preſque faire injure au nom célebre de ſon Auteur; il ſuffira d'ailleurs d'en lire quelques pages, pour voir, par la clarté avec laquelle tout eſt expoſé, quel fruit les Commençans peuvent en retirer. C'eſt ſur d'autres objets que je crois devoir un Avertiſſement.

Je me ſuis écarté de la diviſion ſuivie dans l'original, en faiſant entrer dans le premier volume de la traduction Françoiſe la premiere Section du ſecond volume de l'original, qui complette l'Analyſe déterminée.

On fentira facilement les raifons de ce changement; non-feulement il favorifoit la divifion affez naturelle de l'Algebre en Analyfe déterminée & en Analyfe indéterminée, mais il devenoit néceffaire pour conferver quelque égalité dans l'épaiffeur des deux volumes, par rapport aux Additions qu'on trouve à la fin de la feconde Partie.

On s'appercevra aifément à la lecture de ces Additions, qu'elles ne peuvent être que de M. *de la Grange*; auffi font-elles une des raifons qui m'ont principalement engagé à entreprendre ma Traduction; je me fuis félicité d'être le premier à faire voir plus généralement aux Mathématiciens à quel haut point de perfection deux de nos plus illuftres Géometres ont porté depuis peu une branche de l'Analyfe, peu connue, mais dont on fent les épines dès qu'on cherche à l'approfondir, & qui, de l'aveu même de ces grands génies , leur a offert les problemes les plus difficiles qu'ils aient jamais réfolus.

Je crois avoir traduit cette Algebre comme on convient qu'il faut traduire des Ouvrages de cette efpece ; je me fuis principalement attaché à entrer dans le fens de l'original & à le rendre avec toute la clarté poffible ; peut-être même oferai-je attribuer quelque fupériorité à ma Traduction fur l'original , parce que cet Ouvrage ayant été dicté & n'ayant pu être revu par fon illuftre Auteur même , il eft aifé de concevoir qu'il auroit befoin dans plufieurs endroits qu'on y paffât la lime. Au refte , fi je ne me fuis point affervi à traduire littéralement, je n'ai pas laiffé de fuivre mon Auteur pas à pas ; j'ai confervé les mêmes divifions dans les articles, & c'eft dans un fi petit nombre d'endroits que j'ai penfé à fupprimer quelques détails de calcul, ou à inférer une ou deux lignes d'éclairciſſement dans le texte, qu'il ne vaut pas, je crois, la peine d'entrer dans le détail des raiſons qui peuvent me juſtifier.

Je ne dirai rien non plus des notes que j'ai ajoutées à la premiere Partie ; elles ſont en aſſez petit nombre pour que je ne craigne pas le reproche d'avoir groſſi inutilement le volume ; elles peuvent d'ailleurs répandre du jour ſur différens points de l'hiſtoire des Mathématiques, & faire connoître un grand nombre de tables ſubſidiaires peu connues.

Quant à l'exactitude de la correction, je compte qu'elle ne le cédera en rien à celle de l'original ; j'ai comparé avec ſoin tous les calculs, & en ayant refait un grand nombre moi-même, j'ai pu corriger pluſieurs fautes indépendamment de celles qui étoient indiquées dans l'*Errata.*

ÉLÉMENS

ÉLÉMENS

D'ALGEBRE.

PREMIERE PARTIE,

Où l'on traite de l'Analyse déterminée.

SECTION PREMIERE.

Des différentes Méthodes de calcul pour les grandeurs simples ou incomplexes.

CHAPITRE PREMIER.

DES MATHÉMATIQUES EN GÉNÉRAL.

I.

ON nomme *grandeur* ou *quantité*, tout ce qui est susceptible d'augmentation & de diminution.

Une somme d'argent est donc une quan-

Tome I.   A

tité, puisqu'on peut y ajouter & qu'on peut en ôter.

Il en est de même d'un poids & d'autres choses de cette nature.

2.

On voit donc facilement qu'il doit y avoir tant de différentes especes de grandeurs, qu'il seroit même difficile d'en faire l'énumération : & voilà l'origine des différentes Parties des Mathématiques, chacune d'elles s'occupant d'une espece particuliere de grandeurs. Les Mathématiques en général ne sont autre chose que la *science des quantités*, ou la science qui cherche les moyens de les mesurer.

3.

Or nous ne pouvons mesurer ou déterminer une quantité, qu'en regardant une autre quantité de la même espece comme connue, & en indiquant le rapport de celle-ci à celle-là.

Qu'il s'agiffe, par exemple, de déterminer la quantité d'une fomme d'argent, on
regardera comme connu un louis, un écu,
un ducat ou quelqu'autre monnoie, & on
indiquera combien de ces pieces font con-
tenues dans ladite fomme.

De même, s'il étoit queftion de déterminer la quantité d'un poids, on regarde-
roit un certain poids comme connu ; par
exemple, une livre, un quintal, une once,
& on indiqueroit combien de fois tel ou tel
poids eft contenu dans celui qu'on détermine.

Veut-on mefurer une longueur ou une
étendue, on fe fervira d'une certaine longueur connue, telle qu'eft un pied.

4.

Ainfi les déterminations ou les mefures
de grandeurs de toutes efpeces, reviennent
à ceci: Qu'on fixe d'abord à volonté une
certaine grandeur de la même efpece que
celle qu'on veut déterminer, afin de la

prendre pour *mefure* ou *unité* ; enfuite, que l'on détermine le rapport qu'a la grandeur prefcrite avec cette mefure connue. Ce rapport s'exprime toujours par des nombres, d'où il s'enfuit qu'un nombre n'eft autre chofe que le rapport d'une grandeur à une autre prife arbitrairement pour l'unité.

5.

Il eft évident par-là que toutes les grandeurs peuvent être exprimées par des nombres, & qu'on doit faire confifter ce fondement de toutes les Sciences Mathématiques, dans un traité complet de la fcience des Nombres & un examen foigneux des différentes manieres de calculer qui peuvent fe préfenter.

On nomme cette partie fondamentale des Mathématiques, l'*Analyfe* ou l'*Algebre* (*).

(*) Plufieurs Mathématiciens diftinguent entre *Analyfe* & *Algebre*. Ils entendent par le terme d'*Analyfe* la méthode qui enfeigne à trouver ces regles générales, au

6.

On ne confidere donc dans l'Analyfe, que des nombres qui repréfentent des quantités, fans s'embarraffer des efpeces particulieres des Quantités. C'eft dans les autres parties des Mathématiques qu'on s'occupe de ces efpeces.

7.

On traite des Nombres en particulier dans l'*Arithmétique* , qui eft la *fcience des Nombres proprement dite;* mais cette fcience ne s'étend qu'à de certaines façons de calculer qui fe préfentent ordinairement dans la vie commune. L'Analyfe au contraire comprend généralement tous les cas qui peuvent avoir lieu dans la doctrine & le calcul des Nombres.

moyen defquelles on foulage l'efprit dans toutes les recherches mathématiques ; & ils nomment *Algebre* l'inftrument que cette méthode emploie pour y parvenir. C'eft la définition que M. *Bezout* adopte dans la Préface de fon *Algebre.*

A iij

CHAPITRE II.

Explication des Signes + Plus & — Moins,

8.

QUAND il s'agit d'ajouter à un nombre donné un autre nombre, cela s'indique par le signe + qu'on met devant ce second nombre, & qu'on prononce *plus*. Ainsi 5 + 3 signifie qu'on doit ajouter encore 3 au nombre 5, & tout le monde sait qu'il en résultera 8 ; de même 12 + 7 font 19 ; 25 + 16 font 41 ; la somme de 25 + 41 est 66, &c.

9.

On a coutume aussi de se servir du même signe + *plus*, pour lier ensemble plusieurs nombres ; par exemple : 7 + 5 + 9 signifie qu'au nombre 7 il faut ajouter 5 & de plus encore 9, ce qui fait 21. On comprend donc ce que signifie la formule suivante :

$$8 + 5 + 13 + 11 + 1 + 3 + 10,$$

à favoir, la fomme de tous ces nombres, qui fait 51.

10.

Tout cela ne peut qu'être clair, & il refte à faire obferver que dans l'Analyfe on indique les nombres d'une maniere générale par des lettres, comme a, b, c, d, &c. Ainfi, quand on écrit $a + b$, cela fignifie la fomme des deux nombres qu'on a exprimés par a & b, & ces nombres peuvent être très-grands ou très-petits. De même $f + m + b + x$, fignifie la fomme des nombres indiqués par ces quatre lettres.

Il fuffira donc toujours de favoir quels nombres ont été indiqués par de telles lettres pour trouver auffi-tôt, par l'Arithmétique, les fommes ou les valeurs de pareilles formules.

11.

Quand il eft queftion, au contraire, d'ôter ou de fouftraire un nombre d'un

autre nombre, on indique cette opération
par le signe —, qui signifie *moins*, & qu'on
met devant le nombre à souftraire : ainfi

$$8 - 5$$

fignifie que le nombre 5 doit être ôté du
nombre 8 ; ce qui étant fait il refte 3 , comme perfonne ne l'ignore. De même $12 - 7$
eft autant que 5 , & $20 - 14$ eft autant
que 6 , &c.

1 2.

Il peut arriver auffi qu'on ait plufieurs
nombres à souftraire d'un feul nombre. C'eft
le cas de cet exemple :

$$50 - 1 - 3 - 5 - 7 - 9.$$

Cela fignifie : Otez d'abord 1 de 50, il refte
49 ; ôtez 3 de ce refte, il reftera 46 ; ôtez-
en encore 5 , reftent 41 ; ôtez enfuite 7 ,
il refte 34 ; ôtez-en enfin 9 , reftent 25 ;
& ce dernier refte eft la valeur de la formule propofée. Mais comme les nombres
1 , 3 , 5 , 7 , 9 font tous à souftraire , il
revient au même de souftraire leur fomme ,

qui eſt 25 , toute à la fois de 50 ; le reſte
ſera 25 , comme auparavant.

13.

Il eſt de même très-facile de déterminer
la valeur de pareilles formules, où les deux
ſignes ╋ *plus* & — *moins* ſe rencontrent ;
par exemple :

12 — 3 — 5 ╋ 2 — 1 eſt autant que 5.
Il n'y a qu'à prendre ſéparément la ſomme
des nombres précédés du ſigne ╋ , & en
ôter celle des nombres précédés de —. La
ſomme de 12 & de 2 eſt 14, celle de 3 ,
5 & 1 , eſt 9 ; or 9 étant ôté de 14 , il
reſte 5.

14.

On s'appercevra bien par ces exemples
que l'ordre des nombres qu'on écrit eſt très-
indifférent & tout-à-fait arbitraire, pourvu
qu'on conſerve à chacun ſon ſigne. Rien
n'empêcheroit de mettre à la place de la
formule du § précédent celles-ci :

12╋2—5—3—1 ; ou 2—1—3—5╋12 ;
ou 2╋12—3—1—5 ;

ou encore d'autres; & il faut remarquer
que dans la formule propofée, le figne +
eft cenfé être mis devant le nombre 12.

15.

On n'aura plus de difficultés non plus
quand, pour généralifer ces procédés, on
voudra fe fervir de lettres à la place de
nombres réels. Il eft clair, par exemple,
que

$$a - b - c + d - e$$

fignifie qu'on a des nombres exprimés
par a & d, & que de ces nombres, ou de
leur fomme, il faut ôter les nombres exprimés par les lettres b, c, e, & précédés
du figne —.

16.

Il importe donc principalément ici de
favoir quel figne fe trouve devant chaque
nombre. De-là vient que dans l'Algebre,
les quantités fimples font les nombres confidérés avec les fignes qui les précedent

---

ou qui les *affectent*. On nomme *quantités positives*, celles devant lesquelles se trouve le signe +; & *quantités négatives*, celles qui sont affectées du signe —.

17.

La maniere dont on a coutume d'indiquer les biens d'une personne, est très-propre à éclaircir ce que nous venons de dire. On indique par des nombres positifs, & moyennant le signe +, ce qu'un homme possede réellement, au lieu que ses dettes se représentent par des nombres négatifs, ou par le moyen du signe —. Ainsi quand on dit de quelqu'un qu'il a 100 écus, mais qu'il en doit 50, c'est dire que son bien se monte à

100 — 50; ou, ce qui est la même chose, +100 — 50, c'est-à-dire 50.

18.

Puisque les nombres négatifs peuvent être considérés comme des dettes, en tant

que les nombres positifs indiquent des biens
effectifs, on peut dire que les nombres négatifs font moins que rien. Ainsi quand un
homme ne possede rien, & qu'il doit même
50 écus, il est certain qu'il a 50 écus de
moins que rien ; car si quelqu'un lui faisoit
présent de 50 écus pour payer ses dettes,
il ne seroit encore qu'au point de n'avoir
rien, quoiqu'il fût devenu plus riche qu'il
n'étoit.

19.

De même donc que les nombres positifs
font incontestablement plus grands que
rien, les nombres négatifs font plus petits
que rien. Or on obtient des nombres positifs en ajoutant 1 à 0, c'est-à-dire, à rien,
& en continuant d'augmenter ainsi toujours
de l'unité. C'est-là l'origine de la suite des
nombres qu'on nomme *nombres naturels*;
en voici les premiers termes :

$0, +1, +2, +3, +4, +5, +6, +7, +8, +9, +10,$
& ainsi de suite à l'infini.

Mais si au lieu de continuer ainsi cette suite par des additions successives on la continuoit dans le sens contraire, en retranchant perpétuellement l'unité, on auroit la suite, ou série suivante, des nombres négatifs :

0, –1, –2, –3, –4, –5, –6, –7, –8, –9, –10, & ainsi de suite jusqu'à l'infini.

20.

Tous ces nombres tant positifs que négatifs, ont le nom connu de *nombres entiers*; lesquels par conséquent sont ou plus grands ou plus petits que rien. On les nomme *nombres entiers*, pour les distinguer d'avec les nombres rompus, & d'avec plusieurs autres especes de nombres dont nous parlerons dans la suite. Car 50, par exemple, étant plus grand d'une unité entiere que 49, on comprend facilement qu'il peut y avoir entre 49 & 50 une infinité de nombres intermédiaires, tous plus grands que 49, & pourtant tous plus petits que 50. On n'a

qu'à fe repréfenter deux lignes, l'une longue de 50 pieds, l'autre longue de 49 pieds,
on conçoit aifément qu'on peut tirer un
nombre infini de lignes toutes plus longues
que 49 pieds, & plus courtes cependant
que 50 pieds.

21.

Il importe extrêmement dans toute l'Algebre, que l'on fe faffe une idée nette de
ces quantités négatives dont il a été queftion. Je me contenterai de faire remarquer
ici d'avance que toutes ces formules, par
exemple,

$$+1-1, +2-2, +3-3, +4-4, \&c.$$

valent o ou rien. Enfuite que

$$+2-5 \text{ vaut } -3.$$

Car fi quelqu'un a 2 écus & qu'il en doive
5, non-feulement il n'a rien, mais il doit
encore 3 écus: de même

$$7-12 \text{ eft autant que } -5.$$
$$\& 25-40 \text{ vaut } -15.$$

22.

Les mêmes chofes doivent s'obferver, quand on emploie d'une maniere plus générale des lettres au lieu de nombres ; on aura toujours o ou rien pour la valeur de $+a-a$. Veut-on favoir enfuite ce que fignifie, par exemple, $+a-b$, l'on confidérera deux cas :

Le premier a lieu quand a eft plus grand que b ; il faut alors fouftraire b de a & le refte, devant lequel on mettra ou l'on fuppofera le figne $+$, qui indique la valeur cherchée.

Le fecond cas eft celui où a eft plus petit que b ; on fouftraira dans ce cas a de b, & on prendra le refte négatif, en lui donnant le figne $-$, ce fera la valeur cherchée.

CHAPITRE III.

De la multiplication des Quantités simples.

23.

QUAND on a deux ou plusieurs nombres égaux à ajouter ensemble, on peut exprimer cette somme d'une maniere abrégée; par exemple:

$a + a$ est autant que $2.a$ &

$a + a + a$ ———————— $3.a$; de même

$a + a + a + a$ ——— $4.a$, & ainsi de suite.

C'est ainsi qu'on peut prendre une idée de la multiplication, & il faut remarquer que:

$2.a$ signifie 2 fois a &

$3.a$ ——— 3 fois a &

$4.a$ ——— 4 fois a, &c.

24.

S'il s'agit donc de multiplier un nombre exprimé par une lettre, avec un nombre quelconque,

quelconque, on met fimplement ce nombre devant la lettre; ainfi

a multiplié par 20 fait   20 a, &

b multiplié par 30 donne 30 a, &c.

On voit auffi que c pris une fois, ou 1 c eft autant que c.

25.

Il eft de plus facile de multiplier de femblables produits encore par d'autres nombres; par exemple:

2 fois 3 a fait   6 a.

3 fois 4 b fait 12 b.

5 fois 7 x fait 35 x.

Et ces produits peuvent fe multiplier encore par d'autres nombres à volonté.

26.

Quand le nombre par lequel on devroit multiplier, eft auffi repréfenté par une lettre, on la met immédiatement devant l'autre lettre; ainfi quand il s'agit de multiplier b par a, le produit doit s'écrire a b ;

Tome I.   B

& *p q* fera le produit de la multiplication du nombre *q* par *p*. Si l'on multiplioit ce *p q* encore par *a*, on obtiendroit *a p q*.

27.

Il faut bien remarquer qu'ici l'ordre des lettres jointes enfemble eft indifférent ; que *a b* eft la même chofe que *b a ;* car *b* multiplié par *a* fait autant que *a* multiplié par *b*. Pour comprendre ceci on n'a qu'à prendre pour *a* & *b* des nombres connus, comme 3 & 4 ; la chofe fera claire par elle-même : 3 fois 4 font autant que 4 fois 3.

28.

On n'aura pas de peine à voir, que quand il s'agit de mettre des nombres à la place des lettres jointes enfemble de la maniere qu'on a vu, on ne peut pas les écrire de la même maniere l'un à côté de l'autre. Car fi l'on vouloit écrire 34 pour 3 fois 4, ce feroit mettre 34 & non pas 12. On a donc foin, quand il s'agit d'une multiplication de nombres ordinaires, de les féparer par des points : ainfi 3.4 fignifie 3 fois 4, c'eft-à-dire 12. De même 1.2 eft autant que 2 ; & 1.2.3 fait 6. Pareillement 1.2.3.4.56 fait 1344 ; & 1.2.3.4.5.6.7.8.9.10 vaut 3628800, &c.

29.

On peut auffi conclure de-là ce que figni-fie une quantité de cette forme 5.7.8.*abcd*. Elle montre que 5 doit fe multiplier par 7, & qu'il faut multiplier ce produit encore par 8 ; enfuite qu'il faut multiplier ce produit des trois nombres, par *a*, & puis par *b* & puis par *c*, & enfin par *d*. On remarquera de plus qu'on peut écrire à la place de 5.7.8 fa valeur, laquelle eft 280 ; car c'eft ce qui vient, quand on multiplie par 8 le produit de 5 par 7, ou 35.

30.

On aura remarqué que nous avons nom-mé PRODUITS les formules qui naiffent de la multiplication de deux ou plufieurs nombres. Il faut obferver aufli qu'on nomme *facteurs* les nombres ou les lettres ifolées.

31.

Jufqu'ici nous n'avons confidéré que des nombres pofitifs, & il n'y a pas eu lieu de douter que les produits que nous avons vu fe former ne fuffent pofitifs de même : favoir $+a$ par $+b$ doit donner néceffairement $+ab$. Mais il faudra examiner à part ce qui doit provenir de la multiplication de $+a$ par $-b$, & de $-a$ par $-b$.

32.

Commençons par multiplier $-a$ par 3 ou $+3$; or puifque $-a$ peut être confidéré comme une dette, il eft clair que fi l'on prend trois fois cette dette, elle doit aufli devenir trois fois plus grande, & par conféquent le produit cherché eft $-3a$. De même s'il s'agit de multiplier $-a$ par $+b$, on obtiendra $-ba$, ou, ce qui eſt la même choſe, — ab. Nous tirons de-là la conſéquence, qu'une quantité poſitive étant multipliée par une quantité négative, le produit eſt négatif; & nous prenons pour regle, que $+$ par $+$ fait $+$ ou *plus*, & qu'au contraire $+$ par $-$, ou $-$ par $+$ donne $-$ ou *moins*.

33.

Il nous reſte à réſoudre encore ce cas où $-$ eſt multiplié par $-$, ou, par exemple, $-a$ par $-b$. Il eſt évident d'abord que, quant aux lettres, le produit ſera ab; mais il eſt incertain encore ſi c'eſt le ſigne $+$, ou bien le ſigne $-$ qu'il faut mettre devant ce produit; tout ce qu'on ſait, c'eſt que ce ſera ou l'un ou l'autre de ces ſignes. Or je dis que ce ne peut être le ſigne $-$: car $-a$ par $+b$ donne $-ab$, & $-a$ par $-b$ ne peut produire le même réſultat que $-a$ par $+b$; mais il doit en réſulter l'oppoſé, c'eſt-à-dire, $+ab$; par conſé-quent nous avons cette regle: $-$ multiplié

B iij

par — fait +, de même que + multiplié
par +.

34.

Les regles que nous venons de développer s'expriment plus briévement de la
maniere qui suit :

Deux fignes égaux ou femblables, multipliés l'un par l'autre, donnent + ; deux
fignes diffemblables, ou contraires, donnent —. Ainfi quand il s'agit de multiplier
enfemble ces nombres-ci : $+a, -b, -c, +d$;
on a d'abord $+a$ multiplié par $-b$, fait
$-ab$; ceci par $-c$, fait $+abc$, & ceci
enfin multiplié par $+d$, fait $+abcd$.

35.

Les difficultés à l'égard des fignes étant
levées, nous n'avons plus qu'à faire voir
comment on doit multiplier enfemble des
nombres qui font déjà des produits eux-
mêmes. S'il s'agit, par exemple, de multiplier le nombre ab par le nombre cd,

le produit fera *a b c d*, & il provient de ce qu'on multiplie d'abord *a b* par *c*, & enſuite le réſultat de cette multiplication encore par *d*. Ou bien s'il s'agiſſoit de multiplier 36 par 12 : puiſque 12 eſt autant que 3 fois 4, on n'auroit qu'à multiplier 36 d'abord par 3, & enſuite le produit 108 encore par 4, pour avoir le produit total de la multiplication de 12 par 36, lequel eſt par conſéquent 432.

36.

Mais ſi l'on vouloit multiplier 5 *a b* par 3 *c d*, on pourroit à la vérité écrire 3 *c d* 5 *a b*; cependant comme il ne s'agit pas ici de l'ordre des nombres à multiplier enſemble, on fera mieux de mettre, comme c'eſt auſſi la coutume, les nombres ordinaires devant les lettres, & d'exprimer le produit de cette maniere : 5.3 *a b c d*, ou 15 *a b c d*; parce que 5 fois 3 eſt autant que 15.

De même ſi l'on avoit à multiplier 12 *p q r* par 7 *x y*, on obtiendroit 12.7 *p q r x y*, ou 84 *p q r x y*.   B iv

CHAPITRE IV.

De la nature des Nombres entiers , eu égard
à leurs facteurs.

37.

NOUS avons remarqué qu'un produit
tire son origine de la multiplication de deux
ou de plusieurs nombres les uns par les
autres , & qu'on nomme ces nombres des
facteurs.

Ainsi ce sont les nombres *a, b, c, d,* qui
sont les facteurs du produit *a b c d.*

38.

Si l'on considere donc tous les nombres
entiers en tant qu'ils peuvent provenir de
la multiplication de deux ou de plusieurs
nombres entr'eux , on trouvera bientôt que
quelques-uns ne sauroient résulter d'une pareille multiplication , & n'ont par conséquent point de facteurs, tandis que d'autres

peuvent être les produits de deux ou de plufieurs nombres multipliés enfemble, & peuvent par conféquent avoir deux ou plufieurs facteurs. C'eft ainfi que :

4 eft autant que 2.2 ; que 6 eft autant que 2.3 ; que 8 eft autant que 2.2.2 ; ou 27 autant que 3.3.3 ; & 10 autant que 2.5, &c.

39.

Mais d'un autre côté les nombres 2, 3, 5, 7, 11, 13, 17, &c. ne peuvent être repréfentés de la même façon par des facteurs, à moins qu'on ne voulût employer pour cet effet l'unité, & repréfenter 2, par exemple, par 1.2. Or les nombres qui font multipliés par 1, reftant les mêmes, on n'a pas jugé à propos de compter l'unité parmi les facteurs.

Tous ces nombres donc, 2, 3, 5, 7, 11, 13, 17, &c. qui ne peuvent pas s'indiquer par des facteurs, ont été nommés *nombres fimples*, ou *nombres premiers*; au lieu que les autres, comme 4, 6, 8, 9, 10, 12, 14, 15, 16, 18, &c. qui peuvent être repréſentés par des faƈteurs, s'appellent des *nombres compoſés.*

40.

Les nombres *ſimples* ou *premiers* méritent donc une attention particuliere, par la raiſon qu'ils ne proviennent pas de la multiplication de deux ou de pluſieurs nombres. Il eſt ſur‑tout digne de remarque, que ſi l'on écrit ces nombres dans leur ordre naturel comme ils ſe ſuivent,

2, 3, 5, 7, 11, 13, 17, 19, 23, 29, 31, 37, 41, 43, 47, &c. (*)

(*) On trouve tous les nombres premiers depuis 1 juſqu'à 100000 dans les tables de Diviſeur, dont je parlerai à l'art. 720 de la quatrieme ſeƈtion. Mais on a de plus des tables particulieres des nombres premiers qui vont depuis 1 juſqu'à 101000, & qui ont été publiées à Halle par M. *Kruger*, dans un Ouvrage Allemand intitulé *Penſées ſur l'Algebre* ; M. *Kruger* les avoit eues en manuſcrit de celui qui les avoit calculées, & qui ſe nommoit *Pierre Jaeger.* M. *Lambert* a continué ces tables juſqu'à 102000, & les a redonnées dans ſes Supplémens

on n'y remarque point d'ordre régulier ;
leurs augmentations font tantôt plus grandes, tantôt moindres ; & jufqu'à préfent

aux Tables Logarithmiques & Trigonométriques, impri-
mées à Berlin en 1770, Ouvrage qui contient auffi plufieurs autres tables qui peuvent être d'une grande utilité
dans les différentes parties des Mathématiques, & des
éclairciffemens qu'il feroit trop long de rapporter ici.

L'Académie Royale des Sciences de Paris poffede des
tables de nombres premiers, qui lui ont été préfentées
par le P. *Mercaftel* de l'Oratoire, & par M. *du Tour* ;
mais elles n'ont pas été publiées : il en eft parlé dans le
tome V des Mémoires étrangers préfentés à l'Académie,
à l'occafion d'un Mémoire de M. *Rallier des Ourmes*,
Confeiller d'Honneur au Préfidial de Rennes, qui fe
trouve dans ce volume, & l'Auteur y expofe une méthode facile de trouver les nombres premiers.

On trouve dans le même volume un autre Mémoire
de M. *Rallier des Ourmes*, qu'il a intitulé *Méthode nouvelle de divifion, quand le dividende eft multiple du divifeur,
& fe peut par conféquent divifer fans refte, & d'extraction
de racines quand la puiffance eft parfaite.* Cette méthode
plus curieufe à la vérité qu'utile, n'a prefque rien de
commun avec la méthode ordinaire ; elle eft très-facile
& elle a cette fingularité, que pourvu qu'on connoiffe
autant de chiffres fur la droite du dividende ou de la puiffance, que le quotient ou la racine doivent avoir de
chiffres, on peut fe paffer des chiffres qui les précedent,

on n'a pu découvrir fi elles fe font fuivant une certaine loi ou non.

41.

Les nombres compofés, qui peuvent être repréfentés par des facteurs, proviennent tous des nombres premiers fufdits, c'eft-à-dire que tous leurs facteurs font des nombres premiers. Car fi l'on trouve un facteur qui ne foit pas un nombre premier, on peut toujours le décompofer & le repréfenter par deux ou plufieurs nombres premiers. Quand on a indiqué, par exemple, le nombre 30 par 5.6, on voit que 6 n'étant pas un nombre premier, mais valant 2.3, on auroit pu indiquer 30 par 5.2.3, ou par 2.3.5 ; c'eft-à-dire, par des facteurs qui font tous des nombres premiers.

& obtenir de même le quotient. M. *Rallier des Ourmes* s'eft ouvert cette nouvelle route au moyen de quelques réflexions fur les nombres qui terminent les expreffions numériques des produits ou des puiffances, une efpece de nombres que j'ai remarqués auffi dans d'autres occafions qu'il étoit utile de confidérer.

42.

Si l'on réfléchit maintenant fur ces nombres compofés réfolubles en nombres premiers, on y remarquera une grande différence ; on verra que les uns n'ont que deux de ces facteurs, que d'autres en ont trois, & que d'autres encore en ont un plus grand nombre. Nous avons déjà vu, par exemple, que

4 eft autant que 2.2,	6 autant que	2.3,
8 — — — 2.2.2,	9 — — — —	3.3,
10 — — — — 2.5,	12 — — — —	2.3.2,
14 — — — — 2.7,	15 — — — —	3.5,
16 — — — 2.2.2.2.	& ainfi de fuite.	

43.

On conclura aifément de-là comment on doit déterminer les facteurs fimples d'un nombre quelconque.

Soit propofé pour exemple le nombre 360, on le repréfentera d'abord par 2.180. Or 180 eft autant que 2.90, &

90 — — — 2.45, &

45 — — — 3.15, & enfin

15 — — — 3.5.

Par conféquent le nombre 360 peut être repréfenté par les facteurs fimples que voici :

$$2.2.2.3.3.5,$$

puifque tous ces nombres multipliés enfemble produifent 360 (*).

44.

Nous voyons donc par tout cela, que les nombres premiers ne peuvent pas être divifés par d'autres nombres, & que d'un autre côté on trouve les facteurs fimples des nombres compofés, le plus commodément & le plus furement, en cherchant les nombres fimples, ou premiers, par lefquels ces nombres compofés font divifibles. Mais on a befoin pour cela de la *divifion ;* nous allons donc expliquer, dans le chapitre fuivant, les regles de cette opération.

(*) On trouve à la fin d'une Arithmétique Allemande de *Poétius*, publiée à Leipfick en 1728, une table où tous les nombres depuis 1 jufqu'à 10000 font repréfentés de cette maniere par leurs facteurs fimples.

CHAPITRE V.

De la division des Quantités simples.

45.

QUAND il s'agit de décomposer un nombre en deux, trois ou plusieurs parties égales, on le fait par le moyen de la division, laquelle nous apprend à déterminer la grandeur d'une de ces parties. Quand on veut, par exemple, décomposer le nombre 12 en trois parties égales, on trouve par la division que chacune de ces parties est égale à 4.

Voici quelques expressions dont on se sert dans cette opération. Le nombre qu'on doit décomposer ou diviser, s'appelle le *dividende*; le nombre des parties égales qu'on cherche se nomme le *diviseur*; la grandeur d'une de ces parties, déterminée par la divifion, s'appelle le *quotient*; ainfi dans l'exemple cité :

12 eft le *dividende*,

3 eft le *divifeur*, &

4 eft le *quotient*.

46.

Il s'enfuit de-là, que fi l'on divife un nombre par 2 ou en deux parties égales, il faut qu'une de ces parties, ou le quotient, prife deux fois, faffe exactement le nombre propofé; & pareillement que fi l'on a un nombre à divifer par 3, le quotient pris trois fois doit redonner le même nombre. Il faut en général que la multiplication du quotient par le divifeur reproduife toujours le dividende.

47.

C'eft auffi pourquoi on prefcrit pour la divifion la regle, de chercher un nombre ou quotient tel, qu'étant multiplié par le divifeur, il en réfulte précifément le dividende.

dende. Par exemple , s'il s'agit de diviſer
35 par 5 , on cherche un nombre qui, multiplié par 5 , produiſe 35. Or ce nombre
eſt 7 , puiſque cinq fois 7 fait 35. La façon
de parler dont on fait uſage dans ce raiſonnement , eſt celle-ci : 5 en 35 j'ai 7 fois;
& 5 fois 7 font 35.

48.

On ſe repréſente donc le dividende
comme un produit , duquel un des facteurs
eſt égal au diviſeur , l'autre facteur indiquant enſuite le quotient. Ainſi en ſuppoſant qu'on ait 63 à diviſer par 7 , on cherchera un produit tel , qu'en prenant 7 pour
un de ſes facteurs , l'autre facteur multiplié
par celui-ci donne exactement 63. Or 7.9
eſt un tel produit , & par conſéquent 9 eſt
le quotient qu'on obtient en diviſant 63
par 7.

49.

S'il eſt queſtion à préſent de diviſer en
général un nombre ab par a, il eſt évident

Tome I. C

que le quotient fera b; parce que a multiplié par b redonne le dividende ab. Il eſt clair auſſi que ſi l'on avoit à diviſer ab par b, le quotient feroit a.

Ainſi en général dans tous les exemples de diviſion qu'on peut avoir faits, ſi l'on diviſe le dividende par le quotient, on obtiendra de nouveau le diviſeur : de même que 24 diviſé par 4 donne 6, 24 diviſé par 6 donnera 4.

50.

Comme tout ſe réduit à repréſenter le dividende par deux facteurs, dont l'un ſoit égal au diviſeur, l'autre au quotient, on comprendra facilement les exemples qui ſuivent. Je dis d'abord que le dividende abc, diviſé par a, donne bc; car a, multiplié par bc, fait abc; pareillement abc, étant diviſé par b, on aura ac; & abc, diviſé par ac, donne b. Je dis auſſi que $12\,mn$, diviſé par $3\,m$, fait $4\,n$; car $3\,m$, multiplié par $4\,n$, fait $12\,mn$. Mais ſi ce même nombre 12 *m n* avoit dû être divisé par 12, on auroit obtenu le quotient *m n*.

51.

Puifque tout nombre *a* peut être exprimé par 1 *a* ou *un a*, il eſt évident què ſi l'on avoit à diviſer *a* ou 1 *a* par 1, le quotient feroit le même nombre *a*. Mais au contraire, ſi le même nombre *a* ou 1 *a* doit ſe diviſer par *a*, le quotient fera 1.

52.

Il n'arrive pas toujours qu'on peut repréſenter le dividende comme le produit de deux facteurs, dont l'un ſoit égal au diviſeur, & la diviſion alors ne peut pas ſe faire de la maniere que nous avons dit.

Quand on a, par exemple, 24 à diviſer par 7, on voit d'abord que le nombre 7 n'eſt pas un facteur de 24; car 7.3 ne fait que 21, & par conféquent trop peu, & 7.4 fait 28, qui eſt déjà plus grand que 24. Mais on voit du moins par-la que le quotient doit être plus grand que 3 , & plus petit que 4. Afin donc de le déterminer exactement, on emploie une autre efpece de nombres, qu'on nomme les *fractions*, & de laquelle nous traiterons dans un des chapitres fuivans.

53.

Avant qu'on paffe à l'ufage des fractions, on a coutume de fe contenter du nombre entier qui approche le plus du quotient véritable, mais en faifant attention au *réfidu* qui refte ; ainfi l'on dit, 7 en 24 j'ai 3 fois, & le réfidu eft 3 , parce que 3 fois 7 ne fait que 21 , & par conféquent 3 de moins que 24. On confidérera de la même maniere les exemples fuivans :

$$6 \mid 34 \mid 5$$ c'eft-à-dire que le divifeur eft 6,

$$\underline{30}$$ que le dividende eft 3 4,

$$4$$ que le quotient eft 5,

& que le réfidu eft 4,

9 |41| 4 ici le diviſeur eſt   9 ;
  |36| le dividende eſt 41 ,
  ¯¯¯   le quotient eſt   4 ;
  5   & le réſidu eſt   5.

Il faut obſerver la regle ſuivante dans les exemples où il reſte un réſidu.

54.

Quand on multiplie le diviſeur par le quotient, & qu'au produit l'on ajoute le réſidu, il faut qu'on obtienne le dividende ; c'eſt la maniere de vérifier la diviſion, & de voir ſi l'on a bien calculé ou non. C'eſt ainſi que dans le premier des deux derniers exemples, ſi l'on multiplie 6 par 5 , & qu'au produit 30 on ajoute le réſidu 4, il vient 34 ou le dividende.

De même dans le dernier exemple, ſi l'on multiplie le diviſeur 9 par le quotient 4, & qu'au produit 36 on ajoute le réſidu 5, on obtient le dividende 41.

55.

Il est enfin nécessaire aussi de faire remarquer ici à l'égard des signes $+$ *plus*, & $-$ *moins*, que si l'on divise $+ab$ par $+a$, le quotient sera $+b$, ce qui est évident.

Mais que s'il s'agit de diviser $+ab$ par $-a$, le quotient sera $-b$; parce que $-a$ multiplié par $-b$ fait $+ab$. Ensuite :

Que si le dividende est $-ab$, & qu'il s'agisse de le diviser par le diviseur $+a$, le quotient sera $-b$; parce que c'est $-b$ qui, multiplié par $+a$, fait $-ab$. Enfin, que s'il est question de diviser le dividende $-ab$ par le diviseur $-a$, le quotient sera $+b$; parce que le dividende $-ab$ est le produit de $-a$ par $+b$.

56.

La division admet donc quant aux signes $+$ & $-$ les mêmes regles que nous avons

vu avoir lieu pour la multiplication ; à
favoir :

+ par + fait + : + par — fait — :
— par + fait — : — par — fait + ;

ou en peu de mots , les mêmes fignes donnent *plus* , les fignes contraires donnent
moins.

57.

Ainfi quand on divife 18 pq par — 3p,
le quotient eft — 6 q.

De plus : — 30 xy divifé par + 6y donne — 5x

& — 54 abc divifé par — 9b donne + 6 ac ;

car, dans ce dernier exemple , — 9 b multiplié par + 6 ac fait — 6.9 abc , ou
— 54 abc ; mais nous croyons à préfent
en avoir affez dit fur la divifion en quantités fimples ; nous ne tarderons donc pas
à paffer à l'explication des fractions , après
avoir ajouté encore quelques remarques fur
la nature des nombres , eu égard à leurs
divifeurs.

CHAPITRE VI.

Des propriétés des Nombres entiers par rapport à leurs diviseurs.

58.

COMME nous avons vu que quelques nombres font divifibles par de certains diviſeurs, pendant que d'autres ne le ſont pas, il eſt néceſſaire pour parvenir à une connoiſſance plus particuliere des nombres, de bien faire attention à cette différence, tant en diſtinguant les nombres diviſibles par des diviſeurs de ceux qui ne le ſont pas, qu'en conſidérant le réſidu qui reſte dans la diviſion de ces derniers. Pour cet effet examinons les diviſeurs :

$$2, 3, 4, 5, 6, 7, 8, 9, 10, \&c.$$

59.

Soit d'abord le diviſeur 2 ; les nombres qui peuvent être diviſés par celui-là ſont :

$$2, 4, 6, 8, 10, 12, 14, 16, 18, 20, \&c.$$

lefquels, comme on voit, croiffent toujours de deux unités. On appelle ces nombres, quelque loin qu'ils puiffent fe continuer, des *nombres pairs.*

Mais il eft d'autres nombres ; à favoir :

1, 3, 5, 7, 9, 11, 13, 15, 17, 19, &c.
qui font toujours d'une unité plus petits ou
plus grands que ceux-là, & qu'on ne peut
divifer par 2, fans qu'il refte le réfidu 1 ;
on nomme ceux-ci les *nombres impairs.*

Les nombres pairs font tous compris dans
la formule générale $2a$; car on les obtient
tous en mettant fucceffivement à la place
de a les nombres entiers 1, 2, 3, 4, 5, 6, 7,
&c. & de-là il s'enfuit que les nombres
impairs font tous compris dans la formule
$2a + 1$, parce que $2a + 1$ eft d'une unité
plus grand que le nombre pair $2a$.

60.

En fecond lieu, foit pour divifeur le
nombre 3 : les nombres divifibles par ce
divifeur font,

3, 6, 9, 12, 15, 18, 21, 24, & ainfi de fuite.

Et ces nombres peuvent fe repréfenter par la formule 3 *a* ; car 3 *a* divifé par 3 donne le quotient *a* fans réfidu. Tous les autres nombres au contraire qu'on voudroit divifer par 3 , donneront 1 ou 2 de réfidu, & font par conféquent de deux fortes. Ceux qui après la divifion laiffent le refte 1, font :

1, 4, 7, 10, 13, 16, 19, &c.

& font contenus dans la formule 3 *a* + 1 ; mais l'autre efpece , où les nombres qui donnent le refte 2 , font :

2, 5, 8, 11, 14, 17, 20, &c.

& la formule qui les exprime généralement eft 3 *a* + 2 ; de façon donc que tous les nombres peuvent s'indiquer ou par 3 *a*, ou par 3 *a* + 1 , ou par 3 *a* + 2.

61.

Suppofons maintenant que 4 foit le divifeur en queftion , les nombres qu'il divife font :

4, 8, 12, 16, 20, 24, &c.

lefquels augmentent réguliérement par 4,

& font contenus dans la formule $4a$. Les autres nombres, c'eft-à-dire ceux qui ne font pas divifibles par 4, peuvent laiffer le réfidu 1, ou être de 1 plus grands que ceux-là : comme

$$1, 5, 9, 13, 17, 21, 25, \&c.$$

& être par conféquent compris dans la formule $4a + 1$:

ou bien ils peuvent donner le réfidu 2 ; comme

$$2, 6, 10, 14, 18, 22, 26, \&c.$$

& s'exprimer par la formule $4a + 2$; ou enfin ils donneront le refte 3 ; comme

$$3, 7, 11, 15, 19, 23, 27, \&c.$$

& feront indiqués par la formule $4a + 3$.

Tous les nombres entiers poffibles font donc contenus dans l'une ou l'autre de ces quatre expreffions :

$$4a, \quad 4a + 1, \quad 4a + 2, \quad 4a + 3.$$

62.

Il en est à peu près de même quand le diviseur est 5 ; car tous les nombres divisibles par celui-là sont contenus dans la formule 5 a, & ceux qu'on ne peut diviser par 5, reviennent à une des formules qui suivent :

$$5a + 1, \; 5a + 2, \; 5a + 3, \; 5a + 4 ;$$

& c'est de la même maniere qu'on pourra continuer & considérer de plus grands diviseurs.

63.

Il est à propos de se rappeller ici ce qui a été dit plus haut de la résolution des nombres en leurs facteurs simples ; car tout nombre, parmi les facteurs duquel se trouve

$$2 \text{ ou } 3 \text{ ou } 4 \text{ ou } 5 \text{ ou } 7,$$

ou un autre nombre quelconque, sera divisible par ces nombres. Par exemple :

60 étant autant que 2.2.3.5 ,

il eſt clair que 60 eſt diviſible par 2 , & par 3 & par 5 (*).

(*) Il y a quelques nombres qu'on voit aſſez facile‑ment être diviſeurs ou non d'un nombre propoſé.

Un nombre propoſé eſt diviſible par 2, ſi le dernier chiffre eſt pair; il eſt diviſible par 4, ſi les deux derniers chiffres ſont diviſibles par 4 ; il eſt diviſible par 8, ſi les trois derniers chiffres ſont diviſibles par 8 ; & en général il eſt diviſible par 2^n, ſi les n derniers chiffres ſont divi‑ſibles par 2^n.

Un nombre eſt diviſible par 3 , ſi la ſomme des chiffres eſt diviſible par 3 ; il ſe diviſe par 6 , ſi outre cela le der‑nier chiffre eſt pair ; il eſt diviſible par 9 , ſi la ſomme des chiffres peut ſe diviſer par 9.

Tout nombre dont le dernier chiffre eſt 0 ou 5 , eſt diviſible par 5.

Un nombre eſt diviſible par 11 , lorſque la ſomme du premier, du troiſieme , du cinquieme , &c. chiffre eſt égale à la ſomme du ſecond, du quatrieme , du ſixieme, &c. chiffre.

Il eſt aſſez facile de ſe rendre raiſon de ces regles , & de les étendre aux produits des diviſeurs que nous venons de conſidérer ; on peut imaginer auſſi des regles pour quelques autres nombres , mais l'application en ſeroit or‑dinairement plus longue que l'eſſai de la diviſion réelle.

Je dis, par exemple , que le nombre 53704689213 eſt diviſible par 7, parce que je trouve que la ſomme des chiffres du nombre 64004245433 eſt diviſible par 7 ; c'eſt

64.

De plus, comme la formule générale *abcd* eſt non-ſeulement diviſible par *a*, & *b*, & *c*, & *d*, mais auſſi par

ab, ac, ad, bc, bd, cd, & par

abc, abd, acd, bcd, & enfin par

abcd, c'eſt-à-dire, par ſa propre valeur; il s'enſuit que 60, ou 2.2.3.5, peut ſe diviſer non-ſeulement par ces nombres ſimples, mais auſſi par ceux qui ſont com-poſés de deux nombres ſimples, c'eſt-à-dire, par 4, 6, 10, 15.

Et pareillement par ceux qui ſont com-poſés de trois facteurs ſimples, c'eſt à-dire par 12, 20, 30, & enfin auſſi, par 60 même.

65.

Quand on aura donc repréſenté un nom-que ce ſecond nombre eſt formé, ſuivant une regle aſſez ſimple, des réſidus qu'on trouve en diviſant par 7 les nombres 10, 100, 1000, &c. 20, 200, 2000, &c. juſ-qu'à 60, 600, 6000, &c.

bre pris à volonté, par ses facteurs simples,
il sera très-facile d'indiquer tous les nombres par lesquels celui-là pourra être divisé.
Car on n'a qu'à prendre d'abord les facteurs simples un à un, & ensuite les multiplier ensemble deux à deux, trois à trois,
quatre à quatre, &c. jusqu'à ce qu'on arrive au nombre proposé.

66.

Il faut remarquer ici avant toutes choses,
que tout nombre est divisible par 1 ; & de
même que tout nombre est divisible par
lui-même ; de sorte donc que chaque nombre a au moins deux facteurs ou diviseurs ;
à savoir ce nombre même & l'unité ; mais
tout nombre qui n'a pas d'autre diviseur que
ces deux, appartient à la classe des nombres
que nous avons nommés plus haut *nombres
simples* ou *premiers*.

Hors ceux-là tous les autres nombres
composés ont, outre l'unité & soi-même,
d'autres diviseurs, comme on peut le voir

par la table fuivante , dans laquelle on a mis fous chaque nombre tous fes divifeurs (*).

T A B L E.

1	2	3	4	5	6	7	8	9	10	11	12	13	14	15	16	17	18	19	20
1	1	1	1	1	1	1	1	1	1	1	1	1	1	1	1	1	1	1	1
	2	3	2	5	2	7	2	3	2	11	2	13	2	3	2	17	2	19	2
			4		3		4	9	5		3		7	5	4		3		4
					6		8		10		4		14	15	8		6		5
											6				16		9		10
											12						18		20
1	2	2	3	2	4	2	4	3	4	2	6	2	4	4	5	2	6	2	6
P.	P.	P.		P.		P.					P.		P.				P.		P.

67.

Enfin l'on doit obferver que o , ou *zéro*, peut être regardé comme un nombre qui

(*) On a une pareille table pour tous les divifeurs des nombres naturels, depuis 1 jufqu'à 10000 , qui a été publiée à Leyde en 1767 par M. *Henri Anjema*. On a encore une autre table de divifeurs , qui va jufqu'à 100000 ; mais dans laquelle il n'y a que le plus petit divifeur de chaque nombre. Elle fe trouve dans le Dictionnaire Anglois de *Harris* , dans le Dictionnaire Encyclopédique & dans le Recueil de M. *Lambert* , que nous avons déjà cité à l'article 40. Elle eft même continuée dans ce dernier Ouvrage jufqu'à 102000.

a la

a la propriété d'être divisible par tous les
nombres possibles ; parce que par quelque
nombre *a* que l'on ait à diviser o , le quotient se trouve toujours être o ; car il faut
bien remarquer que la multiplication d'un
nombre quelconque par *zéro* ne produit
rien, & qu'ainsi o fois *a* , ou o *a* , est o.

CHAPITRE VII.

Des Fractions en général.

68.

QUAND un nombre , comme 7 , par
exemple , est dit n'être pas divisible par un
autre nombre , supposons par 3 , cela veut
seulement dire que le quotient ne peut pas
être exprimé par un nombre entier , & il
ne faut point du tout croire qu'on ne puisse
pas se faire une idée de ce quotient.

On n'a qu'à s'imaginer une ligne longue
de 7 pieds , personne ne doutera qu'il ne

foit poſſible de diviſer cette ligne en 3 parties égales, & de ſe faire une idée de la
longueur d'une de ces parties.

69.

Puis donc qu'on peut ſe faire une idée
nette du quotient qu'on obtient dans des
cas ſemblables, quoique ce quotient ne
ſoit pas un nombre entier, on ſe trouve
conduit par là à conſidérer une eſpece particuliere de nombres, qu'on nomme *fractions* ou *nombres rompus*.

L'exemple allégué en fournit une preuve.
S'il s'agit de diviſer 7 par 3, on ſe repréſente facilement le quotient qui doit en
réſulter, & on l'exprime par $\frac{7}{3}$; en mettant
le diviſeur ſous le dividende, & en ſépa-
rant les deux nombres par un trait.

70.

Ainſi quand en général le nombre *a* doit
être diviſé par le nombre *b*, on indique le
quotient par $\frac{a}{b}$, & on appelle cette façon

de s'exprimer, une *fraction*. On ne peut donc donner mieux une idée d'une fraction $\frac{a}{b}$, qu'en difant qu'on indique de cette maniere le quotient qui provient de la divifion du nombre fupérieur par le nombre inférieur. Il faut fe fouvenir auffi que dans toutes ces fractions le nombre inférieur fe nomme le *dénominateur*, & que celui qui eft au-deffus du trait s'appelle le *numérateur*.

71.

Dans la fraction citée, $\frac{7}{3}$, qu'on prononce fept tiers, 7 eft donc le numérateur, & 3 eft le dénominateur.

Il faut de même prononcer
$\frac{2}{3}$, deux tiers; $\frac{3}{4}$, trois quarts;
$\frac{3}{8}$, trois huitiemes; $\frac{12}{100}$, douze centiemes; mais $\frac{1}{2}$ fe prononce un demi, & non pas un deuxieme.

72.

Afin de parvenir à une connoiffance plus parfaite de la nature des fractions, nous

commencerons par confidérer le cas où
le numérateur eft égal au dénominateur,
comme dans $\frac{a}{a}$. Or puifqu'on indique par
là le quotient qu'on obtient, quand on divife a par a, il eft clair que ce quotient
eft exactement l'unité, & que par conféquent cette fraction $\frac{a}{a}$ vaut autant que 1,
ou un entier ; il s'enfuit de plus que toutes
les fractions qui fuivent :

$$\frac{2}{2}, \frac{3}{3}, \frac{4}{4}, \frac{5}{5}, \frac{6}{6}, \frac{7}{7}, \frac{8}{8}, \&c.$$

font toutes égales en valeur l'une à l'autre,
valant chacune 1, ou un entier.

73.

Nous venons de voir qu'une fraction qui
a le numérateur égal au dénominateur, vaut
l'unité. Il faut donc que toutes les fractions
dont les numérateurs font plus petits que
les dénominateurs, ayent une valeur moindre que l'unité. Car fi j'ai un nombre à divifer par un autre qui eft plus grand, il me
vient néceffairement moins que 1 : une
ligne, par exemple, de deux pieds de long,

devant être coupée en trois parties, une feule de ces parties fera fans contredit plus courte qu'un pied ; il eft donc évident que $\frac{2}{3}$ eft plus petit que 1 , & cela par la même raifon que le numérateur 2 eft plus petit que le dénominateur 3.

74.

Si le numérateur eft au contraire plus grand que le dénominateur, la valeur de la fraction eft plus grande que l'unité. C'eft ainfi que $\frac{3}{2}$ vaut plus que 1 ; car $\frac{3}{2}$ eft autant que $\frac{2}{2}$ & encore $\frac{1}{2}$. Or $\frac{2}{2}$ eft autant que 1 , par conféquent $\frac{3}{2}$ vaut $1\frac{1}{2}$, c'eft-à-dire, un entier & encore un demi. De même $\frac{4}{3}$ valent $1\frac{1}{3}$, $\frac{5}{3}$ valent $1\frac{2}{3}$, & $\frac{7}{3}$ valent $2\frac{1}{3}$. Et en général il fuffit dans ces cas de divifer le nombre fupérieur par l'inférieur, & de joindre au quotient une fraction qui ait le réfidu pour numérateur, & le divifeur pour dénominateur. Si la fraction donnée étoit, par exemple, $\frac{43}{12}$, on auroit au quotient 3, & 7 pour réfidu ; d'où l'on

concluroit que $\frac{43}{12}$ eſt la même choſe que
$3\frac{7}{12}$.

75.

On voit par-là comment les fractions,
dont les numérateurs ſurpaſſent les dénominateurs, ſe réſolvent en deux membres,
l'un deſquels eſt un nombre entier, & l'autre
un nombre rompu, dont le numérateur eſt
plus petit que le dénominateur. On nomme
ces fractions, qui contiennent un ou pluſieurs entiers, *des fractions impropres* par
oppoſition aux fractions réelles ou proprement dites, qui ayant le numérateur plus
petit que le dénominateur, ſont moindres
que l'unité ou qu'un entier.

76.

On a coutume de ſe faire une idée de
la nature des fractions encore d'une autre
maniere, qui éclaircit aſſez bien la choſe.
Si l'on conſidere, par exemple, la fraction
$\frac{3}{4}$, il eſt évident qu'elle eſt trois fois plus

grande que $\frac{1}{4}$. Or cette fraction $\frac{1}{4}$ signifie que si l'on partage 1 en 4 parties égales, ce sera-là la valeur d'une de ces parties ; il est donc clair qu'en prenant ensemble 3 de ces parties, on aura la valeur de la fraction $\frac{3}{4}$.

On peut considérer de la même maniere toute autre fraction, par exemple, $\frac{7}{12}$; si l'on partage l'unité en 12 parties égales, 7 de ces parties équivaudront à la fraction proposée.

77.

C'est aussi à cette maniere de représenter les fractions, que les dénominations susdites de numérateur & de dénominateur doivent leur origine. Car, comme dans la fraction précédente $\frac{7}{12}$, le nombre qui est sous le trait indique que c'est en 12 parties que l'unité doit se diviser ; par conséquent, comme il désigne ou *nomme* ces parties, on ne l'a pas nommé sans raison *le dénominateur*.

D iv

De plus, comme le nombre supérieur, savoir 7, indique que pour avoir la valeur de la fraction il faut prendre ou rassembler 7 de ces parties, & que par conséquent il les compte pour ainsi dire, on a jugé à propos de nommer ce nombre qui est au-dessus du trait, *le numérateur.*

78.

Puisqu'il est aisé de comprendre ce que c'est que $\frac{3}{4}$, quand on sait ce que signifie $\frac{1}{4}$, nous pouvons considérer les fractions dont le numérateur est l'unité, comme faisant le fondement de toutes les autres. Telles sont les fractions

$$\frac{1}{2}, \frac{1}{3}, \frac{1}{4}, \frac{1}{5}, \frac{1}{6}, \frac{1}{7}, \frac{1}{8}, \frac{1}{9}, \frac{1}{10}, \frac{1}{11}, \frac{1}{12}, \&c.$$

& il faut remarquer que ces fractions vont toujours en diminuant; car plus vous divisez un entier, ou plus le nombre des parties que vous en faites est grand, plus au contraire chacune de ces parties devient petite. C'est ainsi que $\frac{1}{100}$ est plus petit que $\frac{1}{10}$; que $\frac{1}{1000}$ plus petit que $\frac{1}{100}$; & $\frac{1}{10000}$ plus petit que $\frac{1}{1000}$.

79.

On a vu que plus on augmente le dénominateur de pareilles fractions, & plus leurs valeurs deviennent petites. On pourroit donc demander s'il ne se oit pas possible de faire ce dénominateur si grand, que la fraction se réduisît à rien? Nous répondrons que non; car en combien de parties, innombrables même, que vous divisiez l'unité; par exemple, la longueur d'un pied, ces parties ne laisseront pas de conserver une certaine grandeur, & ne seront par conséquent jamais absolument rien.

80.

Il est vrai que si l'on divise la longueur d'un pied en 1000 parties, par exemple; ces parties ne tomberont plus facilement sous nos sens. Mais regardez-les par un bon microscope, elles paroîtront assez grandes pour pouvoir être divisées encore en 100 parties & davantage.

Il ne s'agit cependant pas du tout ici de ce qu'il dépend de nous de faire, ou de ce que nous fommes capables d'exécuter réellement, & de ce que nos yeux peuvent appercevoir; il eft queftion plutôt de ce qui eft poffible en foi - même. Or il eft certain dans ce fens, que quelque grand qu'on veuille fuppofer le dénominateur, la fraction pourtant ne s'évanouira jamais entiérement, ou ne deviendra jamais tout-à-fait égale à o.

81.

On n'arrive donc jamais entiérement à rien, quelque grand qu'on faffe le dénominateur; & ces fractions confervant toujours encore une certaine grandeur, on peut continuer, fans jamais ceffer, la fuite de fractions de l'article 78. Cette propriété a fait dire qu'il faudroit que le dénominateur fût *infini* ou infiniment grand, pour que la fraction fe réduisît enfin à o, ou à rien; & ce mot d'*infini* fignifie en effet ici qu'on ne parviendroit jamais à une fin avec la fuite defdites fractions.

82.

On fe fert pour repréfenter cette idée, qui eft très-fondée, du figne ∞, lequel par conféquent fignifie un nombre infiniment grand ; & on peut donc dire que cette fraction $\frac{1}{\infty}$ eft un rien réel, par la raifon même qu'une fraction ne fauroit fe réduire à rien, auffi long-temps que le dénominateur n'a pas été augmenté à l'infini.

83.

Il eft d'autant plus néceffaire de faire attention à cette idée de l'infini, qu'elle eft déduite des premiers fondemens de nos connoiffances, & qu'elle fera de la plus grande importance dans ce qui fuivra.

Nous pouvons ici déjà en tirer des conféquences auffi belles que dignes de notre attention.

La fraction $\frac{1}{\infty}$ indique le quotient de la

divifion du dividende 1 par le divifeur ∞. Or nous favons qu'en divifant le dividende 1 par le quotient $\frac{1}{\infty}$, qui eft, comme nous avons vu, autant que 0, on retrouve le divifeur ∞ : voici donc une nouvelle notion de l'infini que nous acquérons ; nous apprenons qu'il provient de la divifion de 1 par 0 ; & l'on eft par conféquent fondé à dire, que 1 divifé par 0 indique un nombre infiniment grand ou ∞.

84.

Il eft néceffaire encore ici de diffiper l'erreur affez commune de ceux qui prétendent qu'un infiniment grand n'eft pas fufceptible d'augmentation.

Cette opinion ne fauroit fubfifter avec les principes folides que nous venons d'établir ; car $\frac{1}{0}$ fignifiant un nombre infiniment grand, & $\frac{2}{0}$ étant inconteftablement le double de $\frac{1}{0}$, il eft clair qu'un nombre, quoique infiniment grand, peut devenir encore deux ou plufieurs fois plus grand.

CHAPITRE VIII.

Des propriétés des Fractions.

85.

Nous avons vu plus haut que chacune
des fractions,

$$\frac{2}{2}, \frac{3}{3}, \frac{4}{4}, \frac{5}{5}, \frac{6}{6}, \frac{7}{7}, \frac{8}{8}, \&c.$$

fait un entier, & que par conséquent elles
font toutes égales entr'elles. La même égalité regne dans les fractions qui suivent,

$$\frac{2}{1}, \frac{4}{2}, \frac{6}{3}, \frac{8}{4}, \frac{10}{5}, \frac{12}{6}, \&c.$$

chacune d'elles faisant deux entiers ; car
le numérateur de chacune divisé par son
dénominateur, donne 2. De même toutes
ces fractions

$$\frac{3}{1}, \frac{6}{2}, \frac{9}{3}, \frac{12}{4}, \frac{15}{5}, \frac{18}{6}, \&c.$$

font égales entr'elles, puisqu'elles ont 3
pour valeur commune.

86.

On peut pareillement repréfenter la valeur d'une fraction quelconque, d'une infinité de manieres. Car fi l'on multiplie tant le numérateur que le dénominateur d'une fraction par un même nombre, que l'on peut prendre à volonté, cette fraction n'en confervera pas moins la même valeur. C'eft par cette raifon que toutes ces fractions

$$\frac{1}{2}, \frac{2}{4}, \frac{3}{6}, \frac{4}{8}, \frac{5}{10}, \frac{6}{12}, \frac{7}{14}, \frac{8}{16}, \frac{9}{18}, \frac{10}{20}, \&c.$$

font égales entr'elles, chacune valant $\frac{1}{2}$. De même

$$\frac{1}{3}, \frac{2}{6}, \frac{3}{9}, \frac{4}{12}, \frac{5}{15}, \frac{6}{18}, \frac{7}{21}, \frac{8}{24}, \frac{9}{27}, \frac{10}{30}, \&c.$$

font des fractions égales, & dont chacune vaut $\frac{1}{3}$. Les fractions

$$\frac{2}{3}, \frac{4}{6}, \frac{8}{12}, \frac{10}{15}, \frac{12}{18}, \frac{14}{21}, \frac{16}{24}, \&c.$$

ont pareillement toutes une même valeur ; & on peut conclure enfin en général que la fraction $\frac{a}{b}$ peut être repréfentée par les expreffions fuivantes, dont chacune équivaut à $\frac{a}{b}$; favoir :

$$\frac{a}{b}, \frac{2a}{2b}, \frac{3a}{3b}, \frac{4a}{4b}, \frac{5a}{5b}, \frac{6a}{6b}, \&c.$$

87.

Pour s'en convaincre on n'a qu'à écrire pour la valeur de la fraction $\frac{a}{b}$ une certaine lettre c, en entendant par cette lettre c le quotient de la division de a par b; & se rappeller que la multiplication du quotient c par le diviseur b, doit donner le dividende. Car puisque c multiplié par b donne a, il est clair que c multiplié par $2b$ donnera $2a$, que c multiplié par $3b$ donnera $3a$, & qu'ainsi en général c multiplié par mb doit donner ma. Or changeant maintenant ceci en un exemple de division, & divisant le produit ma par mb, l'un des facteurs, il faut que le quotient soit égal à l'autre facteur c; mais ma divisé par mb donne aussi la fraction $\frac{ma}{mb}$, laquelle est par conséquent égale à c; & voilà ce qu'il s'agissoit de prouver: car c ayant été adopté pour la valeur de la fraction $\frac{a}{b}$, il est évident que cette fraction est égale à la fraction $\frac{ma}{mb}$, quelque valeur que l'on donne à m.

88.

Nous avons vu que toute fraction peut être repréſentée ſous une infinité de formes, dont chacune contient la même valeur ; & il eſt indubitable que de toutes ces formes, c'eſt celle qui ſera compoſée des plus petits nombres, dont on ſaiſira le mieux la ſignification. Par exemple, on pourroit mettre au lieu de $\frac{2}{3}$ les fractions ſuivantes,

$$\frac{4}{6}, \frac{6}{9}, \frac{8}{12}, \frac{10}{15}, \frac{12}{18}, \&c.$$

mais il n'eſt pas douteux que $\frac{2}{3}$ ne ſoit toujours de toutes ces expreſſions celle dont il eſt le plus facile de ſe faire une idée. Il ſe préſente donc ici la queſtion comment une fraction, comme $\frac{8}{12}$, qui n'eſt pas exprimée par les plus petits nombres poſſibles, peut-être réduite à ſa forme la plus ſimple ou à *ſes moindres termes*, c'eſt-à-dire dans notre exemple, à $\frac{2}{3}$.

89.

Il ſera facile de réſoudre cette queſtion, ſi l'on conſidere qu'une fraction ne laiſſe

pas

pas de conferver fa valeur, quand on multiplie fes deux termes, ou fon numérateur
& fon dénominateur, par un même nombre. Car de-là il s'enfuit qu'auffi en divifant
le numérateur & le dénominateur d'une
fraction par un même nombre, cette fraction doit conferver la même valeur. Cela
fe voit encore plus clairement par le moyen
de la formule générale $\frac{ma}{mb}$; car fi l'on divife tant le numérateur ma que le dénominateur mb par le nombre m, on obtient
la fraction $\frac{a}{b}$, laquelle, comme on l'a prouvé
ci-deffus, eft égale à $\frac{ma}{mb}$.

90.

Afin donc de réduire une fraction propofée à fes moindres termes, il s'agit de
trouver un nombre par lequel tant le numérateur que le dénominateur puiffe être
divifé. Un nombre de cette efpece fe nomme un *commun divifeur*, & auffi long-temps
qu'on peut indiquer un commun divifeur
entre le numérateur & le dénominateur,

Tome I.   E

il eſt certain que la fraction peut être réduite à une expreſſion plus petite ; mais
quand on voit au contraire qu'à l'exception
de l'unité aucun autre commun diviſeur
ne ſauroit avoir lieu, c'eſt ſigne que la
fraction ſe trouve déjà ſous la forme la
plus ſimple qu'il eſt poſſible.

91.

Pour rendre ceci plus clair, conſidérons
la fraction $\frac{48}{120}$. Nous voyons d'abord que
les deux termes ſe diviſent par 2, & qu'il
en réſulte la fraction $\frac{24}{60}$. Enſuite qu'on peut
de nouveau diviſer par 2, & réduire la
fraction à $\frac{12}{30}$; & celle-ci ayant encore 2
pour commun diviſeur, il eſt clair qu'on
peut la réduire à $\frac{6}{15}$. Mais à préſent l'on
s'apperçoit facilement que le numérateur
& le dénominateur ſont encore diviſibles
par 3 ; faiſant donc cette diviſion on obtient la fraction $\frac{2}{5}$, laquelle eſt égale à la
fraction propoſée, & indique l'expreſſion
la plus ſimple à laquelle on puiſſe la réduire ; car 2 & 5 n'ont que le commun

diviſeur 1, lequel ne peut diminuer ces nombres davantage.

92.

Cette propriété qu'ont les fractions, de garder une valeur invariable, ſoit qu'on diviſe ou qu'on multiplie le numérateur & le dénominateur par un même nombre ; cette propriété, dis-je, eſt de la plus grande importance & fait le principe fondamental de tout ce qu'on enſeigne ſur les fractions. On ne peut guere, par exemple, ajouter enſemble deux fractions, ou les ſouſtraire l'une de l'autre, avant que, moyennant cette propriété, on les ait réduites à d'autres formes, c'eſt-à-dire à des expreſſions dont les dénominateurs ſoient égaux. C'eſt de quoi nous parlerons dans le chapitre ſuivant.

93.

Nous finirons celui-ci par la remarque, qu'on peut auſſi repréſenter tous les nombres entiers par des fractions. Par exemple, 6 est autant que $\frac{6}{1}$, parce que 6 divisé par 1 fait 6 ; & on peut de la même maniere exprimer ce nombre 6 par les fractions $\frac{12}{2}$, $\frac{18}{3}$, $\frac{24}{4}$, $\frac{36}{6}$, & une infinité d'autres qui ont la même valeur.

CHAPITRE IX.

De l'addition & de la soustraction des Fractions.

94.

Lorsque les fractions ont des dénominateurs égaux, il n'y a aucune difficulté à les ajouter & à les soustraire ; car $\frac{2}{7} + \frac{3}{7}$ est autant que $\frac{5}{7}$, & $\frac{4}{7} - \frac{2}{7}$ autant que $\frac{2}{7}$. On n'opere dans ce cas, soit pour l'addition, soit pour la soustraction, que sur les numérateurs, & on met sous le trait le dénominateur commun ; ainsi

$$\frac{7}{100} + \frac{9}{100} - \frac{12}{100} - \frac{15}{100} + \frac{20}{100} \text{ fait } \frac{9}{100} ;$$

$$\frac{24}{50} - \frac{7}{50} - \frac{12}{50} + \frac{31}{50} \text{ fait } \frac{36}{50} \text{ ou } \frac{18}{25} ;$$

$$\frac{16}{20} - \frac{3}{20} - \frac{11}{20} + \frac{14}{20} \text{ fait } \frac{16}{20} \text{ ou } \frac{4}{5} ;$$

de même $\frac{1}{3} + \frac{2}{3}$ font $\frac{3}{3}$ ou 1, c'est-à-dire un entier; & $\frac{2}{4} - \frac{3}{4} + \frac{1}{4}$ font $\frac{0}{4}$, c'est-à-dire rien, ou 0.

95.

Mais quand les fractions n'ont pas des dénominateurs égaux, il est toujours possible de les transformer en d'autres fractions qui ayent un même dénominateur. Par exemple, quand on propose d'ajouter ensemble les fractions $\frac{1}{2}$ & $\frac{1}{3}$, il faut considérer que $\frac{1}{2}$ est autant que $\frac{3}{6}$, & que $\frac{1}{3}$ équivaut à $\frac{2}{6}$; nous avons donc à la place des deux fractions proposées ces deux autres, $\frac{3}{6} + \frac{2}{6}$, dont la somme fait $\frac{5}{6}$. Si les deux fractions étoient jointes par le signe *moins*, comme $\frac{1}{2} - \frac{1}{3}$, on auroit $\frac{3}{6} - \frac{2}{6}$ ou $\frac{1}{6}$.

Autre exemple : Soient les fractions proposées $\frac{3}{4} + \frac{5}{8}$; puisque $\frac{3}{4}$ est la même chose que $\frac{6}{8}$, on peut lui substituer cette valeur & dire $\frac{6}{8} + \frac{5}{8}$ font $\frac{11}{8}$ ou $1 \frac{3}{8}$.

Supposez qu'on demande encore ce que donnent $\frac{1}{3}$ & $\frac{1}{4}$ ajoutés ensemble, je dis que c'est $\frac{7}{12}$; car $\frac{1}{3}$ fait $\frac{4}{12}$, & $\frac{1}{4}$ fait $\frac{3}{12}$.

96.

Il peut arriver qu'on ait un plus grand nombre de fractions à réduire à un même dénominateur; par exemp. $\frac{1}{2}$, $\frac{2}{3}$, $\frac{3}{4}$, $\frac{4}{5}$, $\frac{5}{6}$, tout se réduit alors à trouver un nombre qui soit divisible par tous les dénominateurs de ces fractions. 60 est ici le nombre qui a cette propriété, & qui devient par conséquent le dénominateur commun. Nous aurons donc $\frac{30}{60}$ au lieu de $\frac{1}{2}$; $\frac{40}{60}$ au lieu de $\frac{2}{3}$; $\frac{45}{60}$ au lieu de $\frac{3}{4}$; $\frac{48}{60}$ au lieu de $\frac{4}{5}$, & $\frac{50}{60}$ au lieu de $\frac{5}{6}$. S'il s'agit à présent d'ajouter ensemble toutes ces fractions $\frac{30}{60}$, $\frac{40}{60}$, $\frac{45}{60}$, $\frac{48}{60}$, $\frac{50}{60}$; on ne fait qu'ajouter tous les numérateurs, & on donne à la somme le dénominateur commun 60; c'est-à-dire qu'on aura $\frac{213}{60}$, ou 3 entiers & $\frac{33}{60}$, ou 3 $\frac{11}{20}$.

97.

Tout se réduit ici, nous le répétons, à transformer deux fractions dont les dénominateurs sont inégaux, en deux autres dont les dénominateurs font égaux. Pour faire donc cette opération d'une maniere générale, foient $\frac{a}{b}$ & $\frac{c}{d}$ les fractions propofées. Qu'on multiplie d'abord les deux termes de la premiere par d, on aura la fraction $\frac{ad}{bd}$ égale à $\frac{a}{b}$; qu'on multiplie enfuite les deux termes de la feconde fraction par b, on en aura une valeur équivalente exprimée par $\frac{bc}{bd}$; & voilà les deux dénominateurs devenus égaux. Maintenant fi l'on demande quelle eft la fomme des deux fractions propofées, on peut répondre auffi-tôt que c'eft $\frac{ad+bc}{bd}$; & s'il eft queftion de la différence, on dit qu'elle eft $\frac{ad-bc}{bd}$. S'il s'agiffoit, par exemple, des fractions $\frac{5}{8}$ & $\frac{7}{9}$, on obtiendroit à leur place $\frac{45}{72}$ & $\frac{56}{72}$, dont la fomme eft $\frac{101}{72}$, & dont la différence eft $\frac{11}{72}$.

98.

C'eft à cette matiere auffi qu'appartient la queftion, laquelle de deux fractions propofées eft la plus grande ou la plus petite ? car, pour y répondre, on n'a qu'à réduire

E iv

ces deux fractions au même dénominateur.
Prenons pour exemple les deux fractions
$\frac{2}{3}$ & $\frac{5}{7}$; si on les réduit au même dénominateur, la premiere devient $\frac{14}{21}$, & la seconde $\frac{15}{21}$, & il est évident à présent que
c'est la seconde, ou $\frac{5}{7}$, qui est la plus
grande, & que c'est de $\frac{1}{21}$ qu'elle surpasse la
premiere.

Soient proposées encore les deux frac-
tions $\frac{3}{5}$ & $\frac{5}{8}$, on aura à leur place celles-
ci, $\frac{24}{40}$ & $\frac{25}{40}$; d'où l'on peut inférer que $\frac{5}{8}$
surpasse $\frac{3}{5}$, mais seulement de $\frac{1}{40}$.

99.

Lorsqu'il est question de souftraire une
fraction d'un nombre entier, il suffit de
convertir une des unités de ce nombre entier en une fraction qui ait le même dénominateur que celle qu'il faut souftraire,
le reste se fait sans difficulté. Qu'il s'agisse,
par exemple, de souftraire $\frac{2}{3}$ de 1, on écri-
ra $\frac{3}{3}$ au lieu de 1, & on dira $\frac{2}{3}$ ôté de $\frac{3}{3}$ laisse
$\frac{1}{3}$ de reste. De même $\frac{5}{12}$, souftrait de 1,
laisse $\frac{7}{12}$.

S'il s'agissoit de soustraire $\frac{3}{4}$ de deux, on écriroit 1 & $\frac{4}{4}$ au lieu de 2, & on verroit d'abord qu'il doit rester après la soustraction 1 $\frac{1}{4}$.

100.

Il arrive aussi quelquefois qu'ayant ajouté ensemble deux ou plusieurs fractions, on obtient plus d'un entier, c'est-à-dire, un numérateur plus grand que le dénominateur; c'est un cas qui s'est même déjà présenté & auquel il faut faire attention.

Nous avons trouvé, par exemple, à l'article 96 que la somme des cinq fractions $\frac{1}{2}$, $\frac{2}{3}$, $\frac{3}{4}$, $\frac{4}{5}$ & $\frac{5}{6}$ étoit $\frac{213}{60}$, & nous avons fait observer que cette somme signifioit 3 entiers & $\frac{33}{60}$ ou $\frac{11}{20}$. De même $\frac{2}{3} + \frac{3}{4}$ ou $\frac{8}{12}$ + $\frac{9}{12}$ font $\frac{17}{12}$ ou 1 $\frac{5}{12}$. Il n'y a qu'à faire la division réelle du numérateur par le dénominateur, voir combien d'entiers viennent au quotient, & tenir compte du résidu.

On fera de même à peu près pour ajouter ensemble des quantités composées de nombres entiers & de fractions ; on ajoutera d'abord les fractions, & si leur somme fait un ou plusieurs entiers, on les ajoute aux autres entiers. Qu'il soit question, par exemple, d'ajouter $3\frac{1}{2}$ & $2\frac{2}{3}$, on prend d'abord la somme de $\frac{1}{2}$ & $\frac{2}{3}$, ou de $\frac{3}{6}$ & $\frac{4}{6}$. Elle est $\frac{7}{6}$ ou $1\frac{1}{6}$; donc la somme totale est $6\frac{1}{6}$.

CHAPITRE X.

De la multiplication & de la division des Fractions.

101.

LA regle pour la multiplication d'une fraction par un nombre entier, est de ne multiplier par ce nombre que le numérateur, & de ne rien changer au dénominateur ; ainsi

2 fois $\frac{1}{2}$ fait $\frac{2}{2}$ ou 1 entier ;

2 fois $\frac{1}{3}$ fait $\frac{2}{3}$; &

3 fois $\frac{1}{6}$ fait $\frac{3}{6}$ ou $\frac{1}{2}$;

4 fois $\frac{5}{12}$ fait $\frac{20}{12}$ ou $1\frac{8}{12}$ ou $1\frac{2}{3}$.

On peut cependant, au lieu de cette regle, employer auffi celle de divifer le dénominateur par le nombre entier donné; & il eft bon de s'en fervir, quand cela fe peut, parce qu'on abrege par-là le calcul. Qu'il s'agiffe, par exemple, de multiplier $\frac{8}{9}$ par 3; fi l'on multiplie le numérateur par le nombre entier, on obtient $\frac{24}{9}$, lequel produit fe réduit à $\frac{8}{3}$. Mais fi l'on ne change rien au numérateur & qu'on divife le dénominateur par le nombre entier, on trouve immédiatement $\frac{8}{3}$ ou $2\frac{2}{3}$ pour le produit cherché. De même $\frac{13}{24}$ multipliés par 6 donnent $\frac{13}{4}$ ou $3\frac{1}{4}$.

IO2.

En général donc, le produit de la multiplication d'une fraction $\frac{a}{b}$ par c eft $\frac{ac}{b}$, & on peut remarquer que quand le nombre entier eft précifément égal au dénominateur, le produit doit être égal au numérateur.

En effet

$\frac{1}{2}$ pris 2 fois donne 1 ;

$\frac{2}{3}$ pris 3 fois donne 2 ;

$\frac{3}{4}$ pris 4 fois donne 3.

Et en général, fi l'on multiplie la fraction $\frac{a}{b}$ par le nombre b, le produit doit être a, comme on l'a déjà fait fentir plus haut ; car puifque $\frac{a}{b}$ indique le quotient de la divifion du dividende a par le divifeur b, & qu'on a démontré que le quotient multiplié par le divifeur doit donner le dividende, il eft clair que $\frac{a}{b}$ multiplié par b doit produire a.

IO3.

Nous avons vu comment on doit multiplier une fraction par un nombre entier, voyons à préfent auffi comment il faut divifer une fraction par un nombre entier ; cette recherche eft néceffaire avant que nous paffions à la multiplication des fractions par des fractions. Or il eft clair que fi j'ai à divifer la fraction $\frac{2}{3}$ par 2, il doit me venir $\frac{1}{3}$; & que le quotient de $\frac{6}{7}$ divifé par 3 eft $\frac{2}{7}$. La regle eft donc, qu'il faut divifer le numérateur par le nombre entier fans changer le dénominateur. Ainfi :

$\frac{12}{25}$ divifé par 2 donne $\frac{6}{25}$; &

$\frac{12}{25}$ divifé par 3 donne $\frac{4}{25}$; &

$\frac{12}{25}$ divifé par 4 donne $\frac{3}{25}$, &c.

104.

Cette regle peut être pratiquée fans difficulté, pourvu que le numérateur foit divifible par le nombre propofé ; mais fort fouvent il ne l'eft pas ; il faut donc obferver qu'on peut transformer une fraction en un nombre infini d'autres expreffions, & que dans ce nombre il ne peut manquer d'y en avoir de telles, que le numérateur puiffe être divifé par le nombre entier donné. S'il s'agiffoit, par exemple, de divifer $\frac{3}{4}$ par 2, on changeroit la fraction en $\frac{6}{8}$, & divifant maintenant le numérateur par 2, on auroit auffi-tôt $\frac{3}{8}$ pour le quotient cherché.

En général, s'il eft queftion de divifer

la fraction $\frac{a}{b}$ par c, on la transformera en celle-ci $\frac{ac}{bc}$, & divifant enfuite le numérateur ac par c, on écrira $\frac{a}{bc}$ pour le quotient cherché.

105.

Nous voyons donc que dans le cas où une fraction $\frac{a}{b}$ doit être divifée par un nombre entier c, on n'a qu'à multiplier le dénominateur par ce nombre, & laiffer le numérateur tel qu'il eft. C'eft ainfi que $\frac{5}{8}$ divifé par 3 fait $\frac{5}{24}$, & que $\frac{9}{16}$ divifé par 5 fait $\frac{9}{80}$.

Ce calcul devient cependant plus facile quand le numérateur lui-même eft divifible par le nombre entier, comme nous l'avons fuppofé à l'article 103. Par exemple $\frac{9}{16}$ divifé par 3 feroit, fuivant notre derniere regle, $\frac{9}{48}$; mais par la premiere regle, qui eft applicable ici, on a $\frac{3}{16}$, expreffion qui équivaut à $\frac{9}{48}$, mais qui eft plus fimple.

106.

On fera maintenant en état de comprendre comment il faut multiplier une frac-
tion $\frac{a}{b}$ par une autre fraction $\frac{c}{d}$. On n'a qu'à
confidérer que $\frac{c}{d}$ fignifie que c eft divifé
par d; & en partant de-là, on multipliera
d'abord la fraction $\frac{a}{b}$ par c, ce qui produit
le réfultat $\frac{ac}{b}$; après quoi on divifera par d
ce qui donne $\frac{ac}{bd}$. Nous tirons de-là la regle
fuivante, que pour multiplier deux frac-
tions, on n'a befoin que de multiplier féparément les numérateurs & les dénominateurs. Ainfi

$\frac{1}{2}$ par $\frac{2}{3}$ donne le produit $\frac{2}{6}$ ou $\frac{1}{3}$;

$\frac{2}{3}$ par $\frac{4}{5}$ fait $\frac{8}{15}$; &

$\frac{3}{4}$ par $\frac{5}{12}$ produit $\frac{15}{48}$ ou $\frac{5}{16}$, &c.

107.

Il nous refte à montrer comment on doit
divifer une fraction par une autre. Il faut
remarquer d'abord que fi les deux fractions
ont le même nombre pour dénominateur,

la divifion n'a lieu qu'à l'égard des numérateurs ; car il eft évident, par exemple,
que $\frac{3}{12}$ font contenus autant de fois dans $\frac{9}{12}$,
que 3 l'eft dans 9, c'eft-à-dire, 3 fois ; &
pareillement pour divifer $\frac{8}{12}$ par $\frac{9}{12}$, on n'a
qu'à divifer 8 par 9, ce qui donne $\frac{8}{9}$. On
aura de même $\frac{6}{20}$ en $\frac{18}{20}$, 3 fois ; $\frac{7}{100}$ en $\frac{49}{100}$, 7
fois ; $\frac{7}{25}$ en $\frac{6}{25}$, $\frac{6}{7}$, &c.

108.

Mais quand les fractions n'ont pas leurs
dénominateurs égaux, il faut avoir recours
à la maniere dont nous avons dit qu'on
les réduifoit au même dénominateur. Qu'on
ait, par exemple, la fraction $\frac{a}{b}$ à divifer
par la fraction $\frac{c}{d}$, on les réduira d'abord au
même dénominateur, & l'on aura $\frac{ad}{bd}$ à divifer par $\frac{bc}{bd}$; & il eft clair à préfent que
le quotient doit être indiqué fimplement
par la divifion de ad par bc ; ce qui donne
$\frac{ad}{bc}$.

Voici donc la regle : il faut multiplier
le numérateur du dividende par le dénomi-

nateur du diviſeur, & le dénominateur du
dividende par le numérateur du diviſeur;
le premier produit ſera le numérateur du
quotient, & le ſecond produit ſera ſon
dénominateur.

109.

Ainſi, en ſuivant cette regle pour divi-
ſer $\frac{5}{8}$ par $\frac{2}{3}$, on aura le quotient $\frac{15}{16}$; la diviſion de $\frac{3}{4}$ par $\frac{1}{2}$ produira $\frac{6}{4}$ ou $\frac{3}{2}$, ou 1 & $\frac{1}{2}$;
& celle de $\frac{25}{48}$ par $\frac{5}{6}$ donnera $\frac{150}{240}$ ou $\frac{5}{8}$.

110.

On a coutume auſſi de préſenter cette
regle pour la diviſion d'une maniere plus
facile à retenir, que voici : Si l'on renverſe
la fraction par laquelle il s'agit de diviſer,
de façon que le dénominateur ſe mette
à la place du numérateur, & que celui-ci
s'écrive ſous le trait, & qu'enſuite on multiplie la fraction, qui eſt le dividende, par
cette fraction renverſée, le produit ſera le
quotient cherché. Ainſi $\frac{3}{4}$ diviſé par $\frac{1}{2}$ eſt
autant que $\frac{3}{4}$ multiplié par $\frac{2}{1}$, ce qui fait $\frac{6}{4}$ ou

Tome I. F

$1\frac{1}{2}$. De même $\frac{5}{8}$ divisé par $\frac{2}{3}$ est autant que $\frac{5}{8}$ multiplié par $\frac{3}{2}$, ce qui produit $\frac{15}{16}$; ou $\frac{25}{48}$ divisé par $\frac{5}{6}$ fait autant que $\frac{25}{48}$ multiplié par $\frac{6}{5}$, dont le produit est $\frac{150}{240}$ ou $\frac{5}{8}$.

On voit donc en général que de diviser par la fraction $\frac{1}{2}$, c'est la même chose que de multiplier par $\frac{2}{1}$ ou 2 ; que la division par $\frac{1}{3}$ revient à la multiplication par $\frac{3}{1}$ ou par 3 , &c.

I I I.

Le nombre 100 divisé par $\frac{1}{2}$ donnera donc 200; & 1000 divisé par $\frac{1}{3}$ fait 3000. De plus, s'il s'agit de diviser 1 par $\frac{1}{1000}$, le quotient est 1000 ; & en divisant 1 par $\frac{1}{100000}$, il vient 100000. Cela aide à comprendre qu'en divisant par 0 , il doit en résulter un nombre infiniment grand ; car la division de 1 par la petite fraction $\frac{1}{1000000000}$ produit déjà le nombre très-grand 1000000000.

I I 2.

Tout nombre divifé par lui-même donnant l'unité, on fent bien qu'une fraction
divifée par elle-même doit auffi donner le
quotient 1 ; la même vérité fuit de notre
regle : car pour divifer $\frac{3}{4}$ par $\frac{3}{4}$, il faut multiplier $\frac{3}{4}$ par $\frac{4}{3}$, & on obtient $\frac{12}{12}$ ou 1 ; & s'il
s'agit de divifer $\frac{a}{b}$ par $\frac{a}{b}$, on multiplie $\frac{a}{b}$ par $\frac{b}{a}$;
or le produit $\frac{a\,b}{a\,b}$ eft égal à 1.

I I 3.

Nous avons auffi à expliquer encore une
expreffion dont l'ufage eft fréquent. On
demande, par exemple, ce que c'eft que
la moitié de $\frac{3}{4}$; cela veut dire qu'on doit
multiplier $\frac{3}{4}$ par $\frac{1}{2}$. De même fi l'on demande
ce que font les $\frac{2}{3}$ de $\frac{5}{8}$, on multipliera $\frac{5}{8}$ par $\frac{2}{3}$,
ce qui produit $\frac{10}{24}$; & $\frac{3}{4}$ de $\frac{9}{16}$ font autant que $\frac{9}{16}$
multiplié par $\frac{3}{4}$, & font $\frac{27}{64}$.

I I 4.

Enfin il faut obferver ici à l'égard des
fignes $+$ & $-$, les mêmes principes que

nous avons établis plus haut pour les nombres entiers. Ainfi $+\frac{1}{2}$ multiplié par $-\frac{1}{3}$, fait $-\frac{1}{6}$; & $-\frac{2}{3}$ multiplié par $-\frac{4}{5}$, donne $+\frac{8}{15}$. De plus $-\frac{5}{8}$ divifé par $+\frac{2}{3}$, fait $-\frac{15}{16}$; & $-\frac{3}{4}$ divifé par $-\frac{3}{4}$, fait $+\frac{12}{12}$ ou $+1$.

CHAPITRE XI.

Des Nombres quarrés.

115.

LE produit d'un nombre multiplié par le même nombre, fe nomme un *quarré*; & par cette raifon on appelle *racine quarrée* ce nombre confidéré relativement à un tel produit.

Par exemple, quand on multiplie 12 par 12, le produit 144 eft un quarré dont la racine eft 12.

Le fondement de cette dénomination eft pris dans la Géométrie, où l'on trouve le contenu d'un quarré en multipliant fon côté par lui-même.

116.

Tous les nombres quarrés se trouvent donc par la multiplication; c'est-à-dire, en multipliant la racine par elle-même.

C'est ainsi que 1 est le quarré de 1, parce que 1 multiplié par 1 fait 1; & pareillement, que 4 est le quarré de 2; & 9 le quarré de 3; que 2 est la racine de 4, & 3 celle de 9.

Nous considérerons en premier lieu les quarrés des nombres naturels, & nous donnerons d'abord la petite table qui suit, dans laquelle plusieurs nombres ou racines se trouvent sur la premiere ligne, & leurs quarrés sur la seconde (*).

Nombres	1	2	3	4	5	6	7	8	9	10	11	12	13
Quarrés	1	4	9	16	25	36	49	64	81	100	121	144	169

(*) Nous avons des tables très-complettes pour les quarrés des nombres naturels, publiées sous le titre de *Tetragonometria Tabularia*, &c. auctore J. JOBO LUDOLFO. Amstelodami, 1690, *in-*4°. Ces tables vont depuis 1

F iij

117.

On remarquera d'abord fans peine dans ces nombres quarrés rangés ainfi par ordre, une belle propriété ; à favoir que, fi l'on fouftrait chacun de ces quarrés de celui qui fuit immédiatement, les reftes augmentent toujours de 2, & forment la fuite que voici :

3, 5, 7, 9, 11, 13, 15, 17, 19, 21, &c. qui eft celle des nombres impairs.

118.

Les quarrés des fractions fe trouvent pareillement, en multipliant une fraction donnée par elle-même. Par exemple, le quarré de $\frac{1}{2}$ eft $\frac{1}{4}$, &

$$\frac{1}{3} \text{ a pour quarré } \frac{1}{9};$$
$$\frac{2}{3} \longrightarrow \longrightarrow \frac{4}{9};$$

jufqu'à 100000, non-feulement pour trouver ces quarrés, mais auffi les produits de deux nombres quelconques moindres que 100000 ; fans parler de différens autres ufages qui font détaillés dans l'Introduction qui eft à la tête de l'Ouvrage.

$\frac{1}{4}$ a pour quarré $\frac{1}{16}$;

$\frac{3}{4}$ — — — — $\frac{9}{16}$, & ainſi de ſuite.

On voit aſſez qu'il ſuffit de diviſer le quarré du numérateur par le quarré du dénominateur, & que la fraction qui exprime cette diviſion, doit être le quarré de la fraction donnée. C'eſt ainſi encore que $\frac{25}{64}$ eſt le quarré de $\frac{5}{8}$; & réciproquement que $\frac{5}{8}$ eſt la racine de $\frac{25}{64}$.

119.

Quand on veut trouver le quarré d'un nombre mixte, ou compoſé d'un nombre entier & d'une fraction, on n'a qu'à le réduire à une ſeule fraction, & prendre enſuite le quarré de cette fraction. Qu'il s'agiſſe, par exemple, de trouver le quarré de $2\frac{1}{2}$; on exprimera d'abord ce nombre par $\frac{5}{2}$, & prenant le quarré de cette fraction, on a $\frac{25}{4}$ ou $6\frac{1}{4}$ pour la valeur du quarré de $2\frac{1}{2}$. De même pour prendre le quarré de $3\frac{1}{4}$, on dira $3\frac{1}{4}$ eſt autant que $\frac{13}{4}$; donc ſon quarré eſt égal à $\frac{169}{16}$, ou à 10 & $\frac{9}{16}$. Voici

F iv

pour chaque quart d'augmentation les quarrés des nombres compris entre 3 & 4.

Nombres	3	$3\frac{1}{4}$	$3\frac{1}{2}$	$3\frac{3}{4}$	4
Quarrés	9	$10\frac{9}{16}$	$12\frac{1}{4}$	$14\frac{1}{16}$	16

On peut conclure de cette petite table,
que si une racine contient une fraction,
son quarré ne manque pas d'en contenir
une aussi. Soit, par exemple, la racine $1\frac{5}{12}$;
son quarré est $\frac{289}{144}$, ou $2\frac{1}{144}$; c'est-à-dire un
peu plus grand que le nombre entier 2.

120.

Passons aux expressions générales. Quand
la racine est a, le quarré doit être aa; si
la racine est $2a$, le quarré est $4aa$; ce
qui donne à connoître qu'en doublant la
racine, le quarré devient 4 fois plus grand.
De même, si la racine est $3a$, le quarré
est $9aa$; & si la racine est $4a$, le quarré
est $16aa$. Mais si la racine est ab, le quarré
est $aabb$; & si la racine est abc, le quarré
est $aabbcc$.

121.

Ainsi, quand la racine est composée de
deux ou de plusieurs facteurs, il faut multiplier ensemble leurs quarrés; & réciproquement, si un quarré est composé de deux
ou de plusieurs facteurs, dont chacun est
un quarré, on n'a qu'à multiplier ensemble
les racines de ces quarrés, pour avoir la
racine complette du quarré proposé. Ainsi,
comme 2304 est autant que 4.16.36, la
racine quarrée en est 2.4.6 ou 48; & en
effet 48 se trouve être la racine quarrée
de 2304, parce que 48.48 fait 2304.

122.

Voyons aussi ce qu'il faut observer dans
cette matiere à l'égard des signes + & —.
Et d'abord il est clair que si la racine a
le signe +, c'est-à-dire qu'elle est un nombre positif, son quarré doit nécessairement
être de même un nombre positif, parce
que + par + fait + : le quarré de + a

fera $+aa$. Mais fi la racine eft un nombre négatif, comme $-a$, le quarré n'en devient pas moins pofitif, puifqu'il eft $+aa$; nous pouvons donc conclure que $+aa$ eft le quarré tant de $+a$ que de $-a$, & que par conféquent on peut indiquer pour tout quarré deux racines, l'une pofitive & l'autre négative. La racine quarrée de 25, par exemple, eft également $+5$ & -5, parce que -5 multiplié par -5 donne 25 auffi bien que $+5$ par $+5$.

CHAPITRE XII.

Des Racines quarrées & des Nombres irrationnels qui en réfultent.

123.

CE que nous avons dit dans le chapitre précédent revient principalement à ceci: Que la racine quarrée d'un nombre propofé n'eft autre chofe qu'un nombre tel que fon quarré foit égal au nombre propofé, & qu'on peut mettre devant ces racines tant le figne pofitif que le figne négatif.

124.

Ainfi quand un nombre propofé eft un quarré, & qu'on a retenu dans la mémoire un nombre fuffifant de nombres quarrés, il eft facile de trouver la racine de celui qui eft donné. Si c'eft 196, par exemple, qui foit ce nombre propofé, on fait que fa racine quarrée eft 14.

On traite de même avec facilité les fractions: il eft clair, par exemple, que $\frac{5}{7}$ eft la racine quarrée de $\frac{25}{49}$; on n'a, pour s'en convaincre, qu'à prendre la racine quarrée du numérateur, & celle du dénominateur.

Si le nombre propofé eft un nombre mixte, comme $12\frac{1}{4}$, on le réduira à une feule fraction, laquelle eft ici $\frac{49}{4}$, & on verra fur le champ que c'eft $\frac{7}{2}$ ou $3\frac{1}{2}$, qui doit être la racine quarrée de $12\frac{1}{4}$.

125.

Mais quand le nombre proposé n'est pas
un quarré, comme 12 par exemple, il
n'est pas possible non plus d'en extraire la
racine quarrée, ou d'indiquer un nombre
tel que, multiplié par lui-même, il donne
le produit 12. Ce que nous savons cependant, c'est que la racine quarrée de 12
doit être plus grande que 3, parce que 3.3
ne font que 9 ; & plus petite que 4, parce
que 4.4 font 16, c'est-à-dire plus de 12.
Nous savons même aussi que cette racine
est plus petite que $3\frac{1}{2}$; car nous avons vu
que le quarré de $3\frac{1}{2}$ ou $\frac{7}{2}$ est $12\frac{1}{4}$. Enfin
nous pouvons déterminer cette racine d'une
maniere encore plus approchée, en la com-
parant avec $3\frac{7}{15}$; car le quarré de $3\frac{7}{15}$ ou
de $\frac{52}{15}$ est $\frac{2704}{225}$ ou 12 & $\frac{4}{225}$, par conséquent
cette fraction est encore un peu plus grande
que la racine qu'on demande ; mais de très-
peu, puisque les deux quarrés ne different
entr'eux que de $\frac{4}{225}$.

126.

On pourroit foupçonner que puifque $3\frac{1}{2}$ & $3\frac{7}{15}$ font des nombres plus grands que la racine de 12, il feroit poffible d'ajouter à 3 une fraction un peu plus petite que $\frac{1}{15}$, & précifément telle que le quarré de la fomme fût égal à 12.

Effayons donc avec $3\frac{3}{7}$, puifque $\frac{3}{7}$ eft un peu moindre que $\frac{7}{15}$. Or $3\frac{3}{7}$ eft autant que $\frac{24}{7}$, dont le quarré eft $\frac{576}{49}$, & par conféquent plus petit de $\frac{12}{49}$ que le quarré de 12, qu'on peut exprimer par $\frac{588}{49}$. Il eft donc prouvé que $3\frac{3}{7}$ eft plus petit, & que $3\frac{7}{15}$ eft plus grand que la racine cherchée. Effayons donc un nombre un peu plus grand que $3\frac{3}{7}$, mais pourtant plus petit que $3\frac{7}{15}$, par exemp. $3\frac{5}{11}$. Ce nombre qui vaut $\frac{38}{11}$, a pour quarré $\frac{1444}{121}$. Or en réduifant 12 à ce dénominateur on trouve $\frac{1452}{121}$; il s'enfuit donc que $3\frac{5}{11}$ eft encore plus petit que la racine de 12, à favoir de $\frac{8}{121}$. Subftituons donc à $\frac{5}{11}$ la fraction $\frac{6}{13}$, qui eft un peu plus grande,

& voyons encore ce qui réfulte de la comparaifon du quarré de $3\frac{6}{13}$ avec le nombre
12 propofé: le quarré de $3\frac{6}{13}$ eft $\frac{2025}{169}$, or 12
réduit à la même dénomination fait $\frac{2028}{169}$;
ainfi $3\frac{6}{13}$ eft encore trop petit, quoique feulement de $\frac{3}{169}$, tandis que $3\frac{7}{15}$ s'eft trouvé
trop grand.

127.

On peut comprendre facilement que
quelque fraction que l'on joigne à 3, le
quarré de cette fomme doit toujours contenir une fraction, & ne peut jamais devenir exactement égal au nombre entier 12.
Ainfi, quoique nous fachions que la racine
quarrée de 12 eft plus grande que $3\frac{6}{13}$ &
moindre que $3\frac{7}{15}$, nous fommes cependant
forcés de convenir que nous ne fommes
pas en état d'affigner une fraction intermé-
diaire entre ces deux-là, & telle en même
temps qu'ajoutée à 3, elle exprime exactement la racine quarrée de 12. Avec tout
cela cependant on ne peut pas dire que la

racine quarrée de 12 soit indéterminée par
elle-même & absolument ; il suit seulement
de ce que nous avons rapporté , que cette
racine , quoiqu'elle ait nécessairement une
grandeur déterminée , ne sauroit être exprimée par des fractions.

128.

Il est donc une espece de nombres qui
ne sont aucunement assignables par des
fractions , & qui sont cependant des quantités déterminées ; la racine quarrée de 12
nous en a offert un exemple. On nomme
cette nouvelle espece de nombres , *des
nombres irrationnels ;* ils se présentent toutes
les fois qu'on cherche la racine quarrée d'un
nombre qui n'est pas un quarré. C'est ainsi
que 2 n'étant pas un quarré parfait , la racine quarrée de 2 , ou le nombre qui , multiplié par lui - même , produit 2 , est une
quantité irrationnelle. On nomme aussi ces
nombres des *quantités sourdes* ou *des in-
commensurables.*

129.

Ces quantités irrationnelles, quoiqu'elles ne puissent pas s'exprimer par des fractions, sont cependant des grandeurs dont on peut se faire une idée juste. Car quelque cachée que nous paroisse, par exemple, la racine de 12, nous n'ignorons pas cependant que c'est un nombre qui, multiplié par lui-même, produit exactement 12; & cette propriété est suffisante pour nous donner une idée de ce nombre, d'autant qu'il dépend de nous d'approcher de plus en plus de sa valeur.

130.

Comme on est donc suffisamment au fait de la signification des nombres irrationnels dont il est question, on est convenu d'un certain signe, pour indiquer les racines quarrées des nombres qui ne sont pas des quarrés parfaits. Ce signe a cette figure $\sqrt{}$, & se prononce en effet *racine quarrée*. Ainsi $\sqrt{12}$ signifie la racine quarrée de 12, ou

le

le nombre qui, multiplié par lui-même, fait 12. De même, $\sqrt{2}$ indique la racine quarrée de 2; $\sqrt{3}$, celle de 3; $\sqrt{\frac{2}{3}}$, la racine quarrée de $\frac{2}{3}$; & en général $\sqrt{a}$ indique la racine quarrée du nombre a. Toutes les fois donc qu'on voudra indiquer la racine quarrée d'un nombre qui n'eft pas un quarré, on n'aura qu'à fe fervir de la marque $\sqrt{}$ en la mettant devant ce nombre.

131.

L'explication que nous avons donnée des nombres irrationnels, nous met auffi-tôt fur la voie pour appliquer à ces nombres les calculs ufités. Car fachant, par exemple, que la racine quarrée de 2, multipliée par elle-même, doit produire 2; nous favons auffi que la multiplication de $\sqrt{2}$ par $\sqrt{2}$ doit produire néceffairement 2; que de même celle de $\sqrt{3}$ par $\sqrt{3}$ doit donner 3; que $\sqrt{5}$ par $\sqrt{5}$ fait 5; que $\sqrt{\frac{2}{3}}$ par $\sqrt{\frac{2}{3}}$ fait $\frac{2}{3}$; & que généralement $\sqrt{a}$ multiplié par $\sqrt{a}$ produit a.

Tome I. G

132.

Mais quand il s'agit de multiplier $\sqrt{a}$ par $\sqrt{b}$, le produit eft $\sqrt{ab}$; parce que nous avons montré plus haut que fi un quarré a des facteurs, fa racine doit être compofée des racines de ces facteurs. C'eft pourquoi l'on trouve la racine quarrée du produit ab, laquelle eft $\sqrt{ab}$, en multipliant la racine quarrée de a ou $\sqrt{a}$, par la racine quarrée de b, ou par $\sqrt{b}$. Il eft clair par-là que fi b étoit égal à a, on auroit $\sqrt{aa}$ pour le produit de $\sqrt{a}$ par $\sqrt{b}$. Or $\sqrt{aa}$ eft évidemment a, parce que aa eft le quarré de a.

133.

S'il s'agit de la divifion, & qu'on ait $\sqrt{a}$, par exemple, à divifer par $\sqrt{b}$, on obtient $\sqrt{\frac{a}{b}}$; & il peut arriver ici que dans le quotient l'irrationalité s'évanouiffe. C'eft ainfi qu'ayant à divifer $\sqrt{18}$ par $\sqrt{8}$, on obtient le quotient $\sqrt{\frac{18}{8}}$, lequel fe réduit à

$\sqrt{\frac{2}{4}}$, & par conséquent à $\sqrt{\frac{3}{2}}$, parce que $\frac{2}{4}$ est le quarré de $\frac{3}{2}$.

134.

Quand le nombre devant lequel on a mis le signe radical $\sqrt{}$, est lui-même un quarré, on en exprime la racine de la maniere accoutumée. Ainsi $\sqrt{4}$ est autant que 2, $\sqrt{9}$ autant que 3, $\sqrt{36}$ autant que 6, & $\sqrt{12\frac{1}{4}}$ autant que $\frac{7}{2}$ ou $3\frac{1}{2}$. On voit que dans ces cas l'irrationalité n'est qu'apparente, & qu'elle disparoît d'elle-même.

135.

Il est facile aussi de multiplier nos nombres irrationnels par les nombres ordinaires. Par exemple, 2 multiplié par $\sqrt{5}$ fait $2\sqrt{5}$, & 3 fois $\sqrt{2}$ fait $3\sqrt{2}$. Dans ce second exemple cependant, comme 3 est autant que $\sqrt{9}$, on peut exprimer aussi 3 fois $\sqrt{2}$ par $\sqrt{9}$ multipliant $\sqrt{2}$, ou par $\sqrt{18}$. De même $2\sqrt{a}$ est autant que $\sqrt{4a}$, & $3\sqrt{a}$ autant que $\sqrt{9a}$. Et en général

$b \sqrt{a}$ a la même valeur que la racine quarrée de bba ou $\sqrt{abb}$; d'où l'on infere
réciproquement, que quand le nombre qui
eſt précédé du ſigne radical contient un
quarré, on peut prendre la racine de ce
quarré & la mettre devant le ſigne, comme
on feroit en écrivant $b \sqrt{a}$ au lieu de $\sqrt{bba}$.
On comprendra aiſément d'après cela les
réductions qui ſuivent :

$\sqrt{8}$ ou $\sqrt{2.4}$ eſt autant que $2\sqrt{2}$;

$\sqrt{12}$ ou $\sqrt{3.4}$ — — — $2\sqrt{3}$;

$\sqrt{18}$ ou $\sqrt{2.9}$ — — — $3\sqrt{2}$;

$\sqrt{24}$ ou $\sqrt{6.4}$ — — — $2\sqrt{6}$;

$\sqrt{32}$ ou $\sqrt{2.16}$ — — — $4\sqrt{2}$;

$\sqrt{75}$ ou $\sqrt{3.25}$ — — — $5\sqrt{3}$;

& ainſi de ſuite.

136.

La diviſion eſt fondée ſur les mêmes
principes. $\sqrt{a}$ diviſé par $\sqrt{b}$, fait $\frac{\sqrt{a}}{\sqrt{b}}$ ou
$\sqrt{\frac{a}{b}}$. Et pareillement

$\frac{\sqrt{8}}{\sqrt{2}}$ eſt autant que $\sqrt{\frac{8}{2}}$ ou $\sqrt{4}$ ou 2 ;

$\frac{\sqrt{18}}{\sqrt{2}}$ — — — — $\sqrt{\frac{18}{2}}$ ou $\sqrt{9}$ ou 3 ;

$\frac{\sqrt{12}}{\sqrt{3}}$ — — — — $\sqrt{\frac{12}{3}}$ ou $\sqrt{4}$ ou 2.

De plus

$\frac{2}{\sqrt{2}}$ est autant que $\frac{\sqrt{4}}{\sqrt{2}}$ ou $\sqrt{\frac{4}{2}}$ ou $\sqrt{2}$;

$\frac{3}{\sqrt{3}}$ — — — — $\frac{\sqrt{9}}{\sqrt{3}}$ ou $\sqrt{\frac{9}{3}}$ ou $\sqrt{3}$;

$\frac{12}{\sqrt{6}}$ — — — — $\frac{\sqrt{144}}{\sqrt{6}}$ ou $\sqrt{\frac{144}{6}}$, ou $\sqrt{24}$

ou $\sqrt{6.4}$, ou enfin $2\sqrt{6}$.

137.

Il n'y a rien à remarquer de particulier à l'égard de l'addition & de la souftraction, parce qu'on ne fait que lier les nombres par les fignes $+$ & $-$. Par exemple, $\sqrt{2}$ ajouté à $\sqrt{3}$ s'écrit $\sqrt{2}+\sqrt{3}$; & $\sqrt{3}$ souftrait de $\sqrt{5}$ s'écrit $\sqrt{5}-\sqrt{3}$.

138.

Enfin nous ferons obferver que par oppofition à ces nombres irrationnels, on nomme les autres nombres, tant entiers que fractionnaires, des *nombres rationnels*.

Ainfi toutes les fois qu'on parle de nombres rationnels, on entend par-là des nombres entiers, ou bien auffi des fractions.

CHAPITRE XIII.

Des Quantités impoſſibles ou imaginaires,
qui dérivent de la même ſource.

139.

NOUS avons déjà vu plus haut que les quarrés des nombres, tant poſitifs que négatifs, ſont toujours poſitifs ou affectés du ſigne $+$; ayant fait obſerver que $— a$ multiplié par $—a$ fait $+aa$, tout comme le produit de $+a$ par $+a$. C'eſt pourquoi, dans le chapitre précédent, nous avons ſuppoſé que tous les nombres dont il s'agiſ-ſoit d'extraire les racines quarrées, étoient poſitifs.

140.

Quand il arrive donc qu'il ſoit queſtion d'extraire la racine d'un nombre négatif, on ne peut que ſe trouver fort embarraſſé, n'y ayant aucun nombre aſſignable dont le

quarré foit un nombre négatif. Car fuppo-
fez, par exemple, qu'on voulût extraire
la racine de — 4, ce feroit demander un
nombre tel que, multiplié par lui-même,
il donnât — 4 ; or ce nombre cherché n'eft
ni $+ 2$ ni — 2, parce que le quarré, tant
de $+ 2$ que de — 2, eft $+ 4$ & non pas
— 4.

141.

Il faut donc conclure que la racine quarrée d'un nombre négatif ne peut être ni
un nombre pofitif, ni un nombre négatif,
puifqu'auffi les quarrés des nombres négatifs prennent le figne *plus*. Par conféquent
il faut que la racine en queftion appartienne
à une efpece tout-à-fait particuliere de
nombres ; puifqu'elle ne peut être comptée
ni parmi les nombres pofitifs, ni parmi les
nombres négatifs.

142.

Or nous avons remarqué plus haut que
les nombres pofitifs font tous plus grands

que rien ou o, & que les nombres négatifs
font tous plus petits que rien ou o ; de façon
que tout ce qui furpaffe o s'exprime par
des nombres pofitifs, & que tout ce qui
eft moindre que o, s'exprime par des nombres négatifs. Nous voyons donc que les
racines quarrées de nombres négatifs ne
font ni plus grandes ni plus petites que rien.
Cependant on ne peut pas dire qu'elles
foient o ; car o multiplié par o fait o, &
par conféquent ne donne pas un nombre
négatif.

143.

Or puifque tous les nombres qu'il eft
poffible de s'imaginer, font ou plus grands
ou plus petits que o, ou font o même, il
eft clair qu'on ne peut pas même compter
la racine quarrée d'un nombre négatif parmi
les nombres poffibles, & il faut donc dire
que c'eft une quantité impoffible. C'eft de
cette façon que nous fommes conduits à
l'idée de nombres qui par leur nature font

impoffibles. On nomme ordinairement ces nombres des *quantités imaginaires*, parce qu'elles exiftent purement dans l'imagination.

144.

Toutes les expreffions, comme $\sqrt{-1}$, $\sqrt{-2}$, $\sqrt{-3}$, $\sqrt{-4}$, &c. font par conféquent des nombres impoffibles ou imaginaires, puifqu'ils indiquent des racines de quantités négatives. Et c'eft de pareils nombres qu'on foutient avec raifon qu'ils ne font ni rien, ni plus que rien, ni moins que rien ; ce qui fait principalement qu'on eft obligé de les déclarer impoffibles.

145.

Avec tout cela cependant ces nombres fe préfentent à l'efprit, ils ont lieu dans notre imagination, & nous ne laiffons pas d'en avoir une idée fuffifante ; puifque nous favons que par $\sqrt{-4}$, par exemple, on entend un nombre qui, multiplié par lui-même, fait -4. C'eft auffi pourquoi rien ne nous empêche d'appliquer le calcul à ces nombres imaginaires, & de les employer.

146.

Notre premiere notion dans la matiere que nous traitons, eſt que le quarré de $\sqrt{-3}$, par exemple, ou le produit de $\sqrt{-3}$ par $\sqrt{-3}$, eſt -3; que celui de $\sqrt{-1}$ par $\sqrt{-1}$, fait -1; & en général, qu'en multipliant $\sqrt{-a}$ par $\sqrt{-a}$, ou en prenant le quarré de $\sqrt{-a}$, on obtient $-a$.

147.

Maintenant, comme $-a$ ſignifie autant que $+a$ multiplié par -1, & que la racine quarrée d'un produit ſe trouve en multipliant enſemble les racines des faƈteurs, il s'enſuit que la racine de a multipliée par -1, ou $\sqrt{-a}$, eſt autant que $\sqrt{a}$ multipliée par $\sqrt{-1}$. Or $\sqrt{a}$ eſt un nombre poſſible ou réel, par conſéquent ce qu'il y a d'impoſſible dans une quantité imaginaire, peut toujours fe réduire à $\sqrt{-1}$. Par cette raifon donc, $\sqrt{-4}$ eft autant que $\sqrt{4}$ multipliée par $\sqrt{-1}$, & autant que $2\sqrt{-1}$, à caufe de $\sqrt{4}$ égal à 2. Par la même raifon $\sqrt{-9}$ fe réduit à $\sqrt{9}.\sqrt{-1}$, ou à $3\sqrt{-1}$; & $\sqrt{-16}$ fignifie $4\sqrt{-1}$.

148.

De plus, comme $\sqrt{a}$ multipliée par $\sqrt{b}$ fait $\sqrt{ab}$, l'on aura $\sqrt{6}$ pour la valeur de $\sqrt{-2}$ multipliée par $\sqrt{-3}$; & $\sqrt{4}$ ou 2, pour la valeur du produit de $\sqrt{-1}$ par $\sqrt{-4}$. On voit donc que deux nombres imaginaires, multipliés l'un par l'autre, en produifent un réel ou poffible.

Mais au contraire un nombre poffible, multiplié par un nombre impoffible, donne toujours de l'imaginaire: $\sqrt{-3}$ par $\sqrt{+5}$ fait $\sqrt{-15}$.

149.

Il en eft de même à l'égard de la divifion; car $\sqrt{a}$ divifé par $\sqrt{b}$ faifant $\sqrt{\frac{a}{b}}$, il eſt clair que $\sqrt{}-4$ diviſé par $\sqrt{}-1$ fera $\sqrt{}+4$ ou 2 ; que $\sqrt{}+3$ diviſé par $\sqrt{}-3$ fera $\sqrt{}-1$; & que 1 diviſé par $\sqrt{}-1$ me donne $\sqrt{\frac{+1}{-1}}$ ou $\sqrt{}-1$; parce que 1 eſt autant que $\sqrt{}+1$.

150.

Nous avons obſervé plus haut que la racine quarrée d'un nombre quelconque a toujours deux valeurs , l'une poſitive & l'autre négative ; que $\sqrt{4}$, par exemple , eſt également $+2$ & -2 , & qu'en général on peut adopter $-\sqrt{a}$ comme $+\sqrt{a}$ pour la racine quarrée de *a.* Cette remarque a lieu auſſi , quand il s'agit de nombres imaginaires : la racine quarrée de $-a$ eſt également $+\sqrt{}-a$ & $-\sqrt{}-a$; mais il faut ſe garder de confondre les ſignes $+$ & $-$ qui ſont devant le ſigne radical $\sqrt{}$, & le ſigne qui ne vient qu'après cette marque $\sqrt{}$.

151.

Il nous reſte enfin à lever le doute qu'on pourroit avoir ſur l'utilité des nombres dont nous venons de parler ; car en effet ces nombres étant impoſſibles, il ne ſeroit pas étonnant qu'on les crût tout-à-fait inutiles & l'objet ſeulement d'une vaine ſpéculation. On ſe tromperoit cependant ; le calcul des imaginaires eſt de la plus grande importance ; ſouvent il ſe préſente des queſtions, deſquelles on ne ſauroit dire ſur le champ ſi elles renferment quelque choſe de réel & de poſſible ou non. Or quand la ſolution d'une pareille queſtion nous conduit à des nombres imaginaires, nous ſommes certains que ce qu'on demande eſt impoſſible.

Afin d'éclaircir ce que nous venons de dire par un exemple, ſuppoſons qu'on propoſe la queſtion : de diviſer le nombre 12 en deux parties, telles que le produit de ces parties faſſe 40. Si l'on réſout cette queftion par les regles ordinaires, on trouve pour les parties cherchées $6 + \sqrt{-4}$ & $6 - \sqrt{-4}$; mais ces nombres font imaginaires: on conclut donc par cela même qu'il eft impoffible de réfoudre la queftion.

On faifira facilement la différence, en fuppofant que la queftion eût été de divifer 12 en deux parties qui, multipliées enfemble, fiffent 35; car il eft évident que ces parties feroient 7 & 5.

CHAPITRE XIV.

Des Nombres Cubiques.

152.

QUAND un nombre a été multiplié trois fois par lui-même, ou, ce qui revient au même, que le quarré d'un nombre a été multiplié encore une fois par ce nombre, on a un produit qui fe nomme un *cube* ou un *nombre cubique*. C'eft ainfi que le cube de *a* eſt *a a a*, vu que c'eſt ce qu'on obtient en multipliant *a* par ſoi-même, ou par *a*, & enſuite ce quarré *a a* encore par *a*.

On voit par-là que les cubes des nombres naturels doivent ſe ſuivre dans l'ordre que voici (*) :

Nombres	1	2	3	4	5	6	7	8	9	10
Cubes	1	8	27	64	125	216	343	512	729	1000

153.

Si nous conſidérons les différences de ces nombres cubiques, comme nous l'avons fait pour les quarrés, en ſouſtrayant chaque cube de celui qui le ſuit, nous obtenons la ſuite de nombres que voici :

7, 19, 37, 61, 91, 127, 169, 217, 271; nous ne remarquons d'abord aucune régu-

(*) On doit à un Mathématicien, nommé *J. Paul Buchner*, des tables publiées à Nuremberg en 1701, dans leſquelles on trouve tant les quarrés que les cubes de tous les nombres depuis 1 juſqu'à 12000.

larité dans cette fuite ; mais fi nous prenons les différences de ces nombres, nous voyons fe former la férie fuivante :

12, 18, 24, 30, 36, 42, 48, 54;
dans laquelle les termes augmentent toujours évidemment de 6.

154.

Après la définition que nous avons donnée du cube, il ne fera pas difficile de trouver les cubes des nombres fractionnaires : on verra que $\frac{1}{8}$ eft le cube de $\frac{1}{2}$; que $\frac{1}{27}$ eft le cube de $\frac{1}{3}$, & que $\frac{8}{27}$ eft celui de $\frac{2}{3}$. En effet on n'a qu'à prendre féparément le cube du numérateur & celui du dénominateur, on aura $\frac{27}{64}$ pour le cube de la fraction $\frac{3}{4}$.

155.

Si c'eft d'un nombre mixte qu'il s'agit de trouver le cube, il faut d'abord le réduire en une feule fraction, & procéder enfuite comme il a été dit. Pour trouver, par exemple, le cube de 1 $\frac{1}{2}$, il faut prendre

celui

celui de $\frac{3}{2}$, qui eſt $\frac{27}{8}$, ou 3 & $\frac{3}{8}$. De même le cube de 1 $\frac{1}{4}$, ou de la fraction ſeule $\frac{5}{4}$, eſt $\frac{125}{64}$ ou 1 & $\frac{61}{64}$, & le cube de 3 $\frac{1}{4}$ ou de $\frac{13}{4}$ eſt $\frac{2197}{64}$, ou 34 $\frac{21}{64}$.

156.

Puiſque aaa eſt le cube de a, celui du nombre ab ſera $aaabbb$; d'où l'on voit que ſi un nombre a deux ou pluſieurs facteurs, on peut trouver ſon cube en multipliant enſemble les cubes de ces facteurs. Par exemple, comme 12 eſt autant que 3.4, on multiplie le cube de 3, qui eſt 27, par le cube de 4 qui eſt 64, & on obtient 1728, cube de 12. On voit de plus que le cube de 2a eſt 8aaa, & par conſéquent 8 fois plus grand que le cube de a; & de même, que le cube de 3 a eſt 27 aaa, c'eſt-à-dire qu'il eſt 27 fois plus grand que le cube de a.

157.

Faiſons attention auſſi aux ſignes $+$ & $-$. Il eſt clair d'abord que le cube d'un nombre pofitif $+a$ ne peut qu'être pofitif de même, c'eft-à-dire $+aaa$. Mais s'il s'agit de prendre le cube d'un nombre négatif $-a$, on verra qu'en prenant d'abord le quarré, lequel eft $+aa$, & multipliant enfuite, felon la regle, ce quarré par $-a$, le cube cherché devient $-aaa$. Il n'en eft donc pas, à cet égard, des nombres cubiques comme des nombres quarrés, puifque ceux-ci fe trouvent toujours pofitifs. Le cube de -1 eft -1, celui de -2 eft -8, celui de -3 eft -27, & ainfi de fuite.

CHAPITRE XV.

Des Racines cubiques & des Nombres irrationnels qui en dérivent.

158.

DE même qu'on peut, comme on a vu, trouver le cube d'un nombre donné, on peut réciproquement auffi, étant donné un nombre quelconque , trouver le nombre qui, multiplié trois fois par lui-même , produit le nombre proposé. Ce nombre cherché s'appelle relativement à l'autre, *la racine cubique.* Ainsi la racine cubique d'un nombre donné est le nombre dont le cube est égal à ce nombre donné.

159.

Il est donc facile de déterminer la racine cubique, quand le nombre proposé est réellement un cube, comme nous en avons vu des exemples dans le chapitre précédent. On sent bien que la racine cubique de 1 est 1 ; que celle de 8 est 2 ; que celle de 27 est 3 ; que celle de 64 est 4, & ainsi de suite. Et pareillement, que la racine cubique de — 27 est — 3 ; & que celle de — 125 est — 5.

De plus, que si le nombre proposé est rompu, comme $\frac{8}{27}$; la racine cubique en doit être $\frac{2}{3}$; & que celle de $\frac{64}{343}$ est $\frac{4}{7}$. Enfin, que la racine cubique d'un nombre mixte

$2\frac{10}{27}$ doit être $\frac{4}{3}$ ou $1\frac{1}{3}$; parce que $2\frac{10}{27}$ eſt autant que $\frac{64}{27}$.

160.

Mais ſi le nombre propoſé n'eſt pas réellement un cube, ſa racine cubique ne pourra pas non plus s'exprimer ni en nombres entiers, ni en nombres fractionnaires. Par exemple, 43 n'eſt pas un nombre cubique ; je dis donc qu'il eſt impoſſible d'aſſigner un nombre, ſoit entier ſoit fractionnaire, dont le cube faſſe exactement 43. Ce qu'on peut aſſurer cependant, c'eſt que la racine cubique de ce nombre eſt plus grande que 3, vu que le cube de 3 ne fait que 27, & que cette racine eſt plus petite que 4, parce que le cube de 4 eſt 64. Nous ſavons donc que la racine cubique cherchée eſt néceſſairement contenue entre les nombres 3 & 4.

161.

Si l'on veut donc, puiſque la racine cubique de 43 ſurpaſſe 3, ajouter à 3 une fraction; il eft fûr qu'on pourra de plus en plus approcher de la vraie valeur de cette racine; mais on ne pourra cependant jamais indiquer de nombre qui exprime exactement cette valeur; parce que le cube d'un nombre mixte ne peut jamais être parfaitement égal à un nombre entier, tel qu'eft 43. Si l'on fuppofoit, par exemple, que $3\frac{1}{2}$ ou $\frac{7}{2}$ fût la racine cubique cherchée de 43, on fe tromperoit de $\frac{1}{8}$; car le cube de $\frac{7}{2}$ ne fait que $\frac{343}{8}$ ou $42\frac{7}{8}$.

162.

Il eft donc clair par-là que la racine cubique de 43 ne peut en aucune maniere s'exprimer foit par des nombres entiers, foit par des fractions. Cependant on a une idée diftincte de la grandeur de cette racine; cela engage à fe fervir, pour l'indiquer, du figne $\sqrt[3]{}$, qu'on met devant le nombre propofé, & qu'on prononce *racine cubique*, afin de la diftinguer de la racine quarrée, laquelle on ne fait fouvent que

nommer simplement racine. Ainsi $\sqrt[3]{43}$ signifie la racine cubique de 43, c'est-à-dire,
le nombre dont le cube est 43, ou qui,
multiplié trois fois par lui-même, fait 43.

163.

Il est donc clair aussi que de telles expressions ne peuvent appartenir aux quantités rationnelles, & qu'elles constituent
plutôt une espece particuliere de quantités
irrationnelles. Elles n'ont même rien de
commun avec les racines quarrées, & il
n'est pas possible d'exprimer une telle racine cubique par une racine quarrée, comme par exemple par $\sqrt{12}$; car le quarré
de $\sqrt{12}$ étant 12, son cube sera 12 $\sqrt{12}$,
par conséquent encore irrationnel & tel
qu'il ne peut être égal à 43.

164.

Que si le nombre proposé est un cube
réel, nos expressions deviennent rationnel-
les: $\sqrt[3]{1}$ est autant que 1; $\sqrt[3]{8}$ est autant

que 2 ; $\sqrt[3]{27}$ autant que 3 ; & en général $\sqrt[3]{aaa}$ autant que a.

165.

S'il étoit queſtion de multiplier une racine cubique comme $\sqrt[3]{a}$ par une autre comme $\sqrt[3]{b}$, le produit doit être $\sqrt[3]{ab}$; car nous ſavons que la racine cubique d'un produit ab ſe trouve en multipliant enſemble les racines cubiques des facteurs. On voit par cela même que s'il s'agiſſoit de la diviſion de $\sqrt[3]{a}$ par $\sqrt[3]{b}$, le quotient feroit $\sqrt[3]{\frac{a}{b}}$.

166.

On comprend auſſi que $2\sqrt[3]{a}$ eſt autant que $\sqrt[3]{8a}$, parce que 2 équivaut à $\sqrt[3]{8}$; que $3\sqrt[3]{a}$ eſt autant que $\sqrt[3]{27a}$, & $b\sqrt[3]{a}$ autant que $\sqrt[3]{abbb}$. Ainſi réciproquement, ſi le nombre qui ſuit le ſigne radical a un facteur qui ſoit un cube, on peut le faire disparoître en en mettant la racine cubique devant le figne. Par exemple, au lieu de $\sqrt[3]{64a}$ on peut écrire $4\sqrt[3]{a}$; & $5\sqrt[3]{a}$ au lieu de $\sqrt[3]{125a}$. Il fuit de-là que $\sqrt[3]{16}$ eſt autant que $2\sqrt[3]{2}$, parce que 16 eſt autant que 8.2.

167.

Quand un nombre propoſé eſt négatif, ſa racine cubique n'eſt pas ſujette aux difficultés que nous avons rencontrées en traitant des racines quarrées. Car puiſque les cubes de nombres négatifs ſont négatifs, de même il s'enſuit qu'auſſi les racines cubiques de nombres négatifs ſont ſimplement négatives. Ainſi $\sqrt[3]{-8}$ ſignifie -2, & $\sqrt[3]{-27}$, eſt autant que -3. Il s'enſuit auſſi que $\sqrt[3]{-12}$ eſt la même choſe que $-\sqrt[3]{12}$, & que $\sqrt[3]{-a}$ peut s'exprimer par $-\sqrt[3]{a}$. D'où l'on voit que le ſigne $-$, s'il ſe trouve derriere le ſigne de la racine cubique, auroit auffi pu fe mettre devant ce figne. Nous ne fommes donc pas conduits ici à des nombres impoffibles ou imaginaires, comme cela nous eft arrivé en confidérant les racines quarrées des nombres négatifs.

CHAPITRE XVI.

Des Puiffances en général.

168.

LE produit qu'on obtient en multipliant un nombre plufieurs fois par lui-même, fe nomme *une puiffance*. Ainfi un quarré qui provient de la multiplication d'un nombre par lui-même, & un cube qu'on obtient en multipliant un nombre trois fois par lui-même, font des puiffances. On dit auffi dans le premier cas, que le nombre eft élevé au fecond degré, ou à la feconde puiffance ; & dans l'autre cas, que le nombre eft élevé au troifieme degré ou à la troifieme puiffance.

169.

C'eſt qu'on diſtingue ces puiſſances l'une de l'autre par le nombre de fois que le nombre propoſé a été multiplié par lui-même. Par exemple, un quarré ſe nomme la ſeconde puiſſance, parce qu'un certain nombre donné a été multiplié deux fois par lui-même ; ſi un nombre a été multiplié trois fois par lui-même, on nomme le produit la troiſieme puiſſance, laquelle ſignifie donc la même choſe qu'un cube. Multipliez un nombre quatre fois par lui-même, vous aurez ſa quatrieme puiſſance, ou bien ce qu'on nomme communément *le quarré-quarré* ou *le bi-quarré* : & il n'eſt pas difficile à préſent de comprendre ce qu'on entend par la cinquieme, ſixieme, ſeptieme, &c. puiſſance d'un nombre. J'ajoute ſeulement que ces puiſſances ceſſent après le quatrieme degré d'avoir d'autres noms particuliers.

170.

Pour éclaircir tout cela encore mieux, nous remarquerons d'abord que les puissances de 1 restent constamment les mêmes; parce que, quelque nombre de fois qu'on multiplie ce nombre 1 par lui-même, le produit se trouve toujours être 1. Nous commencerons donc ici par indiquer les puissances de 2 & de 3. Voici l'ordre qu'elles suivent :

Puissances	du Nombre 2,	du Nombre 3 :
I.	2	3
II.	4	9
III.	8	27
IV.	16	81
V.	32	243
VI.	64	729
VII.	128	2187
VIII.	256	6561
IX.	512	19683
X.	1024	59049
XI.	2048	177147
XII.	4096	531441
XIII.	8192	1594323
XIV.	16384	4782969
XV.	32768	14348907
XVI.	65536	43046721
XVII.	131072	129140163
XVIII.	262144	387420489

Mais ce font fur-tout les puiffances du nombre 10 qui font remarquables ; car fur ces puiffances fe fonde toute notre Arith-métique. En voici quelques-unes rangées par ordre, en commençant par la premiere puiffance :

I.	II.	III.	IV.	V.	VI.
10,	100,	1000,	10000,	100000,	1000000, &c.

171.

Si l'on veut maintenant envifager la chofe d'une maniere plus générale, on verra que les puiffances d'un nombre quelconque *a* fe fuivent dans cet ordre :

I.	II.	III.	IV.	V.	VI.
a,	*a a*,	*a a a*,	*a a a a*,	*a a a a a*,	*a a a a a a*, &c.

Mais on ne tardera pas à s'appercevoir de l'inconvénient qui accompagne cette façon d'écrire les puiffances, & qui con-fifte en ce qu'il faudroit, pour exprimer de grandes puiffances, écrire la même lettre très-fouvent ; le Leĉteur même n'auroit pas moins de peine, s'il étoit obligé de compter toutes ces lettres pour favoir quelle puiſſance on a voulu indiquer. La centieme puiſſance , par exemple , ne s'écriroit pas commodément de cette façon-là , & il feroit encore plus difficile de la reconnoître.

172.

Afin d'éviter cet inconvénient , on a imaginé une façon bien plus commode d'exprimer de telles puiſſances, & qui mérite à cauſe de ſon uſage étendu , d'être expliquée ſoigneuſement: ſavoir, pour exprimer, par exemple , la centieme puiſſance , on écrit ſimplement le nombre 100 au-deſſus de celui dont on veut exprimer la centieme puiſſance, & un peu vers la droite : ainſi a^{100}, qui ſignifie a élevé à 100 , indique la centieme puiſſance de a. Il ne faut pas oublier qu'on donne le nom d'*expoſant* au nombre écrit au-deſſus de celui dont il indique la puiſſance ou le degré , & qui eſt 100 dans le cas que nous avons ſuppoſé.

173.

De cette maniere a^2 signifie donc a élevé
à 2, ou la seconde puissance de a, laquelle
cependant on indique aussi quelquefois par
aa, parce que l'une & l'autre expression
s'écrit & se comprend avec la même facilité. Mais déjà pour exprimer le cube ou
la troisieme puissance aaa, on écrit a^3 conformément à la nouvelle regle, afin de
gagner de la place. De même a^4 signifie
la quatrieme, a^5 la cinquieme, & a^6 la
sixieme puissance de a.

174.

En un mot toutes les puissances de a se
représenteront par

$a, a^2, a^3, a^4, a^5, a^6, a^7, a^8, a^9, a^{10}$, &c.
d'où l'on voit que, suivant cette maniere,
on auroit très-bien pu écrire a^1 au lieu de a
pour le premier membre de la série, afin
d'en mieux faire appercevoir l'ordre. En
effet a^1 n'est autre chose que a, vu que

cette unité indique que la lettre *a* ne doit s'écrire qu'une fois. Une pareille suite de puissances se nomme aussi une progression géométrique, parce que chaque terme est d'un nombre de fois plus grand que le précédent.

175.

Comme dans cette même suite de puissances chaque terme se trouve en multipliant par *a* celui qui le précede, ce qui augmente l'exposant de 1 ; on peut aussi, au moyen d'un terme donné, trouver celui qui le précede, en divisant par *a*, parce que c'est diminuer l'exposant d'une unité. Cela nous apprend que le terme qui précede le premier terme a^1, doit être nécessairement $\frac{a}{a}$ ou 1 ; or si l'on se regle sur les exposans, on conclura sans peine que ce terme qui précede le premier, doit être a^0. On peut donc déduire de-là la propriété remarquable, que a^0 est constamment égal à 1, quelque valeur grande ou petite qu'ait le nombre a, & même quand a n'eſt rien, c'eſt-à-dire que même $0°$ fait 1.

176.

Nous pouvons continuer encore notre ſuite de puiſſances en rétrogradant, & même de deux manieres différentes : l'une en diviſant toujours par a ; l'autre en diminuant l'expoſant d'une unité. Et nous ne pouvons douter que, ſuivant l'une ou l'autre façon, les termes ne ſoient parfaitement égaux. Nous allons préſenter cette ſérie rétrograde ſous l'une & l'autre forme, en avertiſſant que c'eſt auſſi à rebours, c'eſt-à-dire, en allant de la droite vers la gauche, que l'on doit la lire.

	$\frac{1}{aaaaaa}$	$\frac{1}{aaaaa}$	$\frac{1}{aaaa}$	$\frac{1}{aaa}$	$\frac{1}{aa}$	$\frac{1}{a}$	1	a
I^e.	$\frac{1}{a^6}$	$\frac{1}{a^5}$	$\frac{1}{a^4}$	$\frac{1}{a^3}$	$\frac{1}{a^2}$	$\frac{1}{a^1}$		
IIe.	a^{-6}	a^{-5}	a^{-4}	a^{-3}	a^{-2}	a^{-1}	a^0	a^1

177.

Nous voici parvenus à connoître des puiſſances dont les expoſans ſont négatifs, & à pouvoir aſſigner exactement les valeurs de ces puiſſances. Nous mettrons ſous les yeux ce que nous avons trouvé, de la façon qui ſuit : d'abord

a^0 eſt autant que 1 ; enſuite

a^{-1} ——————— $\frac{1}{a}$;

a^{-2} ——————— $\frac{1}{aa}$ ou $\frac{1}{a^2}$;

a^{-3} ——————— $\frac{1}{a^3}$;

a^{-4} ——————— $\frac{1}{a^4}$,

& ainſi de ſuite.

178.

Il eſt clair auſſi par ce qui a précédé, comment on doit trouver les puiſſances d'un produit ab. Elles ſeront évidemment ab ou $a^1 b^1$, $a^2 b^2$, $a^3 b^3$, $a^4 b^4$, $a^5 b^5$, &c. Et on trouvera de même les puiſſances des fractions ; par exemple, celles de $\frac{a}{b}$ ſont

$$\frac{a^1}{b^1}, \frac{a^2}{b^2}, \frac{a^3}{b^3}, \frac{a^4}{b^4}, \frac{a^5}{b^5}, \frac{a^6}{b^6}, \frac{a^7}{b^7}, \&c.$$

Tome I. I

179.

Enfin nous avons à confidérer auffi les puiffances des nombres négatifs. Or fuppofons donné le nombre $-a$; fes puiffances fe fuivront dans l'ordre que voici:

$$-a, \; +aa, \; -a^3, \; +a^4, \; -a^5, \; +a^6 \; \&c.$$

On voit donc qu'il n'y a que les puiffances dont les expofans font des nombres impairs, qui deviennent négatives, & qu'au contraire toutes les puiffances qui ont un nombre pair pour expofant, font pofitives. En effet, les puiffances troifieme, cinquieme, feptieme, neuvieme, &c. ont toutes le figne $-$; & les puiffances feconde, quatrieme, fixieme, huitieme, &c. font affectées du figne $+$.

CHAPITRE XVII.

Du calcul des Puiſſances.

180.

Nous n'avons rien à obſerver de particulier par rapport à l'addition & à la ſouſtraction des puiſſances ; car on ne fait qu'indiquer ces opérations moyennant les ſignes $+$ & $-$, quand les puiſſances ſont différentes entr'elles. Par exemple, $a^3 + a^2$ eſt la ſomme de la ſeconde & de la troiſieme puiſſance de a ; & $a^5 - a^4$ eſt ce qui reſte en ſouſtrayant la quatrieme puiſſance de a de la cinquieme ; & l'on ne peut indiquer plus briévement ni l'un ni l'autre réſultat. Que s'il s'agit de puiſſances de la même eſpece ou du même degré, il eſt clair qu'il n'eſt pas néceſſaire de les lier par des ſignes : $a^3 + a^3$ fait $2a^3$, &c.

I ij

181.

Mais la multiplication des puiffances exige qu'on faffe attention à différentes chofes.

D'abord quand il s'agit de multiplier par a une puiffance quelconque de a, on obtient la puiffance fuivante, c'eft-à-dire, celle dont l'expofant eft d'une unité plus grand. Ainfi a^2, multiplié par a, fait a^3; & a^3, multiplié par a, fait a^4. Et de même, quand il s'agit de multiplier par a les puif-fances de ce nombre qui ont des expofans négatifs, on ne fait qu'ajouter 1 à l'expo-fant. Ainfi a^{-1} multiplié par a produit a^0 ou 1; ce qui eft d'autant plus évident, que a^{-1} eft égal à $\frac{1}{a}$, & que le produit de a par $\frac{1}{a}$ étant $\frac{a}{a}$, il eft par conféquent égal à 1. Par des raifons femblables a^{-2}, multiplié par a, fait a^{-1} ou $\frac{1}{a}$; & a^{-10}, multiplié par a, donne a^{-9}, & ainfi de fuite.

182.

Enfuite, s'il eſt queſtion de multiplier
une puiſſance de a par aa ou par la deu-
xieme puiſſance, je dis que l'expoſant devient plus grand de 2. Ainſi le produit de
a^2 par a^2 eſt a^4; celui de a^2 par a^3 eſt a^5;
celui de a^4 par a^2 eſt a^6; & plus généralement encore, a^n multiplié par a^2 fait
a^{n+2}. Pour ce qui eſt des expoſans négatifs, on aura a^1 ou a pour le produit de a^{-1}
par a^2; car a^{-1} étant égal à $\frac{1}{a}$, c'eſt comme ſi l'on avoit à diviſer aa par a; par
conféquent le produit cherché eſt $\frac{aa}{a}$ ou a.
De même a^{-2}, multiplié par a^2, fait a^0 ou
1; & a^{-3}, multiplié par a^2, fait a^{-1}.

183.

Il n'eſt pas moins évident que, pour
multiplier une puiſſance quelconque de a
par a^3, il faut en augmenter l'expoſant de
trois unités; & que par conféquent le pro-
duit de a^n par a^3 eſt a^{n+3}. Et toutes les fois

donc qu'il s'agit de multiplier enfemble deux puiffances de a, on voit que le produit fera de même une puiffance de a, & tel que fon expofant fera la fomme de ceux des deux puiffances données. Par exemple, a^4 multiplié par a^5 fera a^9, & a^{12} multiplié par a^7 fera a^{19}, &c.

184.

En partant de-là on peut déterminer affez facilement des puiffances très-élevées. Pour trouver, par exemple, la vingt-quatrieme puiffance de 2, je multiplie la douzieme puiffance par la douzieme puiffance, parce que 2^{24} eft autant que 2^{12} multiplié par 2^{12}. Or nous avons vu plus haut que 2^{12} fait 4096 ; je dis donc que c'eft le nombre 16777216, ou le produit de 4096 par 4096, qui exprime la puiffance cherchée 2^{24}.

185.

Paffons à la divifion. Nous remarquerons en premier lieu, que pour divifer une

puiſſance de *a* par *a*, il faut ſouſtraire 1
de l'expoſant, ou le diminuer de l'unité.
Ainſi a^5, diviſé par *a*, fait a^4; a^0 ou 1,
diviſé par *a*, eſt autant que a^{-1} ou $\frac{1}{a}$; a^{-3},
diviſé par *a*, fait a^{-4}.

186.

Si c'eſt par a^2 qu'il faut diviſer une puiſſance donnée de *a*, il faudra diminuer
l'expoſant de 2; & ſi c'eſt par a^3, il faut
ſouſtraire trois unités de l'expoſant de la
puiſſance propoſée. Ainſi en général, quelque puiſſance de *a* que ce ſoit qu'il s'agiſſe
de diviſer par une autre puiſſance quelconque de *a*, la regle eſt toujours de ſouſtraire l'expoſant de la ſeconde de l'expoſant de la premiere de ces puiſſances. C'eſt
ainſi que a^{15}, diviſé par a^7, donnera a^8;
que a^6, diviſé par a^7, donnera a^{-1}; &
que a^{-3}, diviſé par a^4, donnera a^{-7}.

187.

Par ce que nous avons dit plus haut,
il eſt facile de comprendre comment on

I iv

doit trouver les puissances des puissances, & que cela se fait par la multiplication. Quand on cherche, par exemple, le quarré ou la seconde puissance de a^3, on trouve a^6; & de la même maniere on trouve a^{12} pour la troisieme puissance, ou le cube de a^4; on voit que pour prendre le quarré d'une puissance, il n'y a qu'à doubler son exposant; que pour en prendre le cube, il faut tripler cet exposant, & ainsi de suite. Le quarré de a^n est a^{2n}; le cube de a^n est a^{3n}; la septieme puissance de a^n est a^{7n}, &c.

188.

Le quarré de a^2, ou le quarré du quarré de a étant a^4, on voit pourquoi on nomme la quatrieme puissance, le *bi-quarré* ou le *quarré-quarré*.

Le quarré de a^3 est a^6, c'est ce qui a fait donner à la sixieme puissance le nom de *quarré-cube*.

Enfin le cube de a^3 étant a^9, on appelle les neuviemes puissances *cubes-cubes*. On n'a pas introduit d'autres dénominations de cette espece pour les puissances, & même les deux dernieres ne sont pas fort en usage.

CHAPITRE XVIII.

Des Racines relativement à toutes les Puissances en général.

189.

Puisque la racine quarrée d'un nombre donné est un nombre tel que son quarré est égal à ce nombre donné , & que la racine cubique d'un nombre donné est un nombre tel que son cube est égal à ce nombre donné ; il s'ensuit qu'étant donné un nombre quelconque, on peut toujours en indiquer des racines telles que leur quatrieme ou leur cinquieme puissance, ou quelque autre à volonté , soit égale au nombre donné. Afin de distinguer mieux ces différentes especes de racines, nous nommerons la racine quarrée, *racine deu-xieme ;* la racine cubique, *racine troisieme ;* parce que d'après cette dénomination on peut nommer *racine quatrieme ,* celle dont le quarré-quarré est égal à un nombre donné ; & *racine cinquieme ,* celle dont la cinquieme puissance est égale à un nombre donné, &c.

190.

De même que la racine quarrée ou deu-xieme s'indique par le signe $\sqrt{}$, & la racine cubique ou troisieme, par le signe $\sqrt[3]{}$, on représente la racine quatrieme par le signe $\sqrt[4]{}$; la racine cinquieme par le signe $\sqrt[5]{}$ & ainsi de suite. Il est clair que suivant cette façon de s'exprimer, le signe de la racine quarrée devroit être $\sqrt[2]{}$. Mais comme de toutes les racines c'est celle-ci qui se pré-sente le plus souvent, on est convenu, pour abréger, d'omettre le nombre 2 du signe de cette racine. Ainsi, quand dans un signe radical il ne fe trouve pas de nombre, cela fuppofe toujours que c'eft la racine quarrée qu'on a voulu indiquer.

191.

Nous allons, pour nous expliquer encore mieux, mettre fous les yeux les différentes racines du nombre a, avec leurs fignifications.

$\sqrt{a}$ eft la IIe racine de a,

$\sqrt[3]{a}$ —— IIIe ————— a,

$\sqrt[4]{a}$ —— IVe ————— a,

$\sqrt[5]{a}$ —— V.^{e} ————— a,

$\sqrt[6]{a}$ —— VIe ————— a,

& ainfi de fuite.

De forte que réciproquement:

la IIe puiffance de $\sqrt{a}$ eft égale à a,

la IIIe ———————— $\sqrt[3]{a}$ ——————— a,

la IVe ———————— $\sqrt[4]{a}$ ——————— a,

la Ve ———————— $\sqrt[5]{a}$ ——————— a,

la VIe ———————— $\sqrt[6]{a}$ ——————— a,

& ainfi de fuite.

192.

Que le nombre *a* foit donc grand ou petit , on comprend quel fens on doit attacher à toutes ces racines de différens degrés.

Il faut remarquer auffi , que fi l'on prend pour *a* l'unité , toutes ces racines reftent conftamment 1 ; parce que toutes les puiffances de 1 ont pour valeur l'unité. Que fi le nombre *a* eft plus grand que 1 , toutes fes racines auffi furpafferont l'unité. Enfin , que fi ce nombre eft plus petit que 1 , toutes fes racines auffi feront moindres que l'unité.

193.

Quand le nombre *a* eft pofitif , on comprend , par ce qui a été dit plus haut des racines quarrées & cubiques , que toutes les autres racines auffi pourront être indiquées réellement , & feront des nombres réels & poffibles.

Mais si le nombre *a* est négatif, il faut que ses racines, deuxieme, quatrieme, sixieme, & en général toutes celles d'un degré pair, deviennent des nombres impossibles ou imaginaires; parce que toutes les puissances d'un degré pair, tant des nombres positifs que des nombres négatifs, font toujours affectées du signe *plus*. Au lieu que les racines troisieme, cinquieme, septieme, & en général toutes les racines impaires, deviennent négatives, mais rationnelles; parce que les puissances impaires de nombres négatifs, font négatives de même.

I 94.

Enfin nous avons là aussi une source inépuisable de nouvelles especes de quantités sourdes ou irrationnelles; car toutes les fois que le nombre *a* n'est pas réellement une puissance telle que le signe radical en indique une, ou semble en requérir une, il est impossible aussi d'exprimer cette racine,

foit en nombres entiers, foit par des fractions, & par conféquent cette racine doit
alors être rangée dans la claffe des nombres qu'on nomme irrationnels.

CHAPITRE XIX.

*De la maniere d'indiquer les Nombres irra-
tionnels par des expofans fractionnaires.*

195.

Nous venons de faire voir dans le chapitre précédent, que le quarré d'une puiffance quelconque fe trouve en doublant
l'expofant de cette puiffance, & qu'en général le quarré ou la feconde puiffance de
a^n eft a^{2n}. Il s'enfuit de-là l'inverfe, favoir,
que la racine quarrée de la puiffance a^{2n} eft
a^n, & qu'on la trouve en prenant la moitié de l'expofant de cette puiffance, ou en
divifant cet expofant par 2.

196.

Ainſi la racine quarrée de a^2 eſt a^1 ; celle de a^4 eſt a^2 ; celle de a^6 eſt a^3 ; & ainſi de ſuite. Et comme c'eſt-là une vérité générale , on voit que la racine quarrée de a^3 doit néceſſairement être $a^{\frac{3}{2}}$, & que celle de a^5 eſt $a^{\frac{5}{2}}$. Par conféquent on aura de même $a^{\frac{1}{2}}$ pour la racine quarrée de a^1 ; d'où l'on voit que $a^{\frac{1}{2}}$ eſt autant que $\sqrt{a}$; & cette nouvelle maniere d'indiquer la racine quarrée , demande qu'on y faſſe attention.

197.

Nous avons montré auſſi que pour trouver le cube d'une puiſſance comme a^n , il falloit multiplier ſon expoſant par 3 , & que par conféquent ce cube étoit a^{3n}.

Ainſi, quand il s'agit de trouver en rétrogradant la racine troiſieme , ou cubique, de la puiſſance a^{3n} , on ne fait que diviſer cet expoſant par 3 , & on conclut

que la racine cherchée eſt a^n. Par conſéquent a^1, ou a, eſt la racine cubique de
a^3; a^2 eſt celle de a^6; a^3 eſt celle de a^9,
& ainſi de ſuite.

198.

Rien n'empêche d'appliquer ces principes aux cas où l'expoſant ne ſeroit pas diviſible par 3, & de conclure que la racine
cubique de a^2 eſt $a^{\frac{2}{3}}$, & que celle de a^4
eſt $a^{\frac{4}{3}}$ ou $a^{1\frac{1}{3}}$. Par conſéquent auſſi la racine troiſieme, ou cubique, de a même,
ou bien de a^1, doit être $a^{\frac{1}{3}}$. D'où l'on voit

que $a^{\frac{1}{3}}$ eſt la même choſe que $\sqrt[3]{a}$.

199.

Il en eſt de même des racines d'un degré
plus élevé. La racine quatrieme de a ſera
$a^{\frac{1}{4}}$, laquelle expreſſion ſignifie donc autant que $\sqrt[4]{a}$. La racine cinquieme de a
ſera $a^{\frac{1}{5}}$, ce qui eſt par conſéquent l'équivalent de $\sqrt[5]{a}$; & ces vérités s'étendent
ſans difficulté à toutes les racines d'un degré
plus élevé. 200.

200.

On pourroit donc se passer entiérement des signes radicaux usités, & employer à leur place les exposans fractionnaires que nous venons d'expliquer ; cependant comme on est accoutumé à ces signes depuis long-temps, & qu'on les rencontre dans tous les écrits analytiques, on auroit tort de vouloir les bannir tout-à-fait du calcul. Mais on a raison aussi de se servir beaucoup, comme l'on fait aujourd'hui, de l'autre maniere, parce qu'elle répond avec évidence à la nature de la chose. En effet, on voit sur le champ que $a^{\frac{1}{2}}$ est la racine quarrée de a, parce qu'on sait que le quarré de $a^{\frac{1}{2}}$, c'est-à-dire, $a^{\frac{1}{2}}$ multiplié par $a^{\frac{1}{2}}$, est égal à a^{1} ou a.

201.

On voit par ce qui a précédé, comment on doit interpréter tous les autres exposans rompus qui peuvent se présenter. Que si

Tome I.   K

l'on a, par exemple, $a^{\frac{4}{3}}$, cela fignifie qu'il faut prendre d'abord la quatrieme puiffance de a, & en extraire enfuite la racine cubique ou troifieme ; de forte que $a^{\frac{4}{3}}$ eft autant que, fuivant la façon ordinaire, $\sqrt[3]{a^4}$. Que pour trouver la valeur de $a^{\frac{3}{4}}$, il faut prendre d'abord le cube ou la troifieme puiffance de a, qui eft a^3, & en extraire après cela la racine quatrieme ; de façon que $a^{\frac{3}{4}}$ eft la même chofe que $\sqrt[4]{a^3}$. De même $a^{\frac{4}{5}}$ eft autant que $\sqrt[5]{a^4}$ &c.

202.

Quand la fraction qui repréfente l'expofant furpaffe l'unité, on peut indiquer encore d'une autre maniere la valeur de la quantité propofée. Suppofez que ce foit $a^{\frac{5}{2}}$; cette quantité équivaut à $a^{2\frac{1}{2}}$, qui eft le produit de a^2 par $a^{\frac{1}{2}}$. Or $a^{\frac{1}{2}}$ étant égal à $\sqrt{a}$, on voit que $a^{\frac{5}{2}}$ eft autant que $a^2 \sqrt{a}$. De même $a^{\frac{10}{3}}$ ou $a^{3\frac{1}{3}}$ eft autant que $a^3 \sqrt[3]{a}$; & $a^{\frac{15}{4}}$, c'eft-à-dire $a^{3\frac{3}{4}}$, fignifie

$a^3 \sqrt[4]{a^3}$. Ces exemples suffisent pour faire concevoir la grande utilité des exposans fractionnaires.

203.

Leur usage s'étend aussi aux nombres rompus : Qu'on ait $\frac{1}{\sqrt{a}}$, on sait que cette quantité est égale à $\frac{1}{a^{\frac{1}{2}}}$; or nous avons vu plus haut qu'une fraction de la forme $\frac{1}{a^n}$ peut s'exprimer par a^{-n} ; ainsi pour $\frac{1}{\sqrt{a}}$ on peut se servir de l'expression $a^{-\frac{1}{2}}$. De même $\frac{1}{\sqrt[3]{a}}$ est autant que $a^{-\frac{1}{3}}$. Soit proposée encore la quantité $\frac{a^2}{\sqrt[4]{a^3}}$; qu'on la transforme en celle-ci : $\frac{a^2}{a^{\frac{3}{4}}}$, qui est le produit de a^2 par $a^{-\frac{3}{4}}$; or ce produit équivaut à $a^{\frac{5}{4}}$ ou à $a^{1\frac{1}{4}}$, ou enfin à $a\sqrt[4]{a}$. L'usage rendra faciles de semblables réductions.

204.

Enfin nous obferverons que chaque racine peut fe repréfenter d'un grand nombre
de manieres. Car $\sqrt{a}$ étant la même chofe
que $a^{\frac{1}{2}}$, & $\frac{1}{2}$ pouvant être transformé en
toutes ces fractions, $\frac{2}{4}$, $\frac{3}{6}$, $\frac{4}{8}$, $\frac{5}{10}$, $\frac{6}{12}$ &c.
il eft clair que $\sqrt{a}$ eft autant que $\sqrt[4]{a^2}$, &
que $\sqrt[6]{a^3}$, & que $\sqrt[8]{a^4}$, & ainfi de fuite.
Pareillement, $\sqrt[3]{a}$ qui fignifie $a^{\frac{1}{3}}$, fera
égale à $\sqrt[6]{a^2}$ & à $\sqrt[9]{a^3}$, & à $\sqrt[12]{a^4}$. Et l'on
voit de même que le nombre a, ou a^1,
pourroit s'indiquer par les expreffions radicales qui fuivent :

$$\sqrt[2]{a^2}, \quad \sqrt[3]{a^3}, \quad \sqrt[4]{a^4}, \quad \sqrt[5]{a^1}, \quad \&c.$$

205.

Cette propriété eft d'un bon ufage dans
la multiplication & dans la divifion. Car
fi l'on a, par exemple, à multiplier $\sqrt[2]{a}$
par $\sqrt[3]{a}$, on écrit $\sqrt[6]{a^3}$ pour $\sqrt[2]{a}$, & $\sqrt[6]{a^2}$

au lieu de $\sqrt[3]{a}$; de cette façon on obtient de part & d'autre le même figne radical, & la multiplication fe faifant maintenant, donne le produit $\sqrt[6]{a^5}$. Le même réfultat fe déduit de ce que $a^{\frac{1}{2}}$ multiplié par $a^{\frac{1}{3}}$ fait $a^{\frac{1}{2}+\frac{1}{3}}$; car $\frac{1}{2}+\frac{1}{3}$ eft $\frac{5}{6}$, & par conféquent le produit en queftion eft en effet $a^{\frac{5}{6}}$ ou $\sqrt[6]{a^5}$.

S'il s'agiffoit de divifer $\sqrt[2]{a}$ ou $a^{\frac{1}{2}}$ par $\sqrt[3]{a}$ ou $a^{\frac{1}{3}}$, on auroit pour quotient $a^{\frac{1}{2}-\frac{1}{3}}$, ou $a^{\frac{3}{6}-\frac{2}{6}}$, c'eft-à-dire $a^{\frac{1}{6}}$ ou $\sqrt[6]{a}$.

CHAPITRE XX.

Qui traite en général des différentes manieres de calculer & de leur liaifon.

206.

Nous avons expofé jufqu'ici différentes opérations de calcul: l'Addition, la Souf-traction, la Multiplication & la Divifion;

l'élévation des Puiſſances , & enfin l'extraction des Racines. Il ne ſera donc pas
hors de propos de remonter à l'origine de
ces différentes manieres de calculer &
d'expliquer la liaiſon qui eſt entr'elles, afin
qu'on puiſſe s'aſſurer s'il eſt poſſible ou non
qu'il exiſte encore d'autres opérations de
cette eſpece. Cette recherche ne pourra
que répandre plus de jour ſur les matieres
que nous avons traitées.

　Nous nous ſervirons dans ce deſſein d'un
nouveau ſigne qu'on peut employer à la
place de l'expreſſion ſi ſouvent répétée,
eſt autant que ; ce ſigne eſt celui - ci $=$,
& ſe prononce *eſt égal.* Ainſi quand j'écris
$a = b$, cela ſignifie que a eſt autant que b ,
ou que a eſt égal à b : de même, par exemple , $3.5 = 15$.

207.

La premiere façon de calculer qui ſe
préſente à notre eſprit , eſt ſans contredit
l'addition , par laquelle on ajoute deux
nombres enſemble & qu'on trouve leur

fomme. Soient donc a & b ces deux nombres propofés, & qu'on indique leur fomme par la lettre c, on aura $a + b = c$. Ainfi quand on connoît les deux nombres a & b, l'addition enfeigne à trouver moyennant cela le nombre c.

208.

Confervons cette comparaifon $a + b = c$, mais renverfons la queftion en demandant, comment, les nombres a & c étant connus, on doit trouver le nombre b.

Il s'agit donc de favoir quel nombre il faut ajouter au nombre a, pour qu'il en réfulte ce nombre c. Soit, par exemple, $a = 3$ & $c = 8$; de forte qu'il faudroit que l'on eût $3 + b = 8$; il eft clair qu'on trouvera b en fouftrayant 3 de 8. Ainfi en général, pour trouver b, il faudra fouftraire a de c, d'où provient $b = c - a$; car en ajoutant de nouveau a de part & d'autre, on a $b + a = c - a + a$, c'eft-à-dire $= c$, comme on l'avoit fuppofé.

Et voilà donc l'origine de la fouftraction.

209.

Ainſi la ſouſtraction a lieu, quand on renverſe la queſtion qui donne lieu à l'addition. Or il peut arriver que le nombre qu'il s'agit de ſouſtraire ſoit plus grand que celui duquel il faut le ſouſtraire ; comme, par exemple, s'il s'agiſſoit de ſouſtraire 9 de 5 ; ce cas eſt donc propre à nous fournir l'idée d'une nouvelle eſpece de nombres, qu'on nomme nombres négatifs, parce que $5 - 9 = -4.$

210.

Quand pluſieurs nombres qui doivent être ajoutés enſemble ſont égaux entr'eux, leur ſomme ſe trouve par la multiplication, & ſe nomme un produit. Ainſi ab ſignifie le produit qui provient de la multiplication de a par b, ou bien de ce qu'on a ajouté enſemble un nombre a de nombres b. Si nous indiquons à préſent ce produit par la lettre c, nous aurons $ab = c$; & la multiplication nous apprend comment, les

nombres a & b étant connus, l'on doit déterminer par-là le nombre c.

211.

Proposons-nous maintenant la question
suivante : Les nombres a & c étant connus,
trouver le nombre b. Soit, par exemple,
$a = 3$ & $c = 15$, de façon que $3b = 15$,
& qu'on demande par quel nombre il faut
multiplier 3, pour qu'il nous vienne 15 ;
c'est à quoi revient la question proposée.
Or c'est ici le cas de la division : le nombre qu'on demande se trouve en divisant
15 par 3, & en général le nombre b se
trouve donc en divisant c par a ; d'où il
résulte par conséquent l'équation $b = \frac{c}{a}$.

212.

Or, comme il arrive souvent que le
nombre c ne peut être divisé réellement
par le nombre a, & que cependant la
lettre b doit avoir une valeur déterminée,
il se présente encore une nouvelle espece

de nombres ; ce font les fractions. Par exemple, en fuppofant $a = 4$, $c = 3$, de façon que $4b = 3$, on voit bien que b ne fauroit être un nombre entier, mais que ce fera une fraction, & qu'on aura $b = \frac{3}{4}$.

213.

Nous avons vu que la multiplication provient de l'addition, c'eft-à-dire, de ce qu'on ajoute enfemble plufieurs quantités égales. Si nous allons à préfent plus loin, nous voyons que c'eft à la multiplication de plufieurs quantités égales entr'elles que les puiffances doivent leur origine. Ces puiffances fe repréfentent d'une maniere gé- nérale par la formule a^b, par laquelle on entend que le nombre a doit être multiplié autant de fois par lui-même que le nom- bre b l'indique. Et l'on fait, par ce qui a précédé, qu'ici a eft ce qu'on nomme la racine, b l'expofant, & a^b la puiffance.

214.

Si nous indiquons maintenant cette puiſſance même par la lettre c , nous avons $a^b = c$, une équation par conſéquent dans laquelle ſe préſentent trois lettres a, b, c. Or on montre dans la théorie des puiſſances, comment une racine a avec l'expoſant b étant donnés , on doit trouver la puiſſance elle-même , c'eſt-à-dire , la lettre c. Soit , par exemple , $a = 5$, & $b = 3$, en ſorte que $c = 5^3$: on voit qu'il faut prendre la troiſieme puiſſance de 5 , qui eſt 125 , & qu'ainſi $c = 125$.

215.

On a vu comment , par le moyen de la racine a & de l'expoſant b, on doit déterminer la puiſſance c ; mais ſi l'on veut à préſent changer ou renverſer la queſtion, comme on a déjà fait , on verra que cela peut ſe faire de deux manieres , & qu'on a deux cas différens à conſidérer. En effet fi, deux de ces trois nombres a, b, c étant donnés, il s'agit de trouver le troifieme, on voit auffi-tôt que cette queftion admet trois fuppofitions différentes, & par conféquent trois folutions. Nous venons de confidérer le cas où a & b étoient les données, nous pouvons donc fuppofer encore que c & a, ou bien que c & b foient connus & qu'il faille déterminer la troifieme lettre. Remarquons donc, avant que d'aller plus loin, une différence affez effentielle entre l'élévation des puiffances & les deux opérations qui conduifent à celle-là. Lorfque dans l'addition nous avons renverfé la queftion, nous n'avons pu le faire que d'une feule maniere; il étoit indifférent de prendre c & a ou c & b pour données, parce qu'il eft indifférent d'écrire $a + b$ ou d'écrire $b + a$. Il en étoit de même de la multiplication; on pouvoit pareillement prendre les lettres a & b l'une pour l'autre, l'équation $ab = c$ étant exactement la même que $ba = c$.

Dans le calcul des puiſſances, au contraire la même choſe n'a pas lieu, & on ne peut point du tout écrire b^a au lieu de a^b. Un ſeul exemple ſuffit pour s'en convaincre : Soit $a = 5$, & $b = 3$; on a $a^b = 5^3 = 125$. Mais $b^a = 3^5 = 243$: deux réſultats très-différens.

216.

Il eſt donc clair qu'on peut réellement ſe propoſer encore deux queſtions : l'une, de trouver la racine a par le moyen de la puiſſance donnée c, & de l'expoſant b. L'autre, de trouver l'expoſant b, en ſuppoſant connues la puiſſance c & la racine a.

217.

On peut dire que la premiere de ces queſtions a été réſolue dans le chapitre de l'extraction des racines. Car, par exemple, ſi $b = 2$ & que $a^2 = c$, nous ſavons que cela ſignifie que a eſt un nombre tel que ſon quarré ſoit égal à c, & par conſéquent que $a = \sqrt[2]{c}$. De même, fi $b=3$ & $a^3=c$, on fait qu'il faut que le cube de a foit égal au nombre donné c, & conféquemment que $a = \sqrt[3]{c}$. Il eft donc aifé de conclure généralement de-là comment on doit déterminer la lettre a par le moyen des lettres c & b : il faut néceffairement que $a = \sqrt[b]{c}$.

218.

Nous avons auffi déjà fait remarquer la conféquence qui s'enfuit du cas très-fréquent où le nombre donné c n'eft pas réellement une puiffance ; favoir qu'alors la racine cherchée a ne peut s'exprimer ni par des nombres entiers, ni par des fractions. Et comme cette racine doit avoir cependant néceffairement une valeur déterminée, la même remarque nous a conduits à une nouvelle efpece de nombres que nous avons dit qu'on nommoit nombres *fourds* ou *irrationnels*, & que nous avons vus fe divifer en une infinité d'efpeces à caufe de la

grande diverfité des racines. Enfin la même
confidération nous a appris à connoître l'efpece particuliere de nombres, qu'on a
nommée *nombres imaginaires*.

219.

Il nous refte à confidérer la feconde
queftion, qui étoit de déterminer l'expofant
par le moyen de la puiffance *c* & de la
racine *a*, toutes deux connues. Cette queftion, qui ne s'étoit pas encore préfentée,
nous conduira à l'importante théorie des
Logarithmes, dont l'ufage eft fi étendu dans
toutes les Mathématiques, qu'il y a peu de
long calcul dont on puiffe venir à bout fans
fon fecours. On verra dans le chapitre
fuivant, pour lequel nous réfervons cette
théorie, qu'elle nous fait parvenir à une
efpece de nombres encore tout-à-fait nouvelle, & qu'on ne peut pas même compter
parmi les nombres irrationnels dont nous
avons parlé.

CHAPITRE XXI.

Des Logarithmes en général.

220.

EN reprenant l'équation $a^b = c$, nous commencerons par remarquer que dans la doctrine des logarithmes on adopte pour la racine a un certain nombre pris à volonté, & qu'on suppose que cette racine conserve invariablement la valeur adoptée. Cela posé, on prend l'exposant b tel, que la puissance a^b devienne égale à un nombre donné c, & c'est alors cet exposant b qu'on dit être le *logarithme* du nombre c. Nous nous servirons, pour exprimer cette signification, de la lettre L. ou des lettres initiales *log*. Ainsi en écrivant $b = L.c$, ou $b = log.c$, on indique que b est égale au logarithme du nombre c, ou bien que le logarithme de c est b.

221.

221.

On voit donc que la valeur de la racine *a* une fois établie , le logarithme d'un nombre quelconque *c* n'eft autre chofe que l'expofant de la puiffance de *a* , qui eft égale à *c*. C'eft ainfi que *c* étant $= a^b$, *b* eft le logarithme de la puiffance a^b . Si l'on fuppofe à préfent que $b = 1$, on a 1 pour le logarithme de a^1 , & par conféquent L.$a = 1$. Si l'on fuppofe $b = 2$, on a 2 pour le logarithme de a^2; c'eft-à-dire, L.$a^2 = 2$. On peut obtenir de la même maniere , L.$a^3 = 3$; L.$a^4 = 4$; L.$a^5 = 5$, & ainfi de fuite.

222.

Si l'on fait $b = 0$, on voit que 0 fera le logarithme de a^0 : or $a^0 = 1$; par conféquent L.$1 = 0$, quelque valeur qu'on donne à la racine *a*.

Que fi l'on fuppofe $b = -1$, ce fera -1 qui fera le logarithme de a^{-1}. Or

Tome 1. L

$a^{-1} = \frac{1}{a}$; on a donc L. $\frac{1}{a} = -1$. On aura pareillement L. $\frac{1}{a^2} = -2$; L. $\frac{1}{a^3} = -3$; L. $\frac{1}{a^4} = -4$, &c.

223.

Il eſt donc évident comment on peut indiquer les logarithmes de toutes les puiſ-ſances de la racine *a*, & même ceux de fractions qui ont pour numérateur l'unité, & pour dénominateur une puiſſance de *a*. On voit auſſi que dans tous ces cas les lo-garithmes ſont des nombres entiers ; mais il faut obſerver que ſi *b* étoit une fraction, elle ſeroit le logarithme d'un nombre ir-rationnel. Car ſi l'on ſuppoſe, par exem-ple, $b = \frac{1}{2}$, il ſuit que $\frac{1}{2}$ eſt le logarithme de $a^{\frac{1}{2}}$ ou de $\sqrt{a}$; par conséquent on a L. $\sqrt{a} = \frac{1}{2}$. On trouvera de même L. $\sqrt[3]{a} = \frac{1}{3}$; L. $\sqrt[4]{a} = \frac{1}{4}$, &c.

224.

Mais s'il s'agit de trouver le logarithme d'un autre nombre c, on voit aisément qu'il ne peut être ni un nombre entier, ni une fraction. Cependant il faut qu'il existe un exposant b, tel que la puissance a^b devienne égale au nombre proposé : on a donc $b =$ L.c. Donc généralement $a^{L.c} = c$.

225.

Considérons à présent un autre nombre d, dont le logarithme ait été indiqué d'une maniere semblable par L.d ; de façon que $a^{L.d} = d$. Si nous multiplions cette formule par la précédente $a^{L.c} = c$, nous aurons $a^{L.c+L.d} = cd$; or l'exposant est toujours le logarithme de la puissance ; par conséquent L.$c +$ L.$d =$ L.cd.

Que si au lieu de multiplier nous divisions la premiere formule par la seconde, nous obtiendrions $a^{L.c-L.d} = \frac{c}{d}$; & par conséquent L.$c -$ L.$d =$ L.$\frac{c}{d}$.

226.

C'eft ainfi que nous avons été conduits à la découverte des deux principales propriétés des logarithmes, qui confiftent dans les équations $L.c + L.d = L.cd$, & $L.c - L.d = L.\frac{c}{d}$. La premiere de ces équations nous apprend que le logarithme d'un produit, comme cd, fe trouve en ajoutant enfemble les logarithmes des facteurs. La feconde nous indique la propriété, que le logarithme d'une fraction peut fe déterminer en fouftrayant le logarithme du dénominateur de celui du numérateur.

227.

Il s'enfuit donc de-là, que quand il s'agit de multiplier ou de divifer deux nombres l'un par l'autre, on n'a befoin que d'ajouter ou de fouftraire leurs logarithmes. Et c'eft-là précifément en quoi confifte l'utilité infigne des logarithmes dans le calcul.

Car qui ne voit qu'il eſt incomparablement plus aiſé d'ajouter ou de ſouſtraire des nombres, que d'en multiplier ou d'en diviſer, ſur-tout quand la queſtion roule ſur de grands nombres.

228.

Les logarithmes offrent des avantages encore plus grands, dans le calcul des puiſſances & dans l'extraction des racines. Car ſi $d = c$, on a par la premiere propriété $L.c + L.c = L.cc$; par conſéquent $L.cc = 2 L.c$. On obtient pareillement $L.c^3 = 3 L.c$; $L.c^4 = 4 L.c$; & en général $L.c^n = n L.c$.

Si l'on ſubſtitue maintenant à n des nombres rompus, on aura, par exemple, $L.c^{\frac{1}{2}}$, c'eſt-à-dire, $L.\sqrt{c} = \frac{1}{2} L.c$.

Enfin, ſi l'on ſuppoſe que n repréſente des nombres négatifs, on aura $L.c^{-1}$ ou $L.\frac{1}{c} = -L.c$; $L.c^{-2}$ ou $L.\frac{1}{cc} = -2 L.c$, & ainſi de ſuite. Cela ſuit non-ſeulement de l'équation $L.c^n = n L.c$, mais auſſi de

ce que, comme nous l'avons vu plus haut,
L. 1 = o.

229.

Si l'on a donc des tables dans lesquelles
les logarithmes se trouvent calculés pour
tous les nombres, on a, comme l'on voit,
un puissant secours pour venir facilement
à bout de calculs très-prolixes, qui exige-
roient beaucoup de multiplications, de divisions, d'élévations de puissances & d'ex-
tractions de racines. Car on trouveroit dans
ces tables non-seulement les logarithmes
pour tous les nombres, mais aussi les nombres pour les logarithmes. Par exemple,
s'il est question de chercher la racine quarrée du nombre c, on cherche d'abord le
logarithme de c, qui est L. c, & prenant
ensuite la moitié de ce logarithme, ou $\frac{1}{2}$L. c,
on sait qu'on a le logarithme de la racine
quarrée qu'on cherche. On n'a donc qu'à
voir dans les tables quel nombre répond
à ce logarithme, on est assuré qu'il exprime
la racine cherchée.

230.

Nous avons vu plus haut que les nom-
bres 1 , 2 , 3 , 4 , 5 , 6 , &c. c'eſt-à-dire tous
les nombres poſitifs, font des logarithmes
de la racine *a* & de ſes puiſſances poſitives,
& par conſéquent des logarithmes de nombres plus grands que l'unité. Et au contraire
que les nombres négatifs , comme — 1 ,
— 2 , &c. font les logarithmes des fractions
$\frac{1}{a}$, $\frac{1}{aa}$ &c. qui font plus petites que l'unité ,
mais cependant encore plus grandes que
rien.

Il ſuit de-là que ſi le logarithme eſt po-
ſitif, le nombre eſt toujours plus grand que
l'unité ; mais que ſi le logarithme eſt négatif, le nombre eſt toujours plus petit que
1 , & pourtant plus grand que zéro. Par
conſéquent on ne ſauroit indiquer des logarithmes de nombres négatifs, & il faut
en conclure que les logarithmes des nombres négatifs font impoſſibles , & qu'ils appartiennent à la claſſe des quantités imaginaires.   L iv

231.

" Il fera bon, afin d'éclaircir tout cela en-core mieux, d'adopter un nombre déter-miné pour la racine a, & nous choifirons celui-là même fur lequel on a fondé les tables logarithmiques ordinaires. C'eft le nombre 10; on lui a donné la préférence, parce qu'il fert déjà de bafe à toute notre Arithmétique. Mais on voit facilement que tout autre nombre, pourvu qu'il fût plus grand que l'unité, pourroit fervir au même ufage. Quant à la raifon pourquoi on ne pourroit pas fuppofer $a = 1$, elle eft claire; toutes les puiffances a^b feroient conftam-ment égales à l'unité, & ne pourroient jamais devenir égales à un autre nombre donné c.

CHAPITRE XXII.

Des Tables de Logarithmes uſitées.

232.

Dans ces tables on part de la ſuppo-ſition, comme nous venons de le dire, que la racine $a = 10$. Ainſi le logarithme d'un nombre quelconque c eſt l'expoſant auquel il faut élever le nombre 10, pour qu'il en réſulte une puiſſance égale au nom-bre c. Ou bien, ſi l'on déſigne le logarithme de c par L.c, on aura toujours $10^{L.c} = c$.

233.

Nous avons déjà fait remarquer que le logarithme du nombre 1 eſt toujours 0; & en effet on a $10^0 = 1$; par conſéquent:

$$L.1 = 0; \quad L.10 = 1; \quad L.100 = 2; \quad L.1000 = 3;$$
$$L.10000 = 4; \quad L.100000 = 5; \quad L.1000000 = 6.$$

De plus

$$L.\frac{1}{10} = -1; \quad L.\frac{1}{100} = -2; \quad L.\frac{1}{1000} = -3;$$
$$L.\frac{1}{10000} = -4; \quad L.\frac{1}{100000} = -5;$$
$$L.\frac{1}{1000000} = -6.$$

234.

Ces logarithmes des nombres principaux se déterminent, comme on voit, sans aucune peine. Mais il est d'autant plus difficile de trouver les logarithmes de tous les autres nombres, & cependant il est nécessaire qu'on les insere dans les tables. Ce n'est pas ici encore le lieu de donner toutes les instructions requises pour cette recherche, nous nous contenterons pour le présent de voir en général ce qu'elle exige.

235.

D'abord, puisque $L. 1 = 0$ & $L. 10 = 1$, il est évident que les logarithmes de tous les nombres entre 1 & 10 doivent être compris entre 0 & 1, & être par conséquent plus grands que 0 & plus petits que 1.

Nous n'avons qu'à considérer le seul nombre 2 ; il est certain que son logarithme est plus grand que 0, & cependant plus petit que l'unité ; & si nous désignons ce logarithme par la lettre x, en forte que L. 2 $=x$, il faut que la valeur de cette lettre foit telle qu'on ait exactement 10^x $=$ 2.

Il eft facile auffi de fe convaincre que x doit être beaucoup plus petit que $\frac{1}{2}$ ou ce qui revient au même, que 10$^{\frac{1}{2}}$ eft plus grand que 2. Car fi nous prenons de part & d'autre les quarrés, on trouve le quarré de 10$^{\frac{1}{2}}$ $=$ 10^1 & celui de 2 $=$ 4 ; or ce dernier eft de beaucoup moindre que le premier. De même $\frac{1}{3}$ eft encore une valeur trop grande pour x, c'eft-à-dire que 10$^{\frac{1}{3}}$ eft plus grand que 2. Car le cube de 10$^{\frac{1}{3}}$ eft 10, & celui de 2 ne fait que 8. Mais au contraire en ne faifant x que de $\frac{1}{4}$ on lui donneroit une valeur trop petite, parce que la quatrieme puiffance de 10$^{\frac{1}{4}}$ étant 10 & celle de 2 étant 16, il eft clair que 10$^{\frac{1}{4}}$ eft moindre que 2.

On voit que x ou le L. 2 eft plus petit que $\frac{1}{3}$, & cependant plus grand que $\frac{1}{4}$. On peut déterminer de la même maniere à l'égard de toute fraction contenue entre $\frac{1}{4}$ & $\frac{1}{3}$, si elle est trop grande ou si elle est trop petite. En tentant, par exemple, avec $\frac{2}{7}$, qui est une fraction moindre que $\frac{1}{3}$, & plus grande que $\frac{1}{4}$, il faudroit que 10^x, ou $10^{\frac{2}{7}}$, fût $= 2$; ou bien que la septieme puissance de $10^{\frac{2}{7}}$, c'est-à-dire 10^2 ou 100, fût égale à la septieme puissance de 2; or celle-ci est $= 128$, & par conséquent plus grande que celle-là. Nous concluons donc de-là que $10^{\frac{2}{7}}$ est aussi moindre que 2, & qu'ainsi $\frac{2}{7}$ est moindre que L. 2, & que L. 2 qui s'étoit trouvé plus petit que $\frac{1}{3}$ est cependant plus grand que $\frac{2}{7}$.

Essayons encore une autre fraction qui soit, en conséquence de ce que nous venons de trouver, comprise entre $\frac{2}{7}$ & $\frac{1}{3}$. Une telle fraction est $\frac{3}{10}$, & il s'agit donc de voir si $10^{\frac{3}{10}} = 2$; si cela est, les dixiemes puissances de ces deux nombres sont aussi égales entr'elles; or la dixieme puissance de $10^{\frac{3}{10}}$ est $10^3 = 1000$, & la dixieme puiffance de 2 eft $= 1024$; il faut donc conclure que $10^{\frac{3}{10}}$ n'eft pas $= 2$, que $\frac{3}{10}$ eft une fraction trop petite pour produire cette égalité, & que le L. 2, quoique plus petit que $\frac{1}{3}$ eft cependant plus grand que $\frac{3}{10}$.

236.

Cette confidération fert à nous faire voir que L. 2 a une grandeur déterminée, puifque nous favons que ce logarithme eft certainement plus grand que $\frac{3}{10}$ & plus petit que $\frac{1}{3}$. Nous ne pouvons pas aller plus loin pour le préfent, & puifque nous ignorons encore la vraie valeur de ce logarithme, nous l'indiquerons par x, en forte que L. $2 = x$; & nous montrerons comment, fi elle étoit connue, on pourroit en déduire les logarithmes d'une infinité d'autres nombres. Nous nous fervirons pour cet effet de l'équation rapportée plus haut L. $cd =$ L. $c +$ L. d, qui renferme la propriété, que le logarithme d'un produit fe trouve en ajoutant enfemble les logarithmes des facteurs.

237.

D'abord, comme $L.2 = x$, & $L.10 = 1$, nous aurons $L.20 = x + 1$; $L.200 = x + 2$; $L.2000 = x + 3$; $L.20000 = x + 4$; & $L.200000 = x + 5$, &c.

238.

De plus, comme $L.c^2 = 2L.c$ & $L.c^3 = 3L.c$ & $L.c^4 = 4L.c$, &c. nous avons $L.4 = 2x$; $L.8 = 3x$; $L.16 = 4x$; $L.32 = 5x$; $L.64 = 6x$, &c. & nous trouvons par-là que

$L.40 = 2x + 1$; $L.400 = 2x + 2$;
$L.4000 = 2x + 3$; $L.40000 = 2x + 4$, &c.
$L.80 = 3x + 1$; $L.800 = 3x + 2$;
$L.8000 = 3x + 3$; $L.80000 = 3x + 4$, &c.
$L.160 = 4x + 1$; $L.1600 = 4x + 2$;
$L.16000 = 4x + 3$; $L.160000 = 4x + 4$ &c.

239.

Reprenons aussi l'autre équation fonda-mentale, $L.\frac{c}{d} = L.c - L.d$, & suppofons

$c = 10$, & $d = 2$; puifque L. $10 = 1$ & L. $2 = x$, nous aurons L. $\frac{10}{2}$ ou L. $5 = 1 - x$, & nous déduirons de-là les équations fuivantes :

L. $50 = 2 - x$; L. $500 = 3 - x$;
  L. $5000 = 4 - x$, &c.

L. $25 = 2 - 2x$; L. $125 = 3 - 3x$;
  L. $625 = 4 - 4x$, &c.

L. $250 = 3 - 2x$; L. $2500 = 4 - 2x$;
  L. $25000 = 5 - 2x$, &c.

L. $1250 = 4 - 3x$; L. $12500 = 5 - 3x$;
  L. $125000 = 6 - 3x$, &c.

L. $6250 = 5 - 4x$; L. $62500 = 6 - 4x$;
  L. $625000 = 7 - 4x$, &c.

& ainfi de fuite.

240.

Si l'on connoiffoit le logarithme de 3, ce feroit encore le moyen de déterminer un nombre prodigieux d'autres logarithmes. En voici quelques preuves, en fuppofant le L. 3 exprimé par la lettre y.

L. $30 = y + 1$; L. $300 = y + 2$;
  L. $3000 = y + 3$, &c.

$$L. 9 = 2y ; \; L. 27 = 3y ; \; L. 81 = 4y ;$$
$$L. 243 = 5y ; \; \&c.$$

On aura auffi

$$L. 6 = x + y ; \; L. 12 = 2x + y ;$$
$$L. 18 = x + 2y ;$$
$$\& \; L. 15 = L. 3 + L. 5 = y + 1 - x.$$

241.

Nous avons vu plus haut que tous les nombres proviennent de la multiplication des nombres qu'on nomme premiers. Si l'on connoiffoit donc feulement les logarithmes de tous les nombres premiers, on pourroit trouver par de fimples additions les logarithmes de tous les autres nombres. Le nombre 210, par exemple, étant formé des facteurs 2, 3, 5, 7, fon logarithme fera $= L. 2 + L. 3 + L. 5 + L. 7$. Pareillement, puifque $360 = 2.2.2.3.3.5 = 2^3 3^2 5$, on a $L. 360 = 3 L. 2 + 2 L. 3 + L. 5$. Il eft donc clair que moyennant les logarithmes des nombres premiers, on peut déterminer ceux de tous les autres nombres, & que c'eft

c'eſt à déterminer ceux-là qu'il faut s'attacher avant toutes choſes, ſi l'on ſe propoſe
de conſtruire des tables de logarithmes.

CHAPITRE XXIII.

De la maniere de repréſenter les Logarithmes.

242.

Nous avons vu que le logarithme de 2
eſt plus grand que $\frac{3}{10}$ & plus petit que $\frac{1}{3}$,
& que par conſéquent l'expoſant de 10 doit
tomber entre ces deux fractions, pour que
la puiſſance devienne $= 2$. Or quoiqu'on
ſache cela, quelque fraction cependant
qu'on adopte conformément à cette condition, la puiſſance qui en réſulte ſera toujours un nombre irrationnel, plus grand
ou plus petit que 2 ; & par conſéquent le
logarithme de 2 ne ſauroit être exprimé
par une telle fraction. Cela fait qu'il faut
ſe contenter de déterminer la valeur de ce

logarithme d'une maniere affez approchée pour que l'erreur devienne infenfible. On fe fert pour cela des *fractions décimales*; c'eft ainfi qu'on nomme des quantités, dont la nature & les propriétés méritent d'être mifes dans tout le jour poffible.

243.

On fait que dans la maniere ordinaire d'écrire les nombres avec le fecours des dix chiffres ou caracteres

0, 1, 2, 3, 4, 5, 6, 7, 8, 9,

il n'y a que le premier chiffre à droite qui ait fa fignification naturelle; que les chiffres à la feconde place fignifient dix fois plus que ce qu'ils fignifieroient à la premiere; que les chiffres à la troifieme place fignifient cent fois davantage; & ceux à la quatrieme mille fois davantage, & ainfi de fuite; c'eft-à-dire qu'à mefure qu'ils avancent vers la gauche ils acquierent une valeur dix fois plus grande qu'ils n'avoient au rang précédent. C'eft ainfi que dans le

nombre 1765 le chiffre 5 eft au premier
rang à la droite, & fignifie auffi 5 réellement. Au fecond rang eft 6 ; mais ce
chiffre, au lieu de fignifier 6, indique 10.6
ou 60. Le chiffre 7 eft au troifieme rang,
& fignifie 100.7 ou 700. Enfin le 1, qui
eft au quatrieme rang, fignifie 1000 ; voilà
donc pourquoi on prononce le nombre propofé de cette maniere,

Un mille (ou *mille,*) *fept cent, foixante
& cinq.*

244.

Puifque la valeur des chiffres devient
toujours dix fois plus grande en allant de
la droite vers la gauche, & que par conféquent elle devient continuellement dix
fois moindre en allant de la gauche vers
la droite, on pourra en fe conformant à
cette loi avancer encore davantage vers
la droite, & on obtiendra des chiffres dont
la fignification continuera de devenir dix
fois moindre. Mais à quoi il faudra bien

M ij

faire attention , c'eſt la place où les chiffres ont leur valeur naturelle , on l'indique par une virgule qu'on met après ce rang. Si l'on rencontre donc , par exemple , le nombre 36,54892 , voici comme il faut l'entendre : le chiffre 6 d'abord a ſa valeur naturelle ; & le chiffre 3 , qui eſt au ſecond rang, ſignifie 30. Mais le chiffre 5 qui vient après la virgule , ne ſignifie que $\frac{5}{10}$; enſuite le 4 ne vaut que $\frac{4}{100}$; le chiffre 8 ſignifie $\frac{8}{1000}$; le chiffre 9 ſignifie $\frac{9}{10000}$; & le chiffre 2 $\frac{2}{100000}$. On voit donc que plus ces chiffres avancent vers la droite , plus leurs valeurs diminuent , & qu'à la fin ces valeurs deviennent ſi petites , qu'on peut avec raiſon les regarder comme nulles (*).

(*) Les opérations de l'Arithmétique ſe pratiquent ſur les fractions décimales de la même maniere que ſur les nombres entiers ; il y a ſeulement quelques précautions à prendre après l'opération pour placer la virgule qui ſépare les nombres entiers des décimales. On peut conſulter ſur ce ſujet preſque tous les Traités d'Arithmétique. Lorſque dans la multiplication de ces fractions le multiplicande & le multiplicateur ont un grand nombre

245.

Voilà l'efpece de nombres qu'on nomme *fractions décimales*, & c'eft de cette maniere auffi qu'on indique les logarithmes dans les tables. On y exprime, par exemple, le logarithme de 2 par 0,3010300, où nous voyons 1°. que puifqu'il y a un o devant la virgule, ce logarithme ne fait pas un entier ; 2°. que fa valeur eft $\frac{3}{10} + \frac{0}{100} + \frac{1}{1000} + \frac{0}{10000} + \frac{3}{100000} + \frac{0}{1000000} + \frac{0}{10000000}$. On peut remarquer qu'on auroit bien pu omettre les deux derniers zéros, mais c'eft qu'ils fervent à indiquer que le logarithme en queftion ne contient aucune de ces parties qui ont 1000000 & 10000000 pour dénominateur. On ne nie pas au refte qu'on

de décimales, l'opération feroit fort longue & donneroit un réfultat beaucoup plus exact qu'on n'en a befoin communément ; mais on peut la fimplifier par une méthode qui ne fe trouve pas dans beaucoup d'Auteurs, & que M. *Marie* a indiquée dans fon édition des Leçons de Mathématiques de M. *de la Caille*, où il explique auffi une méthode femblable pour la divifion des décimales.

n'eût pu trouver, en continuant encore, des parties plus petites ; mais pour ce qui eſt de celles-ci on les néglige à cauſe de leur extrême petiteſſe.

246.

Le logarithme de 3 ſe trouve exprimé dans les tables par 0,4771213 ; on voit donc qu'il ne contient point d'entier, & qu'il eſt compoſé des fractions ſuivantes :

$$\frac{4}{10} + \frac{7}{100} + \frac{7}{1000} + \frac{1}{10000} + \frac{2}{100000} + \frac{1}{1000000}$$

$$+ \frac{3}{10000000}.$$ Mais il ne faut pas croire que de cette maniere le logarithme ſoit aſſigné avec la derniere préciſion. On peut ſeulement être certain que l'erreur eſt moindre que de $\frac{1}{10000000}$; il eſt vrai d'un autre côté que cette erreur eſt ſi petite, qu'on peut très-bien la négliger dans la plupart des calculs.

247.

Suivant cette façon d'exprimer les logarithmes, celui de 1 doit être indiqué

par 0,0000000, puifqu'il eft réellement
=0. Le logarithme de 10 eft 1,0000000,
où l'on reconnoît qu'il eft exactement =1.
Le logarithme de 100 eft 2,0000000, ou
exactement = 2. Et l'on peut en conclure
que les logarithmes de tous les nombres qui
font contenus entre 10 & 100, & par conféquent compofés de deux chiffres, que ces
logarithmes, dis-je, font compris entre 1
& 2, & par conféquent qu'ils doivent s'exprimer par 1 +une fraction décimale. C'eft
ainfi que L. 50 = 1,6989700 ; fa valeur
eft donc l'unité, & outre cela $\frac{6}{10} + \frac{9}{100}$
$+ \frac{8}{1000} + \frac{9}{10000} + \frac{7}{100000}$. On n'aura pas de
peine à remarquer de même que les loga-
rithmes des nombres entre 100 & 1000
s'expriment par 2 entiers avec une fraction
décimale. Ceux des nombres entre 1000
& 10000, par 3 +une fraction décimale.
Ceux des nombres entre 10000 & 100000
par 4 entiers joints à une telle fraction,
& ainfi de fuite. Le *log.* 800, par exemple, eft =2,9030900 ; celui de 2290 eft
3,3598355, &c.   M iv

248.

Les logarithmes au contraire des nombres moindres que 10, ou qui ne s'expriment que par un feul chiffre, ne font pas un entier, & voilà pourquoi on trouve un o devant la virgule. Ainfi nous avons deux parties à confidérer dans un logarithme. La premiere eft celle qui précede la virgule & qui indique les entiers quand il y en a; l'autre indique les fractions décimales qu'il faut ajouter aux entiers. La partie premiere ou entiere d'un logarithme, qu'on nomme le plus fouvent la *caractériftique*, fe détermine facilement d'après ce que nous avons dit dans l'article précédent. Elle eft o pour tous les nombres qui n'ont qu'un chiffre; elle eft 1 pour ceux qui en ont deux; elle eft 2 pour ceux qui en ont trois, & en général elle eft toujours d'une unité moindre que le nombre des chiffres. Si donc on demande le logarithme de 1766, on fait déjà que la premiere partie, ou celle des entiers, eft 3 néceffairement.

249.

Ainsi réciproquement on reconnoît à la premiere infpection de la premiere partie d'un logarithme, de combien de chiffres eft compofé le nombre qui répond à ce logarithme ; puifque le nombre de ces figures eft toujours d'une unité plus grand que la partie des entiers du logarithme. Si on avoit trouvé, par exemple, pour le logarithme d'un nombre inconnu 6,4771213, on fauroit d'abord que ce nombre doit être de fept chiffres, & plus grand que 1000000. Et en effet ce nombre eft 3000000 ; car *log.* 3000000 = L. 3 + L. 1000000. Or L. 3 = 0,4771213., & L. 1000000 = 6, & la fomme de ces deux logarithmes eft 6,4771213.

250.

Le principal pour chaque logarithme eft donc la fraction décimale qui fuit la virgule, laquelle même une fois connue fert pour plufieurs nombres. Pour prouver ceci,

considérons le logarithme du nombre 365 :
sa premiere partie est 2 sans contredit ;
quant à l'autre ou la fraction décimale,
indiquons-la, pour abréger, par la lettre x.
Nous avons donc L. $365 = 2 + x$. Or en
multipliant continuellement par 10, nous
aurons L.$3650 = 3 + x$; L.$36500 = 4 + x$;
L. $365000 = 5 + x$, & ainsi de suite. Mais
nous pouvons aussi rebrousser & diviser
continuellement par 10, cela nous donnera L. $36,5 = 1 + x$; L. $3,65 = 0 + x$;
L.$0,365 = -1 + x$; L.$0,0365 = -2 + x$;
L.$0,00365 = -3 + x$, & ainsi de suite.

251.

Tous ces nombres donc qui proviennent
des figures 365, soit précédées, soit sui-
vies de zéros, ont toujours la même fraction décimale pour seconde partie du logarithme ; & toute la différence roule sur
le nombre entier qui est devant la virgule,
lequel peut même, comme nous avons vu,
devenir négatif, savoir quand le nombre

proposé est plus petit que 1. Or comme
les Calculateurs ordinaires ont de la peine
à traiter les nombres négatifs, on a coutume dans ces cas d'augmenter de 10 les
entiers du logarithme, c'est-à-dire qu'on
écrit 10 au lieu de 0 devant la virgule.
De sorte qu'à la place de — 1 on a 9 ;
au lieu de — 2 on a 8 ; au lieu de — 3
on a 7, &c. Mais il ne faut jamais oublier
alors que la caractéristique a été prise de
dix unités trop grande, & ne pas s'imaginer que le nombre est de 10, ou 9 ou 8
chiffres. On sent bien que si dans le cas
dont nous parlons cette caractéristique est
plus petite que 10, on ne peut commencer
à écrire les chiffres du nombre qu'après
une virgule. Par exemple, que si la caractéristique est 9, on doit commencer au
premier rang après une virgule ; que si elle
est 8, il faut mettre encore un zéro à ce
premier rang, & ne commencer à écrire
les chiffres qu'au second rang. C'est ainsi
que 9,5622929 seroit le logarithme de

0,365 , & 8,5622929 le log. de 0,0365.
Mais c'est dans les tables des sinus principalement qu'on fait usage de cette maniere
d'écrire les logarithmes.

252.

On trouve dans les tables ordinaires les
décimales des logarithmes poussées jusqu'à
sept chiffres ou figures , dont la derniere
par conséquent indique les $\frac{1}{10000000}$, & on
est sûr qu'ils ne sont jamais en défaut d'une
telle petite partie entiere , & que l'erreur
ne peut donc être d'aucune importance.
Il y a cependant des calculs où l'on a besoin
d'une précision encore plus particuliere ;
on se sert alors des grandes tables de *Vlacq*,
où les logarithmes se trouvent calculés en
dix décimales.

253.

Comme la premiere partie , ou la caractéristique d'un logarithme , n'est sujette à
aucune difficulté , on l'indique rarement

dans les tables ; on n'y exprime que la
feconde partie , ou les fept figures de la
fraction décimale. On a des tables angloifes où l'on trouve les logarithmes de tous
les nombres depuis 1 jufqu'à 100000 , &
même ceux de nombres plus grands, parce
que de petites tables additionnelles indiquent ce qu'il faut ajouter aux logarithmes,
à raifon des chiffres que les nombres propofés ont de plus que dans les tables. On
trouve , par exemple , le logarithme de
379456 facilement , par le moyen de celui
de 37945 & des petites tables dont nous
parlons (*).

(*) Ces tables angloifes font celles que *Scherwin* publia
au commencement de ce fiecle , & qui ont été réimprimées plufieurs fois ; on les trouve auffi dans les tables
de *Gardiner*, dont les Aftronomes fe fervent communément , & qui viennent d'être réimprimées à Avignon.
Il eft bon de remarquer à l'égard de ces tables , que
comme les logarithmes n'y font pouffés que jufqu'à fept
caracteres , abftraction faite de la caractériftique , on ne
peut par leur moyen opérer avec une entiere exactitude
que fur des nombres qui n'ayent pas plus de fix caracteres ; mais quand on emploie les grandes tables de *Vlacq*,

254.

On comprendra aifément par ce qui a été dit, comment, ayant trouvé un logarithme, on doit prendre dans les tables le

où les logarithmes font pouffés jufqu'à dix caraĉteres en décimales, on peut, en prenant les parties proportionnelles, opérer, fans commettre aucune erreur, fur des nombres qui ayent jufqu'à neuf caraĉteres. La raifon de ce que nous venons de dire & les moyens de faire fervir facilement ces tables à des opérations fur de plus grands nombres, fe trouvent très-bien expliqués dans les *Elémens d'Algebre de* SAUNDERSON, Liv. IX, IIe Part.

Ces tables, au refte, ne donnent direĉtement que les logarithmes qui répondent à des nombres propofés, & lorfqu'on veut repaffer des logarithmes aux nombres, comme on rencontre rarement dans les tables le logarithme que l'on a, on eft obligé le plus fouvent de chercher ces nombres par une méthode d'interpolation, c'eft-à-dire, par une voie indireĉte. Pour fuppléer à ce défaut on a calculé en Angleterre une autre table, qui a été publiée à Londres en 1742, fous le titre de *The Anti-logarithmie Canon, &c. by James* DODSON, & qui eft encore affez peu connue; on y trouve les décimales des logarithmes rangées par ordre depuis 0,0001 jufqu'à 1,0000, & à côté les nombres correfpondans pouffés jufqu'à onze chiffres; on y trouve auffi les parties pro-

nombre qui lui convient. Cela deviendra
encore plus clair par un exemple : multiplions les nombres 343 & 2401. Puiſqu'il faut ajouter enſemble les logarithmes,
on écrira le calcul de la façon qui ſuit:

$$\left.\begin{array}{l} \text{L. } 343 = 2{,}5352941 \\ \text{L. } 2401 = 3{,}3803922 \end{array}\right\} \text{ajoutés}$$

$$\left.\begin{array}{l} 5{,}9156863 \\ \qquad\quad 6847 \end{array}\right\} \text{ſouſtrayés}$$

$$16.$$

Le nombre cherché eſt donc 823543.

Car la ſomme eſt le logarithme du produit cherché ; on voit par ſa caractériſtique
5 que ce produit eſt compoſé de ſix chiffres,
& ceux-ci ſe trouvent par le moyen de
la fraction décimale & de la table , être
823543.

255.

Comme c'eſt en particulier dans l'extraction des racines que les logarithmes

portionnelles néceſſaires pour déterminer les nombres
qui répondent aux logarithmes intermédiaires qui ne ſe
trouvent pas dans la table.

rendent de grands fervices, donnons auffi un exemple de la maniere dont on les applique à cette partie du calcul. Suppofez qu'il s'agiffe d'extraire la racine quarrée de 10. Vous divifez fimplement par 2 le logarithme de 10, qui eft 1,0000000; le quotient 0,5000000 eft le logarithme de la racine cherchée. Or le nombre qui dans les tables répond à ce logarithme, eft 3,16228, dont le quarré eft effectivement égal à 10, à un cent millieme près dont il eft plus grand.

SECTION

SECTION SECONDE.

DES *différentes Méthodes de Calcul pour les Grandeurs composées ou complexes.*

CHAPITRE PREMIER.

De *l'Addition des Quantités complexes.*

256.

LORSQU'ON a deux ou plusieurs formules composées de plusieurs termes à
ajouter ensemble, on ne fait souvent qu'indiquer cette addition par des signes, en
mettant chaque formule entre deux pa-
renthèses, & en la liant avec les autres
par le moyen du signe +. S'il s'agit, par
exemple, d'ajouter ensemble les formules

Tome I. N

$a+b+c$ & $d+e+f$, on indique la
fomme en cette maniere :

$$(a+b+c)+(d+e+f).$$

257.

On fent bien que ce n'eft pas là effectuer
l'addition, que ce n'eft que l'indiquer. Mais
on voit auffi que pour la faire réellement
on n'a qu'à omettre les crochets ; car le
nombre $d+e+f$ devant être ajouté à
l'autre, on fait que cela fe fait en **y** joignant
d'abord $+d$, enfuite $+e$ & enfuite $+f$;
ce qui donne donc la fomme $a+b+c$
$+d+e+f$.

On fuivroit la même voie, fi quelques-
uns des termes étoient affectés du figne —;
il faudroit les joindre de la même façon,
moyennant le figne qui leur eft propre.

258.

Afin de rendre ceci plus clair, nous confidérerons un exemple en nombres purs ;
nous nous propoferons d'ajouter à la formule $12-8$ cette autre, $15-6$. Si nous

commençons donc par ajouter 15 , nous aurons 12 — 8 + 15 ; or c'étoit ajouter trop, puifqu'il ne falloit ajouter que 15 — 6, & il eft clair que c'eft 6 que nous avons ajouté de trop. Otons, reprenons donc ces 6 en les écrivant avec leur figne négatif, nous aurons la fomme véritable

$$12 - 8 + 15 - 6.$$

D'où l'on voit que les fommes fe trouvent en écrivant tous les termes, chacun avec le figne qui lui eft propre.

259.

S'il eft donc queftion d'ajouter la formule $d - e - f$ à la formule $a - b + c$, on exprimera la fomme ainfi :

$$a - b + c + d - e - f,$$

en remarquant cependant qu'il n'importe en rien dans quel ordre on écrit ces termes. On peut les changer de place à volonté, pourvu qu'on leur conferve leurs fignes. Cette fomme pourroit , par exemple , s'écrire ainfi :

$$c - e + a - f + d - b.$$

260.

On voit affez que l'addition ne fouffre aucune difficulté, de quelque forme que foient les termes à ajouter. S'il falloit ajouter enfemble les formules $2a^3 + 6\sqrt{b} - 4 \, L.c$ & $5\sqrt[5]{a} - 7c$, on écriroit

$$2a^3 + 6\sqrt{b} - 4 \, L.c + 5\sqrt[5]{a} - 7c,$$

foit dans cet ordre même, foit en changeant cet ordre des termes. La fomme reviendra toùjours à cela, fi l'on ne change pas les fignes.

261.

Mais il arrive fouvent que les fommes trouvées de cette maniere peuvent fe réduire confidérablement : favoir, quand deux ou plufieurs termes fe détruifent les uns les autres. Par exemple, fi l'on rencontre dans une même fomme les termes $+a-a$ ou $3a-4a+a$; ou bien quand on peut réduire deux ou plufieurs termes en un feul. Voici des exemples de cette feconde réduction :

$$3a + 2a = 5a \; ; \; 7b - 3b = +4b \; ;$$
$$-6c + 10c = +4c \; ;$$
$$5a - 8a = -3a \; ; \; -7b + b = -6b \; ;$$
$$-3c - 4c = -7c \; ;$$
$$2a - 5a + a = -2a \; ; \; -3b - 5b + 2b = -6b.$$

On peut donc abréger toutes les fois que deux ou plusieurs termes sont entiérement les mêmes quant aux lettres. Mais il ne faut pas confondre ces cas avec ceux - ci $2aa + 3a$, ou $2b^3 - b^4$; ceux de cette espece ne souffrent point de réduction.

262.

Confidérons, encore quelques exemples de réduction ; le suivant nous conduira d'abord à une vérité très-utile. Suppofez qu'il faille ajouter enfemble les formules $a + b$ & $a - b$; notre regle donne $a + b + a - b$; or $a + a = 2a$, & $b - b = 0$; la fomme eft donc $2a$; par conféquent fi l'on ajoute enfemble la fomme de deux nombres $(a + b)$ & leur différence $(a - b)$, on obtient le double du plus grand de ces deux nombres.

Voici encore d'autres exemples :

$3a - 2b - c$	$a^3 - 2aab + 2abb$
$5b - 6c + a$	$-aab + 2abb - b^3$
$4a + 3b - 7c$	$a^3 - 3aab + 4abb - b^3$.

CHAPITRE II.

De la Souſtraction des Quantités complexes.

263.

SI on ne veut qu'indiquer la ſouſtraction, on enferme chaque formule entre deux crochets, en joignant par le ſigne — la formule qui doit être ſouſtraite à celle dont il faut la ſouſtraire.

En ſouſtrayant, par exemple, la formule $d - e + f$ de la formule $a - b + c$, on trouve le reſte

$$(a - b + c) - (d - e + f) ;$$

& cette façon de l'indiquer donne ſuffiſamment à connoître laquelle des deux formules doit être ſouſtraite de l'autre.

264.

Mais quand on veut effectuer réellement la souftraction, il faut obferver premiérement, qu'en fouftrayant d'une quantité a une autre quantité pofitive $+b$, on obtient $a-b$. En fecond lieu, qu'en fouftrayant de a une quantité négative $-b$, on obtient $a+b$; parce qu'ôter à quelqu'un une dette eft autant que lui donner quelque chofe.

265.

Suppofons maintenant qu'il s'agiffe de fouftraire de la formule $a-c$ la formule $b-d$, on ôtera d'abord b; ce qui donne $a-c-b$: or c'étoit ôter la quantité d de trop, puifqu'il ne falloit fouftraire que $b-d$; il faudra donc reftituer la valeur de d, & on aura

$$a-c-b+d;$$

l'où il eft évident qu'il faut changer les fignes des termes de la formule à fouftraire,

& les joindre avec ces fignes contraires aux termes de l'autre formule.

266.

Il eft donc facile, moyennant cette regle, de faire la fouftraction, puifqu'on ne fait qu'écrire, telle qu'elle eft, la formule de laquelle il faut fouftraire, & que l'autre s'y joint fans autre changement que celui des fignes. C'eft ainfi que dans le premier exemple, où il s'agiffoit de fouftraire de $a - b + c$ la formule $d - e + f$, on obtient $a - b + c - d + e - f$.

Un exemple en nombres rendra cela encore plus clair. Si on fouftrait la formule $6 - 2 + 4$ de $9 - 3 + 2$, on obtient
$$9 - 3 + 2 - 6 + 2 - 4 = 0,$$
cela eft évident; car $9 - 3 + 2 = 8$; de même $6 - 2 + 4 = 8$; or $8 - 8 = 0$.

267.

La fouftraction n'étant donc fujette à aucune difficulté, il ne refte qu'à faire remarquer que si dans le reste il se trouve deux ou plusieurs termes tout-à-fait semblables quant aux lettres, ce reste peut se réduire à une expression plus abrégée, suivant les mêmes regles que nous avons données pour les sommes dans l'addition.

268.

Qu'on ait à soustraire de $a+b$, ou de la somme de deux quantités, leur différence $a-b$, on aura d'abord $a+b-a+b$; or $a-a=0$ & $b+b=2b$; le reste cherché est donc $2b$, c'est-à-dire le double de la plus petite des deux quantités.

269.

Les exemples suivans tiendront lieu d'éclaircissemens ultérieurs :

$$aa+ab+bb \mid 3a-4b+5c$$
$$bb+ab-aa \mid 2b+4c-6a$$
$$\overline{\quad 2aa. \quad} \mid \overline{9a-6b+c.}$$

$$a^3 + 3\,aab + 3\,abb + b^3$$
$$a^3 - 3\,aab + 3\,abb - b^3$$
$$\overline{6\,aab + 2\,b^3.}$$

$$\sqrt{a} + 2\,\sqrt{b}$$
$$\sqrt{a} - 3\,\sqrt{b}$$
$$\overline{+ 5\,\sqrt{b}.}$$

CHAPITRE III.

De la multiplication des Quantités complexes.

270.

LORSQU'IL n'eſt queſtion que d'indiquer ſimplement une telle multiplication, on met entre deux crochets chacune des formules qui doivent être multipliées enſemble, & on les joint les unes aux autres, quelquefois ſans aucun ſigne, quelquefois en mettant un point ou le ſigne × entre deux. Par exempl. pour indiquer le produit des deux formules $a-b+c$ & $d-e+f$ multipliées l'une par l'autre, on écrit $(a-b+c).(d-e+f)$ ou $(a-b+c) \times (d-e+f)$.

On se sert beaucoup de cette façon d'indiquer les produits, parce qu'elle donne à connoître sur le champ de quels facteurs ils sont composés.

271.

Mais pour montrer comment on doit s'y prendre pour faire une multiplication effective, nous remarquerons d'abord que pour multiplier, par exemple, une formule comme $a-b+c$ par 2, on en multiplie chaque terme séparément par ce nombre, de sorte qu'on obtient

$$2a-2b+2c.$$

Or la même chose a lieu pour tous les autres nombres. Si c'étoit par d qu'il fallût multiplier la même formule, on obtiendroit

$$ad-bd+cd.$$

272.

Nous avons fuppofé tout-à-l'heure que *d* étoit un nombre pofitif ; mais fi c'eft par un nombre négatif comme —*e*, que la multiplication doit fe faire, il faut fe rappeller la regle que nous avons donnée plus haut, que deux fignes contraires multipliés enfemble font —, & que deux fignes égaux donnent +. On aura donc :

$$-ae+be-ce.$$

273.

Pour faire voir à préfent comment une formule, comme *A*, qu'elle foit fimple ou complexe, doit être multipliée par une formule complexe *d*—*e* ; nous confidérerons d'abord un exemple en nombres ordinaires, en fuppofant que *A* doive être multiplié par 7—3. Or il eft évident que c'eft ici le quadruple de *A* qu'on demande ; car fi l'on prend d'abord *A* fept fois, il faudra fouftraire enfuite *A* pris trois fois.

En général donc s'il s'agit de multiplier par $d - e$, on multipliera la formule A d'abord par d & ensuite par e, & on souftraira ce dernier produit du premier ; d'où résulte $dA - eA$.

Suppofons maintenant $A = a - b$, & que c'eft cette quantité-ci qu'il faut multiplier par $d - e$; nous aurons

$$dA = ad - bd$$
$$eA = ae - be ;$$

donc le prod. cherc. $= ad - bd - ae + be$.

274.

Puifque nous connoiffons donc le produit $(a - b).(d - e)$, & que nous n'avons pas lieu de douter de fa juftelle, nous nous remettrons le même exemple de multiplication fous les yeux, fous la forme que voici :

$$\begin{array}{r} a - b \\ d - e \\ \hline ad - bd - ae + be. \end{array}$$

Il nous fait voir qu'il faut multiplier chaque terme de la formule supérieure par chaque terme de la formule inférieure, & que pour ce qui regarde les fignes il faut obferver ftrictement la regle donnée plus haut; regle qui fe confirmeroit par-là entiérement, fi elle avoit pu être révoquée en doute le moins du monde.

275.

Il fera facile, d'après cette regle, de calculer l'exemple fuivant, qui eft de multiplier $a+b$ par $a-b$:

$$a+b$$
$$a-b$$

$$aa+ab$$
$$-ab-bb$$

le produit fera $= aa-bb$.

276.

On fait qu'on peut fubftituer pour a & b des nombres déterminés à volonté; ainfi l'exemple que nous venons de donner, renferme le principe que voici : le produit de la fomme de deux nombres multipliée par leur différence eft égal à la différence des quarrés de ces nombres. On peut exprimer cette vérité en cette maniere :

$$(a+b) \times (a-b) = aa - bb.$$

Et on en conclut cette autre vérité : que la différence de deux nombres quarrés eft toujours un produit, & divifible tant par la fomme que par la différence des racines de ces deux quarrés ; & que par conféquent la différence de deux quarrés ne peut jamais être un nombre premier.

277.

Calculons encore quelques autres exemples :

I.) $2a-3$
$a+2$
_____
$2aa-3a$
$+4a-6$
_____
$2aa+a-6.$

II.) $4aa-6a+9$
$2a+3$
_____
$8a^3-12aa+18a$
$+12aa-18a+27$
_____
$8a^3+27.$

III.) $3aa- 2ab -bb$

$\qquad 2a- 4b$

$$6a^3- 4aab-2abb$$
$$-12aab+8abb+4b^3$$
$$6a^3-16aab+6abb+4b^3.$$

IV.) $aa+2ab +2bb$

$\qquad aa-2ab +2bb$

$$a^4+2a^3b+2aabb$$
$$-2a^3b-4aabb-4ab^3$$
$$+2aabb+4ab^3+4b^4$$
$$a^4+4b^4.$$

V.) $2aa-3ab -4bb$

$\qquad 3aa-2ab +bb$

$$6a^4-9a^3b -12aabb$$
$$-4a^3b +6aabb+8ab^3$$
$$+2aabb-3ab^3-4b^4$$
$$6a^4-13a^3b-4aabb+5ab^3-4b^4.$$

VI.)

V I.)

$aa+bb+cc-ab-ac-bc$

$a+b+c$

___

$a^3+abb+acc-aab-aac-abc$

　$-abb-acc+aab+aac-abc+b^3+bcc-bbc$

　　　　　　　　　$-abc$　　　$-bcc+bbc+c^3$

___

$a^3-3abc+b^3+c^3$.

278.

Lorfqu'on a plus de deux formules à multiplier enfemble, on comprendra fans doute qu'après en avoir multiplié deux l'une par l'autre, il faut enfuite multiplier ce produit par une de celles qui reftent, & ainfi de fuite ; & qu'il eft indifférent quel ordre on fuive dans ces multiplications. Qu'on fe propofe, par exemple, de trouver la valeur du produit fuivant compofé de quatre facteurs :

　　I.　　　I I.　　　III.　　　IV.

$(a+b)\ (aa+ab+bb)\ (a-b)\ (aa-ab+bb)$,

on multipliera d'abord les facteurs I & II :

$$\text{I I. } aa + ab + bb$$
$$\text{I. } a + b$$

$$a^3 + aab + abb$$
$$+ aab + abb + b^3$$

$$\text{I. II. } a^3 + 2aab + 2abb + b^3 .$$

Après cela on multipliera les facteurs III & IV :

$$\text{I V. } aa - ab + bb$$
$$\text{I II. } a - b$$

$$a^3 - aab + abb$$
$$- aab + abb - b^3$$

$$\text{III. IV. } a^3 - 2aab + 2abb - b^3 .$$

Il reste donc à multiplier le premier produit I , II , par ce second produit III , IV :

$$a^3 + 2aab + 2abb + b^3 \quad \text{I. II.}$$
$$a^3 - 2aab + 2abb - b^3 \quad \text{III. IV.}$$

$$a^6 + 2a^5 b + 2a^4 bb + a^3 b^3$$
$$- 2a^5 b - 4a^4 bb - 4a^3 b^3 - 2aab^4$$
$$+ 2a^4 bb + 4a^3 b^3 + 4aab^4 + 2ab^5$$
$$- a^3 b^3 - 2aab^4 - 2ab^5 - b^6$$

$$a^6 - b^6 .$$

Et ceci est le produit cherché.

279.

Reprenons le même exemple, mais chan-
geons-en l'ordre, en multipliant d'abord
les formules I & III, & enfuite les formules II & IV :

$$\text{I.} \quad a+b$$
$$\text{III.} \quad a-b$$

$$\overline{}$$

$$aa+ab$$
$$-ab-bb$$

$$\overline{}$$

$$\text{I. III.} = aa-bb.$$

$$\text{II.} \ aa+ab+bb$$
$$\text{IV.} \ aa-ab+bb$$

$$\overline{}$$

$$a^4+a^3b+aabb$$
$$-a^3b-aabb-ab^3$$
$$+aabb+ab^3+b^4$$

$$\overline{}$$

$$\text{II. IV.} = a^4+aabb+b^4.$$

O ij

Multipliant enfin ces deux produits I, III & II, IV :

$$\text{II. IV.} = a^4 + aabb + b^4$$
$$\text{I. III.} = aa - bb$$

$$a^6 + a^4 bb + aab^4$$
$$- a^4 bb - aab^4 - b^6$$

on a $a^6 - b^6$,

qui eft le produit cherché.

280.

Nous ferons ce calcul encore dans un autre ordre, en multipliant d'abord la I.e formule par la IV.e, & enfuite la II.e par la III.e

$$\text{IV.} \quad aa - ab + bb$$
$$\text{I.} \quad a + b$$

$$a^3 - aab + abb$$
$$+ aab - abb + b^3$$

$$\text{I. IV.} = a^3 + b^3.$$

II. $aa + ab + bb$

III. $a - b$

___

$a^3 + aab + abb$

$\qquad - aab - abb - b^3$

___

II. III. $= a^3 - b^3$.

Il reste à multiplier les produits I, IV, & II, III.

I. IV. $= a^3 + b^3$

II. III. $= a^3 - b^3$

___

$a^6 + a^3 b^3$

$\qquad - a^3 b^3 - b^6$

___

& l'on trouve encore $a^6 - b^6$.

281.

Il est à propos d'éclaircir cet exemple par une application numérique. Faisons $a = 3$ & $b = 2$, nous aurons $a + b = 5$ & $a - b = 1$; de plus, $aa = 9$, $ab = 6$, $bb = 4$. Donc $aa + ab + bb = 19$ & $aa - ab + bb = 7$. Donc on demande le produit de $5.19.1.7$, qui est 665.

Or $a^6 = 729$ & $b^6 = 64$, par conséquent le produit cherché $a^6 - b^6 = 665$,
comme nous venons de le dire.

CHAPITRE IV.

De la Division des Quantités complexes.

282.

QUAND on ne veut qu'indiquer la division, on se sert ou de la marque ordinaire des fractions, qui est d'écrire le dénominateur sous le numérateur, & en les
séparant par un trait ; ou bien de deux
crochets qui renferment chaque formule,
& en mettant deux points entre le diviseur & le dividende. S'il est question, par
exemple, de diviser $a + b$ par $c + d$, on
indique le quotient ainsi, $\frac{a+b}{c+d}$, suivant la
premiere maniere ; & de cette façon,
$(a + b) : (c + d)$, suivant la seconde. L'une
& l'autre expression se prononce $a + b$
divisé par $c + d$.

283.

S'il s'agit de diviser une formule composée par une formule simple, on divise
chaque terme séparément. Par exemple :
$6a - 8b + 4c$ divisé par 2 fait $3a - 4b + 2c$;
& $(aa - 2ab):(a) = a - 2b$. De même
$(a^3 - 2aab + 3abb):(a) = aa - 2ab + 3bb$;
$(4aab - 6aac + 8abc):(2a) = 2ab - 3ac + 4bc$;
$(9aabc - 12abbc + 15abcc):(3abc) = 3a - 4b + 5c$
&c.

284.

S'il arrive qu'un des termes du dividende
ne soit pas divisible par le diviseur, on indique le quotient par une fraction, comme
dans la division de $a + b$ par a, qui donne
$1 + \frac{b}{a}$. De même
$(aa - ab + bb):(aa) = 1 - \frac{b}{a} + \frac{bb}{aa}$.

Par la même raison, si l'on divise $2a + b$
par 2, on obtient $a + \frac{b}{2}$; & on peut remarquer à cette occasion qu'on pourroit
écrire $\frac{1}{2} b$ au lieu de $\frac{b}{2}$, parce que $\frac{1}{2}$ fois b

eſt autant que $\frac{b}{2}$. Pareillement $\frac{b}{3}$ eſt autant que $\frac{1}{3}b$, & $\frac{2b}{3}$ autant que $\frac{2}{3}b$, &c.

285.

Mais quand le diviſeur eſt lui-même une quantité complexe, la diviſion a plus de difficultés. Souvent elle a lieu où on s'en doute le moins ; mais lorſqu'elle ne peut ſe faire, il faut ſe contenter d'indiquer le quotient par une fraction, de la maniere que nous avons dit. Nous commencerons par conſidérer quelques cas où la diviſion effective réuſſit.

286.

Suppoſons qu'il s'agiſſe de diviſer le dividende $ac-bc$ par le diviſeur $a-b$, il faut donc que le quotient ſoit tel qu'étant multiplié par le diviſeur $a-b$, on obtienne le dividende $ac-bc$. Or on voit aiſément que ce quotient doit renfermer un c, puiſque ſans cela on ne pourroit obtenir ac. Afin donc de voir ſi c eſt le quotient entier,

on n'a qu'à le multiplier par le diviſeur,
& voir ſi cette multiplication produit le
dividende en entier, ou ſi elle n'en donne
qu'une partie. Dans notre cas, ſi nous multiplions $a-b$ par c, nous avons $ac-bc$ qui
eſt en effet le dividende même ; de ſorte
que c eſt le quotient complet. Il n'eſt pas
moins clair que

$(aa+ab):(a+b)=a$; $(3aa-2ab):(3a-2b)=a$;
$(6aa-9ab):(2a-3b)=3a$, &c.

287.

On ne peut manquer de cette maniere
de trouver une partie du quotient ; ſi donc
ce qu'on a vu multiplié par le diviſeur,
n'épuiſe pas encore le dividende, on n'a
qu'à diviſer le réſidu encore par le diviſeur,
pour obtenir une ſeconde partie du quotient ; & l'on continuera de la même maniere juſqu'à ce qu'on ait trouvé le quotient
en entier.

Diviſons, afin de donner un exemple,
$aa+3ab+2bb$ par $a+b$; il eſt clair en

premier lieu que le quotient contiendra le
terme a, puifque, fi cela n'étoit pas, on
n'obtiendroit point aa. Or en multipliant le
divifeur $a+b$ par a, il provient $aa+ab$;
laquelle quantité étant fouftraite du dividende, laiffe un refte $2ab+2bb$. Ce refte,
il faut auffi le divifer par $a+b$; & il faute
aux yeux que le quotient de cette divifion
doit contenir le terme $2b$. Or $2b$ multiplié
par $a+b$ fait exactement $2ab+2bb$; par
conféquent $a+2b$ eft ce quotient cherché
qui, multiplié par le divifeur $a+b$, doit
produire le dividende $aa+3ab+2bb$. Voici
toute l'opération :

$$a+b)aa+3ab+2bb(a+2b$$
$$aa+\ ab$$
$$+2ab+2bb$$
$$+2ab+2bb$$
$$0.$$

288.

On fe facilite cette opération en faifant
choix d'un des termes du divifeur pour

l'écrire le premier , & pour ranger enfuite les termes du dividende , en commençant par les plus hautes puiffances de ce premier terme du divifeur. Ce terme étoit a dans l'exemple précédent. Les exemples fuivans rendront la chofe encore plus claire :

$$a - b)a^3 - 3aab + 3abb - b^3 (aa - 2ab + bb$$
$$a^3 - aab$$
$$\overline{}$$
$$- 2aab + 3abb$$
$$- 2aab + 2abb$$
$$\overline{}$$
$$+ abb - b^3$$
$$+ abb - b^3$$
$$\overline{}$$
$$0.$$

$$a + b) aa - bb (a - b$$
$$aa + ab$$
$$\overline{}$$
$$- ab - bb$$
$$- ab - bb$$
$$\overline{}$$
$$0.$$

$3a-2b)$ $18aa-$ $8bb$ $(6a+4b$

$\qquad\;\;18aa-12ab$

$\qquad\qquad\overline{+12ab-8bb}$

$\qquad\qquad\;\;+12ab-8bb$

$\qquad\qquad\qquad\overline{0.}$

$a+b)$ a^3+b^3 $(aa-ab+bb$

$\qquad\;\;a^3+aab$

$\qquad\qquad\overline{-aab+b^3}$

$\qquad\qquad\;\;-aab-abb$

$\qquad\qquad\qquad\overline{+abb+b^3}$

$\qquad\qquad\qquad\;\;+abb+b^3$

$\qquad\qquad\qquad\qquad\overline{0.}$

$2a-b)$ $8a^3-b^3$ $(4aa+2ab+bb$

$\qquad\;\;8a^3-4aab$

$\qquad\qquad\overline{+4aab-b^3}$

$\qquad\qquad\;\;+4aab-2abb$

$\qquad\qquad\qquad\overline{+2abb-b^3}$

$\qquad\qquad\qquad\;\;+2abb-b^3$

$\qquad\qquad\qquad\qquad\overline{0.}$

$$aa - 2ab + bb) \; a^4 - 4a^3 + 6aabb - 4ab^3 + b^4$$
$$aa - 2ab + bb) \; a^4 - 2a^3b + aabb$$
$$-2a^3b + 5aabb - 4ab^3$$
$$-2a^3b + 4aabb - 2ab^3$$
$$+ aabb - 2ab^3 + b^4$$
$$+ aabb - 2ab^3 + b^4$$
$$0.$$

$$aa - 2ab + 4bb) \; a^4 + 4aabb + 16b^4$$
$$aa + 2ab + 4bb) \; a^4 - 2a^3b + 4aabb$$
$$+2a^3b + 16b^4$$
$$+2a^3b - 4aabb + 8ab^3$$
$$+4aabb - 8ab^3 + 16b^4$$
$$+4aabb - 8ab^3 + 16b^4$$
$$0.$$

$$aa - 2ab + 2bb) \; a^4 + 4b^4$$
$$aa + 2ab + 2bb) \; a^4 - 2a^3b + 2aabb$$
$$+2a^3b - 2aabb + 4b^4$$
$$+2a^3b - 4aabb + 4ab^3$$
$$+2aabb - 4ab^3 + 4b^4$$
$$+2aabb - 4ab^3 + 4b^4$$
$$0.$$

$$1-2x+xx) \; 1-5x+10xx-10x^3+5x^4-x^5$$
$$1-3x+3xx-x^3) \; 1-2x+xx$$

$$\overline{\qquad\qquad}$$
$$-3x+9xx-10x^3$$
$$-3x+6xx- \; 3x^3$$

$$\overline{\qquad\qquad}$$
$$+3xx- \; 7x^3+5x^4$$
$$+3xx- \; 6x^3+3x^4$$

$$\overline{\qquad\qquad}$$
$$- \quad x^3+2x^4-x^5$$
$$- \quad x^3+2x^4-x^5$$

$$\overline{\qquad\qquad}$$
$$0.$$

CHAPITRE V.

De la Réfolution des Fractions en des fuites
infinies (*).*

289.

QUAND le dividende n'eft pas divifible
par le divifeur, le quotient s'exprime,
comme nous l'avons déjà dit , par une
fraction.

(*) La *théorie des féries* eft une des plus importantes de
toutes les Mathématiques. Les féries dont il eft queftion

C'eſt ainſi que ſi l'on doit diviſer 1 par
$1-a$, on obtient la fraction $\frac{1}{1-a}$. Cela n'empêche pas cependant qu'on ne puiſſe entreprendre la diviſion ſuivant les regles que
nous avons données, & qu'on ne puiſſe la
continuer auſſi loin qu'on veut. On ne laiſ-
ſera pas de trouver le vrai quotient, quoique ſous des formes différentes.

290.

Pour le prouver, diviſons réellement le
dividende 1 par le diviſeur $1-a$, comme
on va voir :

dans ce chapitre, ont été trouvées par *Mercator* au milieu
du ſiecle paſſé, & *Newton* trouva bientôt après celles
qui dérivent de l'extraction des racines, & dont il ſera
queſtion au chapitre XII. Cette théorie a reçu enſuite un
nouveau degré de perfection de pluſieurs autres Géometres diſtingués. Les Œuvres de *Jacques Bernoulli* &
la ſeconde partie du *Calcul différentiel* de M. *Euler*, ſont
les ouvrages où l'on pourra le mieux s'inſtruire ſur ces
matieres. On trouvera auſſi dans les Mémoires de Berlin
pour 1768, une nouvelle méthode de M. *de la Grange*
pour réſoudre, par le moyen des ſuites infinies, toutes
les équations littérales de quelque degré qu'elles ſoient.

$1-a)\ 1\ (1+\frac{a}{1-a}$ ou $1-a)\ 1\ (1+a+\frac{aa}{1-a}$

$\qquad +1-a \qquad\qquad +1-a$

réſidu $\quad +a.$

$\qquad\qquad\qquad\qquad\qquad +a$

$\qquad\qquad\qquad\qquad\qquad +a-aa$

$\qquad\qquad\qquad$ réſidu $+aa.$

Pour trouver encore un plus grand nombre de formes, on n'a qu'à continuer en diviſant aa par $1-a$:

$1-a)\ aa\ (aa+\frac{a^3}{1-a}$ enſuite $1-a)\ a^3\ (a^3+\frac{a^4}{1-a}$

$\qquad aa-a^3 \qquad\qquad\qquad a^3-a^4$

$\qquad\overline{\quad +a^3\quad} \qquad\qquad\qquad \overline{\quad +a^4\quad}$

& puis $1-a)\ a^4\ (a^4+\frac{a^5}{1-a}$

$\qquad\qquad a^4-a^5$

$\qquad\qquad \overline{+a^5}$, &c.

291.

Nous voyons par là que la fraction $\frac{1}{1-a}$ peut ſe mettre ſous toutes les formes qui ſuivent :

I.) $1+\frac{a}{1-a}$; II.) $1+a+\frac{aa}{1-a}$;

$\qquad\qquad\qquad\qquad\qquad\qquad$ III.)

III.) $1 + a + aa + \frac{a^3}{1-a}$;

IV.) $1 + a + aa + a^3 + \frac{a^4}{1-a}$;

V.) $1 + a + aa + a^3 + a^4 + \frac{a^5}{1-a}$, &c.

Or en confidérant la premiere de ces formules, qui eft $1 + \frac{a}{1-a}$, & en faifant attention que 1 eft autant que $\frac{1-a}{1-a}$, nous avons

$$1 + \frac{a}{1-a} = \frac{1-a}{1-a} + \frac{a}{1-a} = \frac{1-a+a}{1-a} = \frac{1}{1-a}.$$

Si on fuit le même procédé pour la feconde formule $1 + a + \frac{aa}{1-a}$, c'eft-à-dire que l'on réduife la partie des entiers $1 + a$ au même dénominateur $1 - a$, on aura $\frac{1-aa}{1-a}$, à quoi fi l'on ajoute $+ \frac{aa}{1-a}$ on aura $\frac{1-aa+aa}{1-a}$, c'eft-à-dire $\frac{1}{1-a}$.

Dans la 3e. formule $1 + a + aa + \frac{a^3}{1-a}$, les entiers, réduits au dénominateur $1 - a$, font $\frac{1-a^3}{1-a}$; & fi on y ajoute la fraction $\frac{a^3}{1-a}$ on a $\frac{1}{1-a}$; donc toutes ces formules

Tome I.   P

font en effet égales en valeur à la fraction proposée $\frac{1}{1-a}$.

292.

Cela étant on pourra aller plus loin & aussi loin qu'on voudra, sans avoir besoin de calculer davantage. On aura donc

$$\frac{1}{1-a} = 1 + a + aa + a^3 + a^4 + a^5 + a^6 + a^7 + \frac{a^8}{1-a} ;$$

ou bien on pourroit continuer encore, & même sans jamais finir. C'est pourquoi l'on peut dire que la fraction proposée a été résolue en une suite infinie, laquelle est, $1 + a + aa + a^3 + a^4 + a^5 + a^6 + a^7 + a^8 + a^9 + a^{10} + a^{11} + a^{12} +$ &c. à l'infini. Et on est très-fondé à soutenir que la valeur de cette série infinie est la même que celle de la fraction $\frac{1}{1-a}$.

293.

Ce que nous venons de dire peut, au premier abord, paroître étonnant ; mais la considération de quelques cas particuliers le fera comprendre aisément.

Supposons premiérement $a = 1$; notre suite deviendra $1 + 1 + 1 + 1 + 1 + 1 + 1$, &c. jusqu'à l'infini. La fraction $\frac{1}{1-a}$, à laquelle elle doit être égale, devient $\frac{1}{0}$; or nous avons remarqué plus haut que $\frac{1}{0}$ est un nombre infiniment grand ; cela se confirme donc ici d'une maniere élégante.

Mais si l'on suppose $a = 2$, notre suite devient $= 1 + 2 + 4 + 8 + 16 + 32 + 64$, &c. à l'infini, & sa valeur doit être $\frac{1}{1-2}$, c'est-à-dire $\frac{1}{-1} = -1$; ce qui au premier coup d'œil semblera absurde. Mais il faut remarquer que si l'on veut s'arrêter à quelque terme de la férie susdite, on ne doit le faire qu'en joignant la fraction qui reste. Supposons, par exemple, que nous voulions nous arrêter à 64, il faudra, après avoir écrit $1 + 2 + 4 + 8 + 16 + 32 + 64$, joindre la fraction $\frac{128}{1-2}$ ou $\frac{128}{-1}$ ou -128 ; on aura donc $127 - 128$, c'est-à-dire en effet -1.

Que si on continuoit sans cesse la suite,

il ne feroit à la vérité plus queftion de la fraction, mais auffi on ne s'arrêteroit jamais.

294.

Voilà donc des confidérations néceffai-res, quand on prend pour *a* des nombres plus grands que l'unité. Mais fi l'on fuppofe *a* plus petit que 1, tout devient plus facile à concevoir.

Soit, par exemple, $a = \frac{1}{2}$; on aura $\frac{1}{1-a}$ $= \frac{1}{1-\frac{1}{2}} = \frac{1}{\frac{1}{2}} = 2$, ce qui fera égal à la férie fuivante : $1 + \frac{1}{2} + \frac{1}{4} + \frac{1}{8} + \frac{1}{16} + \frac{1}{32} + \frac{1}{64} + \frac{1}{128}$ &c. à l'infini. Or fi l'on prend deux termes feulement de cette fuite, on a $1 + \frac{1}{2}$, & il s'en faut de $\frac{1}{2}$ qu'elle ne foit égale à $\frac{1}{1-a} = 2$. Si on prend trois termes, il s'en faut en-core de $\frac{1}{4}$; car la fomme éft $1\frac{3}{4}$. Si l'on prend quatre termes on a $1\frac{7}{8}$, & il ne man-que plus que $\frac{1}{8}$. On voit donc que plus on prend de termes, & plus la différence devient petite, & que par conféquent fi on continue à l'infini, il n'y aura plus de différence du tout entre la somme de la suite & la valeur 2 de la fraction $\frac{1}{1-a}$.

295.

Soit $a = \frac{1}{3}$; notre fraction $\frac{1}{1-a}$ sera $= \dfrac{1}{1 - \frac{1}{3}}$

$= \frac{3}{2} = 1\frac{1}{2}$, à quoi se réduit par conséquent la suite $1 + \frac{1}{3} + \frac{1}{9} + \frac{1}{27} + \frac{1}{81} + \frac{1}{243}$ &c. jusqu'à l'infini.

Quand on prend deux termes on a $1\frac{1}{3}$, & il manque $\frac{1}{6}$. Si vous prenez trois termes, vous avez $1\frac{4}{9}$, & il manquera encore $\frac{1}{18}$. Prenez quatre termes, vous aurez $1\frac{13}{27}$, & la différence est $\frac{1}{54}$. Puis donc que l'erreur devient toujours trois fois moindre, il faut bien qu'à la fin elle s'évanouisse.

296.

Supposons $a = \frac{2}{3}$; nous aurons $\frac{1}{1-a} = \dfrac{1}{1 - \frac{2}{3}}$

$= 3$, & la suite $1 + \frac{2}{3} + \frac{4}{9} + \frac{8}{27} + \frac{16}{81} + \frac{32}{243}$ &c. jusqu'à l'infini. Prenant d'abord $1\frac{2}{3}$,

P iij

l'erreur est $1\frac{1}{3}$; prenant trois termes, qui font $2\frac{1}{9}$, l'erreur est de $\frac{8}{9}$; prenant quatre termes on a $2\frac{11}{27}$, & l'erreur est encore de $\frac{16}{27}$.

297.

Si $a = \frac{1}{4}$, la fraction est $\frac{1}{1-\frac{1}{4}} = \frac{1}{\frac{3}{4}} = 1\frac{1}{3}$; & la suite devient $1 + \frac{1}{4} + \frac{1}{16} + \frac{1}{64} + \frac{1}{256}$, &c. Les deux premiers termes faisant $1 + \frac{1}{4}$, produiront $\frac{1}{12}$ d'erreur ; & prenant un terme de plus on a $1\frac{5}{16}$, c'est-à-dire seulement $\frac{1}{48}$ d'erreur.

298.

On pourra de la même maniere résoudre en série infinie la fraction $\frac{1}{1+a}$, en divisant réellement le numérateur 1 par le dénominateur $1 + a$, comme on va voir :

$$1 + a) \; 1 \qquad (1 - a + aa - a^3 + a^4$$

$$\underline{1 + a}$$

$$- a$$

$$\underline{- a - aa}$$

$$+ aa$$

$$\underline{+ aa + a^3}$$

$$- a^3$$

$$\underline{- a^3 - a^4}$$

$$+ a^4$$

$$\underline{+ a^4 + a^5}$$

$$- a^5 \text{, \&c.}$$

d'où il suit que la fraction $\frac{1}{1+a}$ est égale à la suite,

$$1 - a + aa - a^3 + a^4 - a^5 + a^6 - a^7 \text{, \&c.}$$

299.

Si l'on pose $a = 1$, on a cette comparaison remarquable :

$$\frac{1}{1+1} = \frac{1}{2} = 1 - 1 + 1 - 1 + 1 - 1 + 1 - 1 ;$$

&c. à l'infini. On y trouvera quelque chose de contradictoire ; car si on s'arrête à -1, la férie donne o ; & fi on finit par $+1$, elle donne 1. Mais c'eft-là précifément ce qui tranche le nœud ; car puifqu'on doit continuer jufqu'à l'infini fans s'arrêter jamais ni à -1, ni à $+1$, il eft clair que la fomme ne peut être ni o ni 1, & qu'il faut que ce réfultat final tienne un milieu entre ces deux, & qu'il foit $\frac{1}{2}$.

300.

Faifons à préfent $a = \frac{1}{2}$, notre fraction fera $\frac{1}{1+\frac{1}{2}} = \frac{2}{3}$, laquelle doit donc exprimer la valeur de la férie $1 - \frac{1}{2} + \frac{1}{4} - \frac{1}{8} + \frac{1}{16} - \frac{1}{32} + \frac{1}{64}$, &c. à l'infini. Si l'on ne prend de cette férie que les deux premiers termes, on a $\frac{1}{2}$, ce qui eft trop peu de $\frac{1}{6}$. Si l'on prend trois termes, on a $\frac{3}{4}$, ce qui eft trop de $\frac{1}{12}$. Si l'on prend quatre termes, on a $\frac{5}{8}$, ce qui eft trop peu de $\frac{1}{24}$, &c.

301.

Suppofons encore $a = \frac{1}{3}$; notre fraction fera $= \frac{1}{1+\frac{1}{3}} = \frac{3}{4}$, & c'eft à quoi doit fe réduire la férie $1 - \frac{1}{3} + \frac{1}{9} - \frac{1}{27} + \frac{1}{81} - \frac{1}{243} + \frac{1}{729}$, &c. à l'infini. Or en confidérant feulement deux termes on a $\frac{2}{3}$, c'eft trop peu de $\frac{1}{12}$. Trois termes font $\frac{7}{9}$, c'eft trop de $\frac{1}{36}$. Quatre termes font $\frac{20}{27}$, c'eft trop peu de $\frac{1}{108}$, & ainfi de fuite.

302.

La fraction $\frac{1}{1+a}$ peut fe réfoudre encore d'une autre maniere ; favoir en divifant 1 par $a+1$, comme il fuit :

$$a+1) \; 1 \qquad \left(\tfrac{1}{a} - \tfrac{1}{aa} + \tfrac{1}{a^3} - \tfrac{1}{a^4} + \tfrac{1}{a^5}\right.$$

$$1 + \tfrac{1}{a}$$

$$\overline{}$$

$$-\tfrac{1}{a}$$

$$-\tfrac{1}{a} - \tfrac{1}{aa}$$

$$\overline{}$$

$$+\tfrac{1}{aa}$$

$$+\tfrac{1}{aa} + \tfrac{1}{a^3}$$

$$\overline{}$$

$$-\tfrac{1}{a^3}$$

$$-\tfrac{1}{a^3} - \tfrac{1}{a^4}$$

$$\overline{}$$

$$+\tfrac{1}{a^4}$$

$$+\tfrac{1}{a^4} + \tfrac{1}{a^5}$$

$$\overline{}$$

$$-\tfrac{1}{a^5}, \;\; \&c.$$

Par conséquent notre fraction $\frac{1}{a+1}$ est égale à la suite infinie $\frac{1}{a} - \frac{1}{aa} + \frac{1}{a^3} - \frac{1}{a^4} + \frac{1}{a^5}$ $- \frac{1}{a^6}$, &c. Qu'on faſſe $a = 1$, on aura la férie $1 - 1 + 1 - 1 + 1 - 1$, &c. $= \frac{1}{2}$, comme ci-deſſus. Et ſi l'on ſuppoſe $a = 2$, on aura la férie $\frac{1}{2} - \frac{1}{4} + \frac{1}{8} - \frac{1}{16} + \frac{1}{32} - \frac{1}{64}$ &c. $= \frac{1}{3}$.

303.

C'eſt d'une maniere ſemblable qu'on pourra réſoudre généralement en une ſuite infinie la fraction $\frac{c}{a+b}$, on aura

$$a+b) \, c \quad \left(\frac{c}{a} - \frac{bc}{aa} + \frac{bbc}{a^3} - \frac{b^3 c}{a^4} \right., \text{ &c.}$$

$$\frac{c + bc}{a}$$

$$\overline{}$$

$$\frac{-bc}{a}$$

$$\frac{-bc}{a} - \frac{bbc}{aa}$$

$$\overline{}$$

$$\frac{+bbc}{aa}$$

$$\frac{+bbc}{aa} + \frac{b^3 c}{a^3}$$

$$\overline{}$$

$$\frac{-b^3 c}{a^3}$$

$$\frac{-b^3 c}{a^3} - \frac{b^4 c}{a^4}$$

$$\overline{}$$

$$\frac{+b^4 c}{a^4};$$

d'où l'on voit qu'on peut comparer $\frac{c}{a+b}$ avec la férie $\frac{c}{a} - \frac{bc}{aa} + \frac{bbc}{a^3} - \frac{b^3 c}{a^4}$ &c. jufqu'à l'in-fini.

Soit $a = 2$, $b = 4$, $c = 3$, nous aurons

$$\frac{c}{a+b} = \frac{3}{4+2} = \frac{3}{6} = \frac{1}{2} = \frac{3}{2} - 3 + 6 - 12, \&c.$$

Soit $a = 10$, $b = 1$ & $c = 11$, nous avons

$$\frac{c}{a+b} = \frac{11}{10+1} = 1 = \frac{11}{10} - \frac{11}{100} + \frac{11}{1000} - \frac{11}{10000} \&c.$$

Si l'on ne confidere qu'un feul terme de cette fuite, on a $\frac{11}{10}$, ce qui eft trop de $\frac{1}{10}$; fi on prend deux termes, on a $\frac{99}{100}$, c'eft trop peu de $\frac{1}{100}$; fi on prend trois termes, on a $\frac{1001}{1000}$, c'eft trop de $\frac{1}{1000}$, &c.

304.

Quand il y a plus de deux termes dans le divifeur, on peut également continuer la divifion jufqu'à l'infini, de la même ma-niere.

C'eft ainfi que fi on propofoit la fraction $\frac{1}{1-a+aa}$, la fuite infinie à laquelle elle eft égale, fe trouveroit comme il fuit :

$1-a+aa$) 1 $(1+a-a^3-a^4+a^6+a^7$, &c.

$$\begin{array}{l} \underline{1-a+aa} \\ +a-aa \\ +a-aa+a^3 \\ \hline -a^3 \\ -a^3+a^4-a^5 \\ \hline -a^4+a^5 \\ -a^4+a^5-a^6 \\ \hline +a^6 \\ +a^6-a^7+a^8 \\ \hline +a^7-a^8 \\ +a^7-a^8+a^9 \\ \hline -a^9. \end{array}$$

Nous avons donc l'équation $\frac{1}{1-a+aa}=1$ $+a-a^3-a^4+a^6+a^7-a^9-a^{10}$, &c. fans fin. Si nous faifons ici $a=1$, nous avons $1=1+1-1-1+1+1-1-1$ $+1+1$, &c. laquelle férie contient deux fois la férie trouvée plus haut $1-1+1-1$ $+1$, &c. or comme nous avons trouvé celle-ci $=\frac{1}{2}$, il n'eft pas étonnant que nous trouvions $\frac{2}{2}$ ou 1 pour la valeur de celle que nous venons de déterminer.

Qu'on faſſe $a = \frac{1}{2}$, on aura l'équation

$$\frac{\frac{1}{2}}{\frac{4}{3}} = \frac{4}{3} = 1 + \frac{1}{2} - \frac{1}{8} - \frac{1}{16} + \frac{1}{64} + \frac{1}{128} - \frac{1}{512},$$

&c.

Qu'on ſuppoſe $a = \frac{1}{3}$, on aura l'équa-

tion $\frac{\frac{1}{7}}{9} = \frac{9}{7} = 1 + \frac{1}{3} - \frac{1}{27} - \frac{1}{81} + \frac{1}{729}$, &c.

Si on prend les quatre premiers termes de

cette ſuite, on a $\frac{104}{81}$, qui n'eſt que de $\frac{1}{567}$

moins que $\frac{9}{7}$.

Suppoſons encore $a = \frac{2}{3}$, nous aurons

$\frac{\frac{1}{7}}{9} = \frac{9}{7} = 1 + \frac{2}{3} - \frac{8}{27} - \frac{16}{81} + \frac{64}{729}$ &c. il faut

donc que cette ſuite ſoit égale à la pré-

cédente ; & ſouſtrayant l'une de l'autre,

il faut que $0 = \frac{1}{3} - \frac{7}{27} - \frac{15}{81} + \frac{63}{729}$ &c. Ces

quatre termes ajoutés enſemble font $- \frac{2}{81}$.

305.

La méthode que nous avons expoſée ſert

à réſoudre généralement toutes les fractions

en ſuites infinies, & par là elle eſt ſouvent

de la plus grande utilité. De plus il est très-remarquable d'ailleurs qu'une série-infinie, quoiqu'elle ne cesse jamais, puisse avoir une valeur déterminée. Aussi a-t-on tiré de ce fonds les inventions les plus importantes, & cette matiere mérite d'autant plus, qu'on l'étudie avec toute l'attention possible.

CHAPITRE VI.

Des Quarrés des Quantités complexes.

306.

QUAND il s'agit de trouver le quarré d'une grandeur complexe, on n'a qu'à la multiplier par elle-même, le produit sera le quarré qu'on cherche.

Par exemple, le quarré de $a + b$ se trouve de la maniere suivante :

$$
\begin{array}{r}
a + b \\
a + b \\
\hline
aa + ab \\
+ ab + bb \\
\hline
aa + 2ab + bb.
\end{array}
$$

307.

Ainſi quand la racine conſiſte en deux termes ajoutés enſemble, comme $a + b$, le quarré renferme, 1°. les quarrés de l'un & de l'autre terme, ſavoir aa & bb; 2°. le double du produit des deux, ſavoir $2ab$. De ſorte que la ſomme $aa + 2ab + bb$ eſt le quarré de $a + b$. Soit, par exemple, $a = 10$ & $b = 3$, c'eſt-à-dire qu'il ſoit queſtion de trouver le quarré de 13, on aura $100 + 60 + 9$ ou 169.

308.

On trouvera facilement, par le ſecours de cette formule, les quarrés d'aſſez grands nombres, en les partageant en deux parties. Pour trouver, par exemple, le quarré de 57, on conſidérera que ce nombre eſt $= 50 + 7$; d'où l'on conclut que ſon quarré eſt $= 2500 + 700 + 49 = 3249$.

309.

On voit auſſi par là que le quarré de $a + 1$ ſera $aa + 2a + 1$: or puiſque le quarré

de

de *a* eſt *aa*, on trouve donc le quarré de
a+1 en ajoutant à celui-là 2*a*+1 ; & il faut
remarquer que ce 2*a*+1 eſt la ſomme des
deux racines *a* & *a*+1.

Ainſi comme le quarré de 10 eſt 100,
celui de 11 ſera 100+21. Le quarré de
57 étant 3249, celui de 58 eſt 3249+115
=3364. Le quarré de 59=3364+117
=3481 ; le quarré de 60=3481+119
=3600, &c.

310.

Le quarré d'une quantité complexe,
comme *a*+*b*, s'indique de cette façon:
$(a+b)^2$. On a donc $(a+b)^2=aa+2ab$
+*bb*, d'où l'on déduit les équations ſuivantes :

$(a+1)^2=aa+2a+1$; $(a+2)^2=aa+4a+4$;
$(a+3)^2=aa+6a+9$; $(a+4)^2=aa+8a+16$;
&c.

311.

Si la racine eſt *a*—*b*, le quarré en eſt
aa—2*ab*+*bb*, qui renferme par conſéquent
Tome I.   Q

auffi le quarré des deux termes, mais en forte qu'il faut en ôter le double du produit de ces deux termes.

Soit, par exemple, $a = 10$ & $b = 1$, le quarré de 9 fe trouvera $= 100 - 20 + 1 = 81$.

312.

Puifque nous avons l'équation $(a-b)^2 = aa - 2ab + bb$, nous aurons $(a-1)^2 = aa - 2a + 1$. Le quarré de $a-1$ fe trouve donc en fouftrayant de aa la fomme des deux racines a & $a-1$, favoir $2a-1$. Soit, par exemple, $a = 50$, on a $aa = 2500$ & $a-1 = 49$; donc $49^2 = 2500 - 99 = 2401$.

313.

Ce que nous avons dit peut auffi fe confirmer & s'éclaircir par des fractions. Car fi l'on prend pour racine $\frac{3}{5} + \frac{2}{5}$ (ce qui fait 1) le quarré fera :

$$\frac{9}{25} + \frac{4}{25} + \frac{12}{25} = \frac{25}{25}, \text{ c'eft-à-dire } 1.$$

De plus le quarré de $\frac{1}{2} - \frac{1}{3}$ (ou de $\frac{1}{6}$) fera $\frac{1}{4} - \frac{1}{3} + \frac{1}{9} = \frac{1}{36}$.

314.

Lorsque la racine est d'un plus grand nombre de termes, la méthode de déterminer le quarré est la même. Voici, par exemple, comment on trouve le quarré de $a+b+c$:

$$
\begin{array}{l}
a+b \quad +c \\
a+b \quad +c \\
\hline
aa+ab +ac \qquad +bc \\
\quad +ab +ac+bb+bc+cc \\
\hline
aa+2ab+2ac+bb+2bc+cc\ ;
\end{array}
$$

on voit qu'il renferme d'abord le quarré de chaque terme de la racine, & outre cela les doubles produits de ces termes multipliés deux à deux.

315.

Pour éclaircir ceci par un exemple, partageons le nombre 256 en trois parties,

200+50+6; fon quarré fera donc com-pofé des parties fuivantes :

40000	256
2500	256
36	1536
20000	1280
2400	512
600	65536

65536, ce qui eft évidemment égal au produit 256.256.

316.

Quand quelques termes de la racine font négatifs, le quarré fe trouve encore par la même regle ; mais il faut faire attention quels fignes on doit donner aux doubles produits. Ainfi le quarré de $a-b-c$ étant $aa+bb+cc-2ab-2ac+2bc$, fi l'on re-préfentoit donc le nombre 256 par 300 $-40-4$, on auroit

Parties positives.	Parties négatives.
$+$90000	$-$24000
1600	2400
320	$-$26400
16	
$+$91936	
$-$26400	

65536, quarré de 256 comme ci-
dessus.

CHAPITRE VII.

De l'extraction des Racines appliquée aux Quantités complexes.

317.

SI nous voulons donner une regle sure
pour cette opération, il nous faut considérer attentivement le quarré de la racine
$a+b$, qui est $aa+2ab+bb$, afin de voir
comment on peut réciproquement parvenir
à trouver la racine d'un quarré donné. Faisons donc les réflexions qui suivent.

318.

D'abord comme le quarré $aa + 2ab + bb$ eſt compoſé de pluſieurs termes, il eſt certain que la racine auſſi renfermera plus d'un terme; & que ſi l'on écrit le quarré de maniere que les puiſſances d'une des lettres, comme de a, aillent toujours en diminuant, le premier terme ſera le quarré du premier terme de la racine. Et puiſque dans notre cas le premier terme du quarré eſt aa, il faut que le premier terme de la racine ſoit a.

319.

Ayant donc trouvé le premier terme de la racine, c'eſt-à-dire a, on conſidérera le reſte du quarré, ſavoir $2ab + bb$, pour voir ſi on pourra en tirer la ſeconde partie de la racine, qui eſt b. Nous remarquerons ici que ce reſte $2ab + bb$ peut être repréſenté par ce produit-ci, $(2a + b)b$. Or ce reſte ayant donc deux facteurs, $2a + b$ & b, il eſt clair qu'on trouvera ce dernier *b*, qui eſt la ſeconde partie de la racine, en diviſant le reſte $2ab + bb$ par $2a + b$.

320.

C'eſt donc le quotient de la diviſion du reſte ſuſdit par $2a + b$, qui eſt le ſecond terme cherché de la racine. Or remarquons dans cette diviſion que $2a$ eſt le double du premier terme *a* de cette racine, lequel eſt déjà déterminé. Ainſi, quoique le ſecond terme ſoit encore inconnu, & qu'il faille juſqu'à préſent laiſſer ſa place vide, nous pouvons néanmoins entreprendre la diviſion, puiſqu'on n'y regarde qu'au premier terme $2a$. Mais auſſi-tôt qu'on aura trouvé le quotient, qui eſt ici *b*, il faudra le mettre à la place vide, & rendre de cette façon la diviſion complete.

321.

Le calcul donc par lequel on trouve la racine du quarré $aa + 2ab + bb$, peut ſe repréſenter de cette maniere :

$$aa + 2ab + bb \ (a+b$$
$$aa$$

$$2a+b \ \begin{vmatrix} +2ab+bb \\ +2ab+bb \end{vmatrix}$$

$$0.$$

322.

On pourra de la même maniere trouver la racine quarrée d'autres formules composées, pourvu qu'elles foient des quarrés; les exemples fuivans le feront voir:

$$aa + 6ab + 9bb \ (a+3b$$
$$aa$$

$$2a+3b \ \begin{vmatrix} +6ab+9bb \\ +6ab+9bb \end{vmatrix}$$

$$0.$$

$$4aa - 4ab + bb \ (2a-b$$
$$4aa$$

$$4a-b \ \begin{vmatrix} -4ab+bb \\ -4ab+bb \end{vmatrix}$$

$$0.$$

$$9pp + 24pq + 16qq \;(3p+4q$$
$$9pp$$

$$6p+4q \;\Big|\; +24pq+16qq$$
$$\Big|\; +24pq+16qq$$
$$0.$$

$$25xx - 60x + 36 \;(5x-6$$
$$25xx$$

$$10x-6 \;\Big|\; -60x+36$$
$$\Big|\; -60x+36$$
$$0.$$

323.

Quand après la division il reste un résidu, c'est signe que la racine est composée
de plus de deux termes. Ce qu'on fait alors,
c'est de regarder les deux termes déjà trouvés comme faisant la premiere partie, &
de tirer du résidu la seconde partie, de
la même maniere qu'on avoit trouvé le
second terme de la racine. Les exemples
suivans rendront ce procédé plus clair.

$$aa + 2ab - 2ac - 2bc + bb + cc\ (a+b-c$$
$$aa$$

$$
\begin{array}{l|l}
2a+b & +2ab - 2ac - 2bc + bb + cc \\
     & +2ab \qquad\qquad\qquad +bb \\
\hline
2a+2b-c & -2ac - 2bc + cc \\
        & -2ac - 2bc + cc.
\end{array}
$$

$$a^4 + 2a^3 + 3aa + 2a + 1\ (aa + a + 1$$
$$a^4$$

$$
\begin{array}{l|l}
2aa+a & +2a^3 + 3aa \\
      & +2a^3 + \ aa \\
\hline
2aa+2a\ +1 & +2aa + 2a + 1 \\
           & +2aa + 2a + 1.
\end{array}
$$

$$a^4 - 4a^3b + 8ab^3 + 4b^4\ (aa - 2ab - 2bb$$
$$a^4$$

$$
\begin{array}{l|l}
2aa - 2ab & -4a^3b + 8ab^3 \\
          & -4a^3b + 4aabb \\
\hline
2aa - 4ab\ -2bb & -4aabb + 8ab^3 + 4b^4 \\
                & -4aabb + 8ab^3 + 4b^4.
\end{array}
$$

$$(a^3 - 3aab + 3abb - b^3)$$

$$a^6 \quad -6a^5b \quad +15a^4bb \quad -20a^3b^3 +15aab^4 -6ab^5 +b^6$$

$$a^6$$

$$
\begin{array}{l|l}
a^3-3aab & -6a^5b \;+15a^4bb \\
& -6a^5b \;+\; 9a^4bb
\end{array}
$$

$$
\begin{array}{l|l}
a^3-6aab \;+3abb & +\;6a^4bb \;-20a^3b^3 +15aab^4 \\
& +\;6a^4bb \;-18a^3b^3 +\; 9aab^4
\end{array}
$$

$$
\begin{array}{l|l}
a^3-6aab \;+6abb \;-b^3 & -\;2a^3b^3 +\;6aab^4 -6ab^5 +b^6 \\
& -\;2a^3b^3 +\;6aab^4 -6ab^5 +b^6
\end{array}
$$

$$0.$$

324.

On déduit facilement de la regle que nous venons d'expoſer , la méthode qu'enſeignent les livres d'Arithmétique pour l'extraction de la racine quarrée. Voici quelques exemples en nombres :

$$
\begin{array}{r|l}
5'29 & 23 \\
4 & \\
\hline
43\,|1\,29 & \\
\ \ \ |1\,29 & \\
\hline
\end{array}
\qquad
\begin{array}{r|l}
1\,7'6\,4 & 42 \\
1\,6 & \\
\hline
82\,|1\,6\,4 & \\
\ \ \ |1\,6\,4 & \\
\hline
\end{array}
\qquad
\begin{array}{r|l}
2\,3'0\,4 & 48 \\
1\,6 & \\
\hline
88\,|7\,0\,4 & \\
\ \ \ |7\,0\,4 & \\
\hline
\end{array}
$$

0.　　　　　0.　　　　　0.

$$
\begin{array}{r|l}
40'9\,6 & 64 \\
36 & \\
\hline
124\,|4\,9\,6 & \\
\ \ \ \ |4\,9\,6 & \\
\hline
\end{array}
\qquad
\begin{array}{r|l}
96'0\,4 & 98 \\
81 & \\
\hline
188\,|1\,5\,0\,4 & \\
\ \ \ \ |1\,5\,0\,4 & \\
\hline
\end{array}
$$

0.　　　　　0.

$$
\begin{array}{r|l}
1'5\ 6'2\ 5 & 125 \\
1 & \\
\hline
22\,|5\,6 & \\
\ \ \ |4\,4 & \\
\hline
245\,|1\,2\,2\,5 & \\
\ \ \ \ |1\,2\,2\,5 & \\
\hline
\end{array}
\qquad
\begin{array}{r|l}
99'80'01 & 999 \\
81 & \\
\hline
189\,|1\,8\,8\,0 & \\
\ \ \ \ |1\,7\,0\,1 & \\
\hline
1989\,|1\,7\,9\,0\,1 & \\
\ \ \ \ \ |1\,7\,9\,0\,1 & \\
\hline
\end{array}
$$

0.　　　　　0.

325.

Mais lorfqu'après l'opération entiere il refte un réfidu, c'eft une marque que le nombre propofé n'eft pas un quarré, & par conféquent qu'on ne peut pas en affigner la racine. On fe fert dans ces cas du figne radical que nous avons déjà employé plus haut ; on écrit ce figne devant la formule, & on met la formule elle-même entre deux crochets, ou fous un trait. C'eft ainfi que la racine quarrée de $aa + bb$ s'indique par $\sqrt{(aa + bb)}$, ou par $\sqrt{aa + bb}$; & que $\sqrt{(1 - xx)}$, ou $\sqrt{1 - xx}$, exprime la racine quarrée de $1 - xx$. On peut auffi, au lieu de ce figne radical, faire ufage de l'expofant rompu $\frac{1}{2}$, & indiquer, par exemple, la racine quarrée de $aa + bb$ par $(aa + bb)^{\frac{1}{2}}$, ou par $\overline{aa + bb}^{\frac{1}{2}}$.

CHAPITRE VIII.

Du Calcul des Quantités irrationnelles.

326.

LORSQU'IL s'agit d'ajouter enfemble deux ou plufieurs formules irrationnelles, cela fe fait, fuivant la maniere prefcrite plus haut, en écrivant de fuite tous les termes chacun avec le figne qui lui eft propre. Et ce qu'il faut remarquer quant aux façons d'abréger, c'eft que, par exemple, au lieu de $\sqrt{a} + \sqrt{a}$ on écrit $2\sqrt{a}$, & que $\sqrt{a} - \sqrt{a}$ fait o, ces deux termes fe détruifant l'un l'autre. C'eft ainfi que les formules $3 + \sqrt{2}$ & $1 + \sqrt{2}$ ajoutées enfemble, font $4 + 2\sqrt{2}$ ou $4 + \sqrt{8}$; que la fomme de $5 + \sqrt{3}$ & de $4 - \sqrt{3}$, eft 9; & que celle de $2\sqrt{3} + 3\sqrt{2}$, & de $\sqrt{3} - \sqrt{2}$, eft $3\sqrt{3} + 2\sqrt{2}$.

327.

La souftraction se fait de même très-facilement, vu qu'on n'a befoin que d'ajouter enfemble les nombres propofés, en prenant le contraire des fignes qui les affectent : l'exemple fuivant le fera voir ; nous fouftrairons le nombre inférieur du fupérieur.

$$4 - \sqrt{2} + 2\sqrt{3} - 3\sqrt{5} + 4\sqrt{6}$$
$$1 + 2\sqrt{2} - 2\sqrt{3} - 5\sqrt{5} + 6\sqrt{6}$$
$$\overline{3 - 3\sqrt{2} + 4\sqrt{3} + 2\sqrt{5} - 2\sqrt{6}.}$$

328.

On fe rappellera dans la multiplication que $\sqrt{a}$ multiplié par $\sqrt{a}$ fait a ; & que fi les nombres qui fuivent le figne $\sqrt{}$ font différens, comme a & b, on a $\sqrt{ab}$ pour le produit de $\sqrt{a}$ multiplié par $\sqrt{b}$. Il fera facile après cela de calculer les exemples qui fuivent :

$$1 + \sqrt{2}$$
$$1 + \sqrt{2}$$
$$\overline{1 + \sqrt{2}}$$
$$+ \sqrt{2} + 2$$
$$\overline{1 + 2\sqrt{2} + 2} = 3 + 2\sqrt{2}.$$

$$4 + 2\sqrt{2}$$
$$2 - \sqrt{2}$$
$$\overline{8 + 4\sqrt{2}}$$
$$-4\sqrt{2} - 4$$
$$\overline{8 - 4} = 4.$$

329.

Ce que nous avons dit regarde auffi les quantités imaginaires. On obfervera feulement encore que $\sqrt{-a}$ multiplié par $\sqrt{-a}$ fait $-a$.

S'il s'agiffoit de trouver le cube de $-1 + \sqrt{-3}$, on prendroit le quarré de ce nombre, & on multiplieroit ce quarré encore par le même nombre ; voici l'opération :

$$-1 + \sqrt{-3}$$
$$-1 + \sqrt{-3}$$
$$\overline{+1 - \sqrt{-3}}$$
$$- \sqrt{-3} - 3$$
$$\overline{+1 - 2\sqrt{-3} - 3} = -2 - 2\sqrt{-3}$$
$$-1 + \sqrt{-3}$$
$$\overline{+2 + 2\sqrt{-3}}$$
$$-2\sqrt{-3} + 6$$
$$\overline{2 + 6} = 8.$$

330.

Dans la divifion des quantités fourdes on n'a befoin que de mettre les quantités propofées en forme de fraction ; celle-ci peut enfuite fe changer en une autre ex-preffion dont le dénominateur foit rationnel. Car fi ce dénominateur eft , par exemple, $a + \sqrt{b}$, & qu'on le multiplie de même que le numérateur par $a - \sqrt{b}$, le nouveau dénominateur fera $aa - b$, où il ne fe trouve plus de figne radical. Suppofons qu'on propofe de divifer $3 + 2\sqrt{2}$ par $1 + \sqrt{2}$, nous aurons d'abord $\frac{3 + 2\sqrt{2}}{1 + \sqrt{2}}$. Multipliant maintenant les deux termes de la fraction par $1 - \sqrt{2}$, nous aurons pour le numérateur :

$$
\begin{array}{r}
3 + 2\sqrt{2} \\
1 - \sqrt{2} \\
\hline
3 + 2\sqrt{2} \\
-3\sqrt{2} - 4 \\
\hline
3 - \sqrt{2} - 4 = -\sqrt{2} - 1 \, ;
\end{array}
$$

& pour le dénominateur :

$$\begin{array}{r} 1+\sqrt{2} \\ 1-\sqrt{2} \\ \hline 1+\sqrt{2} \\ -\sqrt{2}-2 \\ \hline 1-2 = -1. \end{array}$$

Notre nouvelle fraction est donc $\frac{-\sqrt{2}-1}{-1}$; & si nous multiplions encore les deux termes par -1, nous aurons pour le numérateur $+\sqrt{2}+1$, & pour le dénominateur $+1$. Or il est facile de se convaincre que $\sqrt{2}+1$ équivaut à la fraction proposée $\frac{3+2\sqrt{2}}{1+\sqrt{2}}$; car $\sqrt{2}+1$ étant multiplié par le diviseur $1+\sqrt{2}$

$$\begin{array}{r} 1+\sqrt{2} \\ 1+\sqrt{2} \\ \hline 1+\sqrt{2} \\ +\sqrt{2}+2 \\ \hline \end{array}$$

on a $1+2\sqrt{2}+2 = 3+2\sqrt{2}.$

Autre exemple : $8 - 5\sqrt{2}$ divifé par $3 - 2\sqrt{2}$ fait $\frac{8-5\sqrt{2}}{3-2\sqrt{2}}$. Multipliant ces deux termes de la fraction par $3 + 2\sqrt{2}$, on a pour le numérateur

$$8 - 5\sqrt{2}$$
$$3 + 2\sqrt{2}$$
$$\overline{}$$
$$24 - 15\sqrt{2}$$
$$+ 16\sqrt{2} - 20$$
$$\overline{}$$
$$24 + \sqrt{2} - 20 = 4 + \sqrt{2};$$

& pour le dénominateur

$$3 - 2\sqrt{2}$$
$$3 + 2\sqrt{2}$$
$$\overline{}$$
$$9 - 6\sqrt{2}$$
$$+ 6\sqrt{2} - 4.2$$
$$\overline{}$$
$$9 - 8 = +1.$$

Par conféquent le quotient feroit $4 + \sqrt{2}$.
En voici la preuve :

$$4 + \sqrt{2}$$
$$3 - 2\sqrt{2}$$

$$12 + 3\sqrt{2}$$
$$-8\sqrt{2} - 4$$

$$12 - 5\sqrt{2} - 4 = 8 - 5\sqrt{2}.$$

331.

C'eſt de la même maniere qu'on peut transformer de ces fractions en d'autres, dont le dénominateur ſoit rationnel. Si l'on a, par exemple, la fraction $\frac{1}{5 - 2\sqrt{6}}$, & que l'on en multiplie le numérateur & le dénominateur par $5 - 2\sqrt{6}$, on la transformera en celle-ci, $\frac{5 - 2\sqrt{6}}{1} = 5 - 2\sqrt{6}$.

De même la fraction $\frac{2}{-1 + \sqrt{-3}}$ prend cette forme, $\frac{2 + 2\sqrt{-3}}{-4} = \frac{1 + \sqrt{-3}}{-2}$. Et $\frac{\sqrt{6} + \sqrt{5}}{\sqrt{6} - \sqrt{5}}$ devient $= \frac{11 + 2\sqrt{30}}{1} = 11 + 2\sqrt{30}$.

332.

On pourra de la même maniere faire diſparoître peu à peu les radicaux du dénominateur, quand il contient plufieurs termes. Soit propofée la fraction $\frac{1}{\sqrt{10}-\sqrt{2}-\sqrt{3}}$, on multipliera d'abord ces deux termes par $\sqrt{10}+\sqrt{2}+\sqrt{3}$; on aura $\frac{+\sqrt{10}+\sqrt{2}+\sqrt{3}}{5-2\sqrt{6}}$. Multipliant enfuite encore ce numérateur & ce dénominateur par $5+2\sqrt{6}$, on a $5\sqrt{10}+11\sqrt{2}+9\sqrt{3}+2\sqrt{60}$.

CHAPITRE IX.

Des Cubes & de l'extraction des Racines cubiques.

333.

POUR trouver le cube d'une racine $a+b$, on ne fait que multiplier fon quarré $aa+2ab+bb$ encore une fois par $a+b$,

$$aa+2ab+bb$$
$$a+b$$
$$\overline{a^3+2aab+abb}$$
$$+\ aab+2abb+b^3$$

le cube fera $=a^3+3aab+3abb+b^3$.

Il renferme donc les cubes des deux parties de la racine, & outre cela encore $3aab+3abb$, quantité qui équivaut à $(3ab).(a+b)$, c'eft-à-dire, au triple du produit des deux parties a & b, multiplié par leur fomme.

334.

Ainfi toutes les fois qu'une racine eft compofée de deux termes, il eft facile d'en trouver le cube d'après cette regle. Par exemple, le nombre $5=3+2$; fon cube eft donc $27+8+18.5=125$.

Que $7+3=10$ foit la racine; le cube fera $343+27+63.10=1000$.

Pour trouver le cube de 36, on fuppofera la racine $36=30+6$, & on aura pour le cube cherché, $27000+216+540.36=46656$.

335.

Mais fi c'eft au contraire le cube qui eft donné, favoir $a^3+3aab+3abb+b^3$, & qu'il s'agiffe d'en trouver la racine, on fera préalablement les remarques qui fuivent.

D'abord si le cube est ordonné suivant les puissances d'une lettre, on reconnoît facilement par le premier terme a^3, le premier terme a de la racine, puisque le cube en est a^3 ; si l'on soustrait donc ce cube du cube proposé, on obtient le reste, $3aab$ $+3abb+b^3$, lequel doit fournir le second terme de la racine.

336.

Mais comme nous savons d'avance que ce second terme est $+b$, il s'agit principalement de voir comment il se déduit du reste susdit. Or ce reste peut être exprimé par deux facteurs, comme $(3aa+3ab$ $+bb).(b)$; si on le divise donc par $3aa$ $+3ab+bb$, c'est le moyen d'obtenir la seconde partie de la racine $+b$, qu'on demande.

337.

Mais comme ce second terme ne doit pas être supposé connu, le diviseur est inconnu pareillement ; cependant nous avons le premier terme. de ce diviseur, & cela suffit ; car il est $3aa$, c'est-à-dire, le triple du quarré du premier terme déjà trouvé, & moyennant cela il n'est pas difficile de trouver aussi l'autre partie b, & de compléter ensuite le diviseur avant qu'on acheve la division. Il faudra pour cet effet joindre à $3aa$ le triple du produit des deux termes ou $3ab$, & bb ou le quarré du second terme de la racine.

338.

Appliquons ce que nous venons de dire à deux exemples pour d'autres cubes donnés.

I.) $\qquad a^3 + 12aa + 48a + 64 \ (a+4$

$\qquad\qquad a^3$

$3aa + 12a + 16 \mid + 12aa + 48a + 64$

$\qquad\qquad\qquad \mid + 12aa + 48a + 64$

$\qquad\qquad\qquad\qquad 0.$

$$(aa - 2a + 1)$$

II.)
$$a^6 \quad -6a^5 \quad +15a^4 -20a^3 +15a^2 -6a+1$$
$$a^6$$

$$3a^4 - 6a^3 + 4aa \;\big|\; -6a^5 \quad +15a^4 -20a^3$$
$$-6a^5 \quad +12a^4 - 8a^3$$

$$3a^4 -12a^3 +12aa+3a^2 -6a+1 \;\big|\; + 3a^4 -12a^3 +15aa-6a+1$$
$$+ 3a^4 -12a^3 +15aa-6a+1$$

$$0.$$

339.

L'explication que nous avons donnée fait le fondement de la regle ordinaire pour l'extraction des racines cubiques des nombres. Voici, par exemple, le plan de l'opération pour le nombre 2197:

$$2'197 \ (10 + 3 = 13$$

$$1\ 000$$

300	1 197
90	
9	
399	1 197

0.

Faisons encore le calcul de l'extraction de la racine cubique de 34965783:

$$34\ 965\ 783 \ (300 + 20 + 7$$

$$27\ 000\ 000$$

270000	7 965 783
18000	
400	
288400	5 768 000
307200	2 197 783
6720	
49	
313969	2 197 783

0.

CHAPITRE X.

Des Puissances plus hautes des Quantités complexes.

340.

APRÈS les quarrés & les cubes viennent des puissances plus hautes, ou d'un plus grand nombre de degrés. On les indique par des exposans de la maniere que nous avons expliquée plus haut ; il faut seulement observer, quand la racine est complexe, de l'enfermer entre deux parenthefes. Ainsi $(a+b)^5$ fignifie que $a+b$ est élevé au cinquieme degré, & $(a-b)^6$ indique la fixieme puiffance de $a-b$. Nous ferons voir dans ce chapitre le développement de ces puiffances.

341.

Soit donc $a+b$ la racine ou la premiere puiffance, les puiffances plus hautes fe trouveront par la multiplication de la maniere qui fuit :

$$(a+b)^{1} = a+b$$

$$\underline{a+b}$$

$$aa+ab$$

$$\underline{\qquad +ab \quad +bb.}$$

$$(a+b)^{2} = aa+2ab+bb$$

$$a+b$$

$$\overline{a^{3}+2aab+\ abb}$$

$$\underline{\qquad +\ aab+2abb\ +b^{3}.}$$

$$(a+b)^{3} = a^{3}+3aab+3abb\ +b^{3}$$

$$a+b$$

$$\overline{a^{4}+3a^{3}b+3aabb+\ ab^{3}}$$

$$\underline{\qquad +\ a^{3}b+3aabb+3ab^{3}\ +\ b^{4}.}$$

$$(a+b)^{4} = a^{4}+4a^{3}b+6aabb+4ab^{3}\ +\ b^{4}$$

$$a+b$$

$$\overline{a^{5}+4a^{4}b+6a^{3}bb+4aab^{3}+\ ab^{4}}$$

$$+\ a^{4}b+4a^{3}bb+6aab^{3}+4ab^{4}$$

$$\underline{\qquad\qquad\qquad\qquad\qquad +\ b^{5}.}$$

$$(a+b)^5 = a^5 + 5\,a^4 b + 10\,a^3 bb + 10\,aab^3$$
$$+ 5ab^4 + b^5$$

$$a+b$$

$$a^6 + 5\,a^5 b + 10\,a^4 bb + 10\,a^3 b^3$$
$$+5\,aab^4 + ab^5$$
$$+ a^5 b + 5\,a^4 bb + 10\,a^3 b^3$$
$$+10\,a^2 b^4 + 5\,ab^5 + b^6.$$

$$(a+b)^6 = a^6 + 6\,a^5 b + 15\,a^4 bb + 20\,a^3 b^3$$
$$+15\,aab^4 + 6ab^5 + b^6, \&c.$$

342.

On trouve de même les puiffances de la racine $a-b$, & on va voir qu'elles ne different des précédentes, qu'en ce que les termes 2e, 4e, 6e, &c. font affectés du figne *moins* :

$$(a-b)^1 = a-b$$
$$a-b$$

$$aa-ab$$
$$-ab+bb.$$

$$(a-b)^2 = aa - 2ab + bb$$
$$a - b$$

$$\overline{a^3 - 2aab + abb}$$
$$- \ aab + 2abb - b^3.$$

$$(a-b)^3 = \overline{a^3 - 3aab + 3abb - b^3}$$
$$a - b$$

$$\overline{a^4 - 3a^3b + 3aabb - ab^3}$$
$$- \ a^3b + 3aabb - 3ab^3 + b^4.$$

$$(a-b)^4 = \overline{a^4 - 4a^3b + 6aabb - 4ab^3 + b^4}$$
$$a - b$$

$$\overline{a^5 - 4a^4b + 6a^3bb - 4aab^3}$$
$$+ \ ab^4$$
$$- \ a^4b + 4a^3bb - 6aab^3$$
$$+ 4ab^4 - b^5.$$

$$(a-b)^5 = \overline{a^5 - 5a^4b + 10a^3bb - 10aab^3}$$
$$+ \ 5ab^4 - b^5$$
$$a - b$$

$$\overline{a^6 - 5a^5b + 10a^4bb - 10a^3b^3}$$
$$+ \ 5aab^4 - ab^5$$
$$- \ a^5b + 5a^4bb - 10a^3b^3$$
$$+ 10aab^4 - 5ab^5 + b^6.$$

$$(a-b)^6 = a^6 - 6a^5 b + 15 a^4 bb - 20 a^3 b^3$$
$$+ 15 aab^4 - 6ab^5 + b^6, \&c.$$

On voit ici que toutes les puissances impaires de b reçoivent le signe $-$, tandis que les puissances paires gardent le signe $+$. La raison en est évidente ; car puisque dans la racine se trouve $-b$, les puissances de cette lettre monteront de cette maniere :
$-b, +bb, -b^3, +b^4, -b^5, +b^6, \&c.$
& il est clair par là que les puissances paires doivent être affectées du signe $+$, & les impaires du signe contraire $-$.

343.

Il se présente ici une question importante, c'est comment, sans continuer le calcul de la même maniere dans toutes les formes, on pourroit trouver toutes les puissances tant de $a+b$, que de $a-b^2$. Nous remarquerons avant toutes choses, que si on est en état d'assigner toutes les puissances de $a+b$, celles de $a-b$ sont toutes trouvées, puisqu'on n'a qu'à changer les signes des termes pairs, c'eſt-à-dire du ſecond, du quatrieme, du ſixieme terme, &c. Le principal revient donc à établir une regle, d'après laquelle toute puiſſance de $a + b$, quelque haute qu'elle ſoit, puiſſe être déterminée ſans qu'il ſoit néceſſaire de faire le calcul pour toutes celles qui la précedent.

344.

Or obſervons que ſi dans les puiſſances, déterminées ci-deſſus on fait abſtraction des nombres qui précedent chaque terme, & qu'on nomme les *coefficiens*, il regne dans tous ces termes un ordre remarquable ; d'abord on voit le premier terme a de la racine élevé à la puiſſance même qu'on demande ; dans les termes ſuivans les puiſſances de a diminuent continuellement de l'unité, les puiſſances de b augmentent d'autant ; de ſorte que la ſomme des expoſans de a & de b eſt toujours la même & égale au nombre du degré demandé, & à la fin ſe trouve le terme b ſeul élevé à

la

la même puissance. Si l'on demande donc la dixieme puissance de $a+b$, on est sûr que les termes dégagés des coefficiens se suivront dans l'ordre que voici : a^{10}, $a^9 b$, $a^8 bb$, $a^7 b^3$, $a^6 b^4$, $a^5 b^5$, $a^4 b^6$, $a^3 b^7$, $a^2 b^8$, ab^9, b^{10}.

345.

Il reste donc à faire voir comment on doit déterminer les coefficiens qui appartiennent à ces termes, ou les nombres par lesquels il faut multiplier ces termes. Or quant au premier terme, son coefficient est toujours l'unité ; & quant au second, son coefficient est constamment l'exposant même de la puissance ; mais pour ce qui regarde les autres termes, il n'est pas si facile d'observer un ordre dans leurs coefficiens. Cependant si l'on continue encore ces coefficiens, on ne laissera pas d'appercevoir aussi une loi, moyennant laquelle on pourra aller aussi loin qu'on voudra. C'est ce que la table suivante fera voir.

I. puiff. coefficiens 1,1

II. —————— 1,2,1

III. ————— 1,3,3,1

IV. ———— 1,4,6,4,1

V. ——— 1,5,10,10,5,1

VI. —— 1,6,15,20,15,6,1

VII. — 1,7,21,35,35,21,7,1

VIII. — 1,8,28,56,70,56,28,8,1

IX. 1,9,36,84,126,126,84,36,9,1

X. 1,10,45,120,210,252,210,120,45,10,1

&c.

On voit donc que la dixieme puiffance de $a+b$ fera :

$$a^{10}+10a^9b+45a^8bb+120a^7b^3+210a^6b^4$$
$$+252a^5b^5+210a^4b^6+120a^3b^7+45a^2b^8$$
$$+10ab^9+b^{10}.$$

346.

Il faut remarquer à l'égard de ces coefficiens, que pour chaque puiffance leur fomme doit être égale au nombre 2 élevé à la même puiffance. Qu'on faffe $a=1$ & $b=1$, chaque terme, abftraction faite du coefficient, fera $=1$; par conféquent ce fera fimplement la fomme des coefficiens qui indiquera la valeur de la puiffance ; cette fomme dans l'exemple précédent eft 1024, & en effet $(1+1)^{10}$ $=2^{10}=1024.$

Il en eft de même des autres puiffances ; on a pour la

I.^{e} $1+1=2=2^1$,

IIe $1+2+1=4=2^2$,

IIIe $1+3+3+1=8=2^3$,

IVe $1+4+6+4+1=16=2^4$,

V.^{e} $1+5+10+10+5+1=32=2^5$,

VIe $1+6+15+20+15+6+1=64$ $=2^6$,

VIIe $1+7+21+35+35+21+7+1$ $=128=2^7$, &c.

347.

Une autre remarque à faire au fujet de ces coefficiens, c'eft qu'ils croiffent depuis le commencement jufqu'au milieu, & qu'enfuite ils décroiffent dans le même ordre.

Dans les puiſſances paires le plus grand coefficient eſt exactement au milieu ; mais dans les puiſſances impaires , on voit deux coefficiens égaux & plus grands que les autres qui ſe trouvent au milieu , & qui appartiennent aux termes moyens.

Quant à l'ordre de ces coefficiens , il mérite une attention particuliere ; car c'eſt dans cet ordre même qu'on trouve les moyens de les déterminer pour une puiſ-fance quelconque , ſans paſſer par les pré-cédentes. Nous allons en donner la mé-thode , en en réſervant cependant la dé-monſtration pour le chapitre ſuivant.

348.

Pour trouver les coefficiens d'une puiſ-fance propoſée , par exemple , la ſeptieme, on écrira les fractions qui ſuivent l'une après l'autre :

$$\frac{7}{1}, \frac{6}{2}, \frac{5}{3}, \frac{4}{4}, \frac{3}{5}, \frac{2}{6}, \frac{1}{7}.$$

On voit dans cet arrangement que les numérateurs commencent par l'expoſant de

la puiſſance qu'on demande, & qu'ils diminuent fucceſſivement de l'unité pendant
que les dénominateurs ſe ſuivent dans l'ordre naturel des nombres, 1, 2, 3, 4, &c.
Or le premier coefficient étant toujours 1,
la premiere fraction donne le ſecond coefficient. Le produit des deux premieres fractions, multipliées l'une par l'autre, repréſente le troiſieme coefficient. Le produit
des trois premieres fractions repréſente le
quatrieme coefficient, & ainſi de ſuite.

Ainſi le premier coefficient $= 1$; le ſe-
cond $= \frac{7}{1} = 7$; le troiſieme $= \frac{7}{1} \cdot \frac{6}{2} = 21$;
le quatrieme $= \frac{7}{1} \cdot \frac{6}{2} \cdot \frac{5}{3} = 35$; le cinquieme
$= \frac{7}{1} \cdot \frac{6}{2} \cdot \frac{5}{3} \cdot \frac{4}{4} = 35$; le ſixieme $= \frac{7}{1} \cdot \frac{6}{2} \cdot \frac{5}{3} \cdot \frac{4}{4} \cdot \frac{3}{5}$
$= 21$; le ſeptieme $= 21 \cdot \frac{2}{6} = 7$; le huitie-
me $= 7 \cdot \frac{1}{7} = 1$.

349.

On a donc pour la ſeconde puiſſance
les deux fractions $\frac{2}{1} \cdot \frac{1}{2}$, d'où il s'enſuit que
le premier coefficient $= 1$; le ſecond $= \frac{2}{1}$
$= 2$; & le troiſieme $= 2 \cdot \frac{1}{2} = 1$.

La troifieme puiffance fournit les frac-
tions $\frac{3}{1} \cdot \frac{2}{2} \cdot \frac{1}{3}$; donc le premier coefficient
$= 1$; le fecond $= \frac{3}{1} = 3$; le troifieme $= 3$
$\cdot \frac{2}{2} = 3$; le quatrieme $= \frac{3}{1} \cdot \frac{2}{2} \cdot \frac{1}{3} = 1$.

On a pour la quatrieme puiffance ces
fractions-ci, $\frac{4}{1} \cdot \frac{3}{2} \cdot \frac{2}{3} \cdot \frac{1}{4}$; par conféquent le
premier coefficient $= 1$; le fecond $\frac{4}{1} = 4$;
le troifieme $\frac{4}{1} \cdot \frac{3}{2} = 6$; le quatrieme $\frac{4}{1} \cdot \frac{3}{2} \cdot \frac{2}{3} = 4$,
& le cinquieme $\frac{4}{1} \cdot \frac{3}{2} \cdot \frac{2}{3} \cdot \frac{1}{4} = 1$.

350.

Cette regle nous procure donc évidemment l'avantage de n'avoir pas befoin de
connoître les coefficiens précédens, & de
trouver au contraire fur le champ, pour
une puiffance quelconque, les coefficiens
qui lui font propres.

Ainfi pour la dixieme puiffance on écrira
les fractions $\frac{10}{1}$, $\frac{9}{2}$, $\frac{8}{3}$, $\frac{7}{4}$, $\frac{6}{5}$, $\frac{5}{6}$, $\frac{4}{7}$, $\frac{3}{8}$, $\frac{2}{9}$,
$\frac{1}{10}$, moyennant quoi l'on trouve

le premier coefficient $= 1$,

le fecond $= \frac{10}{1} = 10$,

le troifieme $= 10 . \frac{2}{2} = 45$,

le quatrieme $= 45 . \frac{8}{3} = 120$,

le cinquieme $= 120 . \frac{7}{4} = 210$,

le fixieme $= 210 . \frac{6}{5} = 252$,

le feptieme $= 252 . \frac{5}{6} = 210$,

le huitieme $= 210 . \frac{4}{7} = 120$,

le neuvieme $= 120 . \frac{3}{8} = 45$,

le dixieme $= 45 . \frac{2}{9} = 10$,

le onzieme $= 10 . \frac{1}{10} = 1$.

351.

On peut auffi écrire ces fractions telles qu'elles font, fans en calculer la valeur, & il eft facile de cette maniere d'écrire une puiffance quelconque de $a + b$, quelque haute qu'elle foit. C'eft ainfi que la centieme puiffance de $a + b$ fera $(a + b)^{100}$
$$= a^{100} + \frac{100}{1} . a^{99} b + \frac{100.99}{1.2} . a^{98} bb + \frac{100.99.98}{1.2.3} a^{97} b^3$$
$$+ \frac{100.99.98.97}{1.2.3.4} a^{96} b^4 + , \&c.$$ d'où il eft aifé de conclure quelle fera la loi des termes fuivans.

CHAPITRE XI.

De la permutation des Lettres, sur laquelle se fonde la démonstration de la Regle précédente.

352.

SI on remonte à l'origine des coefficiens dont nous venons de nous occuper, on trouvera que chaque terme se présente autant de fois qu'il est possible de transposer les lettres qui composent ce terme ; ou bien, pour nous exprimer d'une autre maniere, que le coefficient de chaque terme est égal au nombre des permutations que souffrent les lettres dont ce terme est composé. Dans la seconde puissance, par exemple, le terme ab est pris deux fois, c'est-à-dire que son coefficient est 2 ; & on peut en effet changer doublement l'ordre des lettres qui composent ce terme, puisqu'on peut écrire ab & ba ; le terme aa au contraire ne se préfente qu'une fois, parce que l'ordre des lettres ne peut fubir aucun changement ou permutation. Dans la troifieme puiffance de $a+b$, le terme aab peut s'écrire de trois manieres différentes, aab, aba, baa; auffi le coefficient eft-il 3. De même dans la quatrieme puiffance le terme a^3b ou $aaab$, admet les quatre difpofitions différentes, $aaab$, $aaba$, $abaa$, $baaa$; c'eft pourquoi fon coefficient eft 4. Le terme $aabb$ fouffre fix permutations, $aabb$, $abba$, $baba$, $abab$, $bbaa$, $baab$, & fon coefficient eft 6. Il en eft de même dans tous les cas.

353.

En effet fi l'on confidere que la quatrieme puiffance, par exemple, d'une racine quelconque compofée même de plus de deux termes, comme $(a+b+c+d)^4$, fe trouve en multipliant ces quatre facteurs, I. $a+b+c+d$; II. $a+b+c+d$; III. $a+b+c+d$; IV. $a+b+c+d$; on peut voir aifément que chaque lettre du premier facteur doit fe multiplier par chaque lettre du fecond, enfuite par chaque lettre du troifieme, & enfin encore par chaque lettre du qua-trieme.

Il faut donc non-feulement que chaque terme foit compofé de quatre lettres, mais auffi qu'il fe préfente ou qu'il entre dans la fomme autant de fois que ces lettres peuvent être difpofées différemment entr'elles, d'où provient enfuite fon coefficient.

354.

Il importe donc beaucoup ici de favoir de combien de manieres différentes un nombre donné de lettres peuvent être dif-pofées entr'elles. Et il faudra dans cette re-cherche faire attention fur-tout fi les lettres dont il s'agit font les mêmes ou diverfes. Quand elles font les mêmes, il ne peut y avoir de permutation, & c'eft auffi pour-quoi les puiffances fimples, comme a^2, a^3, a^4, &c. ont toutes l'unité pour coefficient.

355.

Nous fuppoferons d'abord toutes les lettres diverfes ; & en commençant par le cas le plus fimple , de deux lettres ou *a b* , nous voyons que ce font évidemment deux tranfpofitions qui peuvent avoir lieu , favoir *ab , ba.*

Si nous avons trois lettres , *abc* , à confidérer , nous remarquons que chacune des trois pourroit prendre la premiere place, tandis que les deux autres admettroient deux permutations. Car fi *a* eft la premiere lettre , on a les deux difpofitions *abc , acb ;* fi *b* eft à la premiere place , on a les difpofitions *bac , bca ;* enfin fi *c* occupe la premiere place , on a de même deux difpofitions , favoir *cab , cba.* Et par conféquent le nombre total des difpofitions eft 3.2=6.

Si on a quatre lettres , *abcd* , chacune peut occuper la premiere place ; & dans chacun de ces cas les trois autres peuvent former fix difpofitions différentes , comme nous venons de voir. Le nombre total des permutations eſt donc $4.6 = 24 = 4.3.2.1$.

Si on a cinq lettres, *abcde*, chacune des cinq pouvant également ſe trouver la premiere, & les quatre autres ſouffrir vingt. quatre permutations, il s'enſuit que le nombre total des permutations ſera $5.24 = 120 = 5.4.3.2.1$.

356.

Quelque grand par conſéquent que ſoit le nombre des lettres, on voit aſſez que, pourvu qu'elles ſoient toutes différentes, il eſt facile de déterminer le nombre de toutes les permutations, & qu'on pourra faire uſage de la table ſuivante:

Nombre des Lettres:		*Nombre des Permutations:*
I. ——————————	1	$= 1.$
II. ————————	2.1	$= 2.$
III. ——————	$3.2.1$	$= 6.$
IV. ————	$4.3.2.1$	$= 24.$
V. ———	$5.4.3.2.1$	$= 120.$
VI. ——	$6.5.4.3.2.1$	$= 720.$
VII. —	$7.6.5.4.3.2.1$	$= 5040.$
VIII. —	$8.7.6.5.4.3.2.1$	$= 40320.$
IX.	$9.8.7.6.5.4.3.2.1$	$= 362880.$
X.	$10.9.8.7.6.5.4.3.2.1$	$= 3628800.$

357.

Mais comme nous l'avons infinué, les nombres de cette table ne peuvent s'employer que dans les cas où toutes les lettres font différentes ; car fi deux ou plufieurs d'entre elles font femblables, le nombre des permutations devient beaucoup moindre ; & fi toutes les lettres font les mêmes, on n'a qu'une feule difpofition. Nous allons donc voir comment les nombres de la table doivent être diminués fuivant le nombre des lettres femblables.

358.

Quand deux lettres font données, & que ces lettres font les mêmes, les deux difpofitions fe réduifent à une feule, & par conféquent le nombre que nous avions trouvé ci-deſſus fe réduit à la moitié, c'eſt-à-dire qu'il faut le divifer par 2. Si on a trois lettres femblables, on voit fix permutations fe réduire à une feule ; d'où il fuit que les nombres de la table doivent être divifés par 6=3.2.1. Et par une raifon femblable, fi quatre lettres font les mêmes, il faudra divifer les nombres trouvés par 24 ou par 4.3.2.1 &c.

Il eſt donc facile maintenant de déterminer, par exemple, de combien de permutations les lettres *aacbbc* font fufceptibles. Elles font au nombre de fix, & par conféquent fi elles étoient toutes différentes, elles admettroient 6.5.4.3.2.1 permutations. Mais puifque *a* fe trouve trois fois dans ces lettres, il faudra divifer ce nombre de permutations par 3.2.1 ; & puifque *b* fe rencontre deux fois, il faudra encore divifer par 2.1 ; le nombre des permutations cherché fera donc $= \frac{6.5.4.3,2.1}{3.2.1.2.1} = 5.4.3 = 60.$

359.

· Il nous fera donc facile à préfent de déterminer les coefficiens de tous les termes d'une puiffance quelconque. Nous en donnerons un exemple fur la feptieme puiffance $(a+b)^7$.

Le premier terme eft a^7, qui ne fe rencontre qu'une fois ; & comme tous les autres termes ont chacun fept lettres, il s'enfuit que le nombre de toutes les permutations pour chaque terme feroit 7.6.5.4.3.2.1 , fi toutes les lettres étoient diffemblables. Mais puifque dans le fecond terme $a^6 b$ on trouve fix lettres femblables, il faudra divifer ce produit-là par 6.5.4.3.2.1, d'où il fuit que le coefficient eft $= \frac{7.6.5.4.3.2.1}{6.5.4.3.2.1} = \frac{7}{1}.$

Dans le troifieme terme $a^5 bb$, on trouve cinq fois la même lettre a, & deux fois la

même lettre b ; il faut donc divifer ce nombre d'abord par 5.4.3.2.1 , & enfuite encore par 2.1 ; d'où réfulte le coefficient
$$\frac{7.6.5.4.3.2.1}{5.4.3.2.1.1.2} = \frac{7.6}{1.2}.$$

Le quatrieme terme a^4b^3 contient quatre
fois la lettre a , & trois fois la lettre b ; par
conféquent le nombre total des permutations de fept lettres , doit être divifé en
premier lieu par 4.3.2.1 , & en fecond lieu
par 3.2.1 , ou par 1.2.3 , & le fecond coef-
ficient devient $= \frac{7.6.5.4.3.2.1}{4.3.2.1.1.2.3} = \frac{7.6.5}{1.2.3}.$

On trouvera de la même maniere $\frac{7.6.5.4}{1.2.3.4}$
pour le coefficient du cinquieme terme , &
ainfi des autres ; au moyen de quoi la regle
donnée plus haut fe trouve démontrée (*).

(*) Souvent auffi on tire de la théorie des *Combinai-*
fons les regles qu'on vient de voir pour la détermination
des coefficiens des termes de la puiffance d'un binome ;
c'eft peut-être avec quelque avantage , parce que tout fe
rapporte alors à une feule formule.

Pour indiquer d'abord en paffant la différence qui eft
entre les permutations & les combinaifons , remarquons
que dans celles-là on demande de combien de manieres
différentes , par exemple , les lettres qui compofent une

360.

Ces considérations nous conduisent encore plus loin, & nous montrent aussi comment on doit trouver toutes les puissances

certaine formule peuvent changer de place, au lieu que dans les combinaisons on demande combien de fois ces lettres peuvent être prises ou multipliées ensemble une à une, deux à deux, trois à trois.

Qu'on ait, par exemple, la formule abc, on a vu que les lettres qui la composent souffrent six permutations, favoir abc, acb, bac, bca, cab, cba. Mais s'il s'agit des combinaisons, je dis que si on prend ces trois lettres une à une, on a trois combinaisons, favoir a, b & c. Que si on les prend deux à deux, on a les trois combinaisons ab, ac & bc. Enfin, que si on prend ces trois lettres trois à trois, on a la seule combinaison abc.

Or de même qu'on prouve que 5 chofes différentes admettent $1.2.3.4.-5$ permutations différentes, & que fi de ces 5 chofes il y en a r égales, le nombre des permutations eft $\frac{1.2.3.4.-5}{1.2.3.--r}$; on prouve auffi que 5 chofes peuvent fe prendre r à r, le nombre $\frac{5.-5-1.-5-2.-5-r+1}{1.2.3.--r}$ de fois, ou que de ces 5 chofes on peut en prendre r d'autant de manieres différentes. Cela fait que si on nomme 5 l'expofant de la puiffance à laquelle on veut élever le

Tome I. T

des racines qui font compofées de plus de deux termes (*). Nous en ferons l'application à la troifieme puiffance de $a+b+c$, dont les termes doivent être formés de

binome $a+b$, & r l'expofant de la lettre b dans un terme quelconque, c'eft toujours cette formule $\frac{s.s-1.s-2\cdots s-r+1}{1.2.3\cdots r}$ qui exprime le coefficient de ce terme. Ainfi dans l'exemple de cet article 359 ou $s=7$, on a pour le troifieme terme a^5bb, l'expofant $r=2$, & par conféquent le coefficient $=\frac{7.6}{1.2}$.

Pour le quatrieme terme on a $r=3$ & le coefficient $=\frac{7.6.5}{1.2.3}$, & ainfi de fuite. Ce font, comme on voit, les mêmes réfultats que par les permutations.

On a des traités complets & étendus fur la théorie des combinaifons, qu'on doit à Meffieurs *Frenicle*, de *Montmort*, *Jacques Bernoulli*, &c. Ces deux derniers ont approfondi cette théorie, relativement à fon grand ufage, dans le calcul des probabilités, calcul qui mériteroit bien qu'on en eût un traité élémentaire en françois, nonfeulement à caufe des nombreufes applications qu'on en fait aujourd'hui, mais auffi parce qu'il exerce l'efprit plus que tout autre, & de la maniere la plus agréable.

(*) On nomme ces **racines** ou ces quantités compofées de plus de deux termes, des *polynomes*, pour les diftinguer des *binomes* ou des quantités complexes à deux termes.

toutes les combinaisons possibles de trois lettres, & où chaque terme doit avoir pour coefficient, comme ci-deſſus, le nombre de ſes permutations.

La troiſieme puiſſance de $(a+b+c)^3$ fera, ſans paſſer par la multiplication, a^3 $+3aab+3aac+3abb+6abc+3acc+b^3$ $+3bbc+3bcc+c^3$.

Suppoſons $a=1$, $b=1$, $c=1$, le cube de $1+1+1$, ou de 3, fera
$$1+3+3+3+6+3+1+3+3+1=27.$$
Ce réſultat eſt juſte & confirme la regle.

Si l'on avoit ſuppoſé $a=1$, $b=1$ & $c=-1$, on auroit trouvé pour le cube de $1+1-1$, c'eſt-à-dire de 1
$$1+3-3+3-6+3+1-3+3-1=1.$$

CHAPITRE XII.

Du Développement des Puissances irrationnelles par des suites infinies.

361.

COMME nous avons fait voir de quelle maniere on doit trouver une puissance quelconque de la racine $a+b$, quelque grand que soit l'exposant, nous sommes en état d'exprimer généralement la puissance de $a+b$, dont l'exposant seroit indéterminé. Il est évident que si on indique cet exposant par n, on aura par la regle donnée plus haut (art. 348 & suiv.):

$$(a+b)^n = a^n + \frac{n}{1} a^{n-1} b + \frac{n}{1} \cdot \frac{n-1}{2} a^{n-2} b^2 + \frac{n}{1} \cdot \frac{n-1}{2} \cdot \frac{n-2}{3} a^{n-3} b^3 + \frac{n}{1} \cdot \frac{n-1}{2} \cdot \frac{n-2}{3} \cdot \frac{n-3}{4} a^{n-4} b^4 +,$$

&c.

362.

Que si on demandoit la même puissance de la racine $a-b$, on ne feroit que changer les signes du second, quatrieme, sixieme, &c. terme , & on auroit $(a - b)^n = a^n$

$$- \frac{n}{1} a^{n-1} b + \frac{n}{1} \cdot \frac{n-1}{2} a^{n-2} b^2 - \frac{n}{1} \cdot \frac{n-1}{2} \cdot \frac{n-2}{3} a^{n-3} b^3$$

$$+ \frac{n}{1} \cdot \frac{n-1}{2} \cdot \frac{n-2}{3} \cdot \frac{n-3}{4} a^{n-4} b^4 - , \ \&c.$$

363.

Ces formules font d'une utilité infigne; car elles fervent auffi à exprimer toutes les efpeces de radicaux. Nous avons fait voir que toutes les quantités irrationnelles peuvent fe mettre fous la forme de puif-fances dont les expofans font rompus , & que $\sqrt[2]{a} = a^{\frac{1}{2}}$; $\sqrt[3]{a} = a^{\frac{1}{3}}$, & $\sqrt[4]{a} = a^{\frac{1}{4}}$, &c. on aura donc auffi

$$\sqrt[2]{(a+b)} = (a+b)^{\frac{1}{2}}; \ \sqrt[3]{(a+b)} = (a+b)^{\frac{1}{3}}$$

$$\& \ \sqrt[4]{(a+b)} = (a+b)^{\frac{1}{4}}, \ \&c.$$

C'eft pourquoi, fi l'on veut trouver la racine quarrée de $a + b$, on n'a befoin que de fubftituer à l'expofant n la fraction $\frac{1}{2}$ dans la formule générale de l'art. 361 , & on aura d'abord pour les coefficiens,

$\frac{n}{1} = \frac{1}{2}$; $\frac{n-1}{2} = -\frac{1}{4}$; $\frac{n-2}{3} = -\frac{3}{6}$; $\frac{n-3}{4} = -\frac{5}{8}$;

$\frac{n-4}{5} = -\frac{7}{10}$; $\frac{n-5}{6} = -\frac{9}{12}$. Enfuite $a^n = a^{\frac{1}{2}}$

$= \sqrt{a}$ & $a^{n-1} = \frac{1}{\sqrt{a}}$; $a^{n-2} = \frac{1}{a\sqrt{a}}$; $a^{n-3} = \frac{1}{aa\sqrt{a}}$

&c. ou bien on pourra exprimer ces puif-
fances de a de cette autre maniere : $a^n = \sqrt{a}$;

$a^{n-1} = \frac{\sqrt{a}}{a}$; $a^{n-2} = \frac{a^n}{a^2} = \frac{\sqrt{a}}{a^2}$; $a^{n-3} = \frac{a^n}{a^3}$

$= \frac{\sqrt{a}}{a^3}$; $a^{n-4} = \frac{a^n}{a^4} = \frac{\sqrt{a}}{a^4}$, &c.

364.

Cela pofé, la racine quarrée de $a + b$
pourra s'exprimer de la maniere qui fuit :
$\sqrt{(a+b)} =$

$\sqrt{a} + \frac{1}{2} b \frac{\sqrt{a}}{a} - \frac{1}{2} \cdot \frac{1}{4} bb \frac{\sqrt{a}}{aa} + \frac{1}{2} \cdot \frac{1}{4} \cdot \frac{3}{6} b^3 \frac{\sqrt{a}}{a^3}$

$- \frac{1}{2} \cdot \frac{1}{4} \cdot \frac{3}{6} \cdot \frac{5}{8} b^4 \frac{\sqrt{a}}{a^4}$, &c.

365.

Si donc a eft un nombre quarré, on
pourra affigner la valeur de $\sqrt{a}$, & par

conféquent la racine quarrée de $a+b$ pourra être exprimée par une fuite infinie fans aucun figne radical.

Soit, par exemple, $a = cc$, on aura $\sqrt{a} = c$; donc $\sqrt{(cc+b)} = c + \frac{1}{2} \cdot \frac{b}{c} - \frac{1}{8} \frac{bb}{c^3}$

$+ \frac{1}{16} \cdot \frac{b^3}{c^5} - \frac{5}{128} \cdot \frac{b^4}{c^7}$, &c.

On voit par là qu'il n'eft aucun nombre dont on ne puiffe extraire la racine quarrée de la même maniere ; puifque tout nombre peut fe décompofer en deux parties, dont l'une foit un quarré repréfenté par cc. Si on cherche, par exemple, la racine quarrée de 6, on fera $6 = 4 + 2$, par conféquent $cc = 4, c = 2, b = 2$; d'où réfulte $\sqrt{6} = 2 + \frac{1}{2} - \frac{1}{16} + \frac{1}{64} - \frac{5}{1024}$ &c. Si on vouloit ne prendre que les deux premiers termes de cette fuite, on auroit $2\frac{1}{2} = \frac{5}{2}$, dont le quarré $\frac{25}{4}$ eft de $\frac{1}{4}$ plus grand que 6 ; mais fi on confidere trois termes on a $2\frac{7}{16} = \frac{39}{16}$, dont le quarré $\frac{1521}{256}$ eft encore de $\frac{15}{256}$ trop petit.

366.

Puisque dans cet exemple $\frac{5}{2}$ approche beaucoup déjà de la valeur vraie de $\sqrt{6}$, nous prendrons pour 6 la quantité équivalente $\frac{25}{4} - \frac{1}{4}$. Ainsi $cc = \frac{25}{4}$; $c = \frac{5}{2}$; $b = -\frac{1}{4}$; & calculant seulement les deux premiers termes, nous trouvons $\sqrt{6} = \frac{5}{2} + \frac{1}{2} \cdot \dfrac{-\frac{1}{4}}{\frac{5}{2}}$

$= \frac{5}{2} - \frac{1}{2} \cdot \dfrac{\frac{1}{4}}{\frac{5}{2}} = \frac{5}{2} - \frac{1}{20} = \frac{49}{20}$; le quarré de cette fraction étant $\frac{2401}{400}$, ne surpasse que de $\frac{1}{400}$ le quarré de $\sqrt{6}$.

Faisant maintenant $6 = \frac{2401}{400} - \frac{1}{400}$, de sorte que $c = \frac{49}{20}$ & $b = -\frac{1}{400}$; & ne prenant encore que les deux premiers termes, on a $\sqrt{6} = \frac{40}{20} + \frac{1}{2} \cdot -\dfrac{\frac{1}{400}}{\frac{49}{20}} = \frac{49}{20} - \frac{1}{2} \cdot \dfrac{\frac{1}{400}}{\frac{49}{20}} = \frac{49}{20}$

$- \frac{1}{1960} = \frac{4801}{1960}$, dont le quarré est $= \frac{23049601}{3841600}$. Or 6 réduit au même dénominateur est $= \frac{23049600}{3841600}$; l'erreur n'est donc plus que de $\frac{1}{3841600}$.

367.

On pourra de la même maniere exprimer la racine cubique de $a+b$ par une série infinie. Car puisque $\sqrt[3]{(a+b)}=(a+b)^{\frac{1}{3}}$, on aura dans la formule générale $n=\frac{1}{3}$, & pour les coefficiens, $\frac{n}{1}=\frac{1}{3}$; $\frac{n-1}{2}=-\frac{1}{3}$; $\frac{n-2}{3}=-\frac{5}{9}$; $\frac{n-3}{4}=-\frac{2}{3}$; $\frac{n-4}{5}=-\frac{11}{15}$, &c. & quant aux puissances de a, on aura $a^n=\sqrt[3]{a}$;

$$a^{n-1}=\frac{\sqrt[3]{a}}{a}; \quad a^{n-2}=\frac{\sqrt[3]{a}}{aa}; \quad a^{n-3}=\frac{\sqrt[3]{a}}{a^3} \text{ &c.}$$

donc $\sqrt[3]{(a+b)}=\sqrt[3]{a}+\frac{1}{3}\cdot b\,\frac{\sqrt[3]{a}}{a}-\frac{1}{9}\cdot bb\,\frac{\sqrt[3]{a}}{aa}$

$+\frac{5}{81}\cdot b^3\,\frac{\sqrt[3]{a}}{a^3}-\frac{10}{243}\cdot b^4\,\frac{\sqrt[3]{a}}{a^4}$, &c.

368.

Si donc a est un cube, ou $a=c^3$, on a $\sqrt[3]{a}=c$, & les signes radicaux s'évanouiront; car on aura

$$\sqrt[3]{(c^3+b)}=c+\frac{1}{3}\cdot\frac{b}{cc}-\frac{1}{9}\cdot\frac{bb}{c^6}+\frac{5}{81}\cdot\frac{b^3}{c^8}-\frac{10}{243}\cdot\frac{b^4}{c^{11}}$$

$+$, &c.

369.

Voilà donc une formule, au moyen de laquelle on pourra trouver *par approximation*, comme on dit, la racine cubique d'un nombre quelconque ; puisque tout nombre peut se partager en deux parties, comme $c^3 + b$, dont la premiere soit un cube.

On voudroit, par exemple, déterminer la racine cubique de 2 ; on représentera 2 par $1 + 1$, de façon que $c = 1$ & $b = 1$, par conséquent $\sqrt[3]{2} = 1 + \frac{1}{3} - \frac{1}{9} + \frac{5}{81}$, &c. les deux premiers termes de cette suite font $1\frac{1}{3} = \frac{4}{3}$, dont le cube $\frac{64}{27}$ est trop grand de $\frac{10}{27}$. Qu'on fasse donc $2 = \frac{64}{27} - \frac{10}{27}$, on aura $c = \frac{4}{3}$ & $b = -\frac{10}{27}$, & par conséquent $\sqrt[3]{2} = \frac{4}{3} + \frac{1}{3} \cdot \frac{-\frac{10}{27}}{\frac{16}{9}}$. Ces deux termes font $\frac{4}{3} - \frac{5}{72} = \frac{91}{72}$, dont le cube est $\frac{753571}{373248}$. Or $2 = \frac{746496}{373248}$, ainsi l'erreur est $\frac{7075}{373248}$. Et voilà comment on pourra approcher toujours davantage, & d'autant plus vîte qu'on prendra un plus grand nombre de termes (*).

(*) M. *Halley* a donné dans les *Tranfactions philofophiques* de 1694 une méthode très-belle & très-générale pour extraire par approximation les racines d'un degré quelconque. Monfieur *Halley* prouve qu'on a générale-

ment $\sqrt[m]{a^m + b} = \frac{m-2}{m-1} a + \sqrt{\frac{a^2}{(m-1)^2} \pm \frac{2b}{(mm-m)a^{m-2}}}$.

Ceux qui ne feront pas à portée de confulter les *Tranfactions philofophiques*, trouveront des éclairciffemens fur la formation & fur les ufages de cette formule, dans la nouvelle édition des *Leçons élémentaires de Mathématiques* de M. l'Abbé de *la Caille*, publiées par M. l'Abbé *Marie*.

CHAPITRE XIII.

Du Développement des Puissances négatives.

370.

NOUS avons fait voir plus haut qu'on peut exprimer $\frac{1}{a}$ par a^{-1}; on peut donc de même exprimer $\frac{1}{a+b}$ par $(a+b)^{-1}$; de sorte que la fraction $\frac{1}{a+b}$ peut être regardée comme une puissance de $a+b$, c'est-à-dire celle dont l'exposant est -1; & il s'ensuit de-là que la série trouvée ci-dessus pour la valeur de $(a+b)^n$ s'étend aussi à ce cas.

371.

Puis donc que $\frac{1}{a+b}$ signifie autant que $(a+b)^{-1}$, supposons dans la formule citée $n = -1$; nous aurons d'abord pour les coefficiens: $\frac{n}{1} = -1$; $\frac{n-1}{2} = -1$; $\frac{n-2}{3} = -1$; $\frac{n-3}{4} = -1$, &c. & ensuite pour les puissances de a:

$$a^n = a^{-1} = \tfrac{1}{a}; \quad a^{n-1} = a^{-2} = \tfrac{1}{a^2}; \quad a^{n-2} = \tfrac{1}{a^3};$$

$$a^{n-3} = \tfrac{1}{a^4}, \quad \&c. \text{ ainsi } (a+b)^{-1} = \tfrac{1}{a+b} = \tfrac{1}{a}$$

$$-\tfrac{b}{a^2} + \tfrac{bb}{a^3} - \tfrac{b^3}{a^4} + \tfrac{b^4}{a^5} - \tfrac{b^5}{a^6} \&c. \&\text{ c'est}$$

la même suite que nous avons déjà trouvée plus haut par la division.

372.

De plus $\tfrac{1}{(a+b)^2}$, étant autant que $(a+b)^{-2}$, réduisons aussi cette formule en une suite infinie. Il faudra pour cet effet supposer $n = -2$, & nous aurons pour les coefficiens d'abord $\tfrac{n}{1} = -\tfrac{2}{1}; \quad \tfrac{n-1}{2} = -\tfrac{3}{2}; \quad \tfrac{n-2}{3}$ $= -\tfrac{4}{3}; \quad \tfrac{n-3}{4} = -\tfrac{5}{4}$, &c. Et pour les puissances de a: $a^n = \tfrac{1}{a^2}; \quad a^{n-1} = \tfrac{1}{a^3}; \quad a^{n-2}$ $= \tfrac{1}{a^4}; \quad a^{n-3} = \tfrac{1}{a^5}$, &c. Nous obtenons

donc $(a+b)^{-2} = \tfrac{1}{(a+b)^2} = \tfrac{1}{a^2} - \tfrac{2}{1} \cdot \tfrac{b}{a^3}$

$$+ \tfrac{2}{1} \cdot \tfrac{3}{2} \cdot \tfrac{bb}{a^4} - \tfrac{2}{1} \cdot \tfrac{3}{2} \cdot \tfrac{4}{3} \cdot \tfrac{b^3}{a^4} + \tfrac{2}{1} \cdot \tfrac{3}{2} \cdot \tfrac{4}{3} \cdot \tfrac{5}{4} \tfrac{b^4}{a^5}, \quad \&c.$$

Or $\frac{2}{1} = 2$; $\frac{2}{1} \cdot \frac{3}{2} = 3$; $\frac{2}{1} \cdot \frac{3}{2} \cdot \frac{4}{3} = 4$; $\frac{2}{1} \cdot \frac{3}{2} \cdot \frac{4}{3} \cdot \frac{5}{4}$

$= 5$, &c. Par conféquent nous avons

$$\frac{1}{(a+b)^2} = \frac{1}{a^2} - 2\frac{b}{a^3} + 3\frac{b^2}{a^4} - 4\frac{b^3}{a^5} + 5\frac{b^4}{a^6}$$

$$- 6\frac{b^5}{a^7} + 7\frac{b^6}{a^8}, \&c.$$

373.

Continuons & fuppofons $n = -3$, nous aurons une fuite qui exprimera la valeur de $\frac{1}{(a+b)^3}$ ou de $(a+b)^{-3}$. Les coefficiens feront: $\frac{n}{1} = -\frac{3}{1}$; $\frac{n-1}{2} = -\frac{4}{2}$; $\frac{n-2}{3} = -\frac{5}{3}$; $\frac{n-3}{4} = -\frac{6}{4}$, &c. & les puiffances de a deviennent: $a^n = \frac{1}{a^3}$; $a^{n-1} = \frac{1}{a^4}$; $a^{n-2} = \frac{1}{a^5}$,

&c. ce qui nous donne: $\frac{1}{(a+b)^3} = \frac{1}{a^3}$

$$- \frac{3}{1}\frac{b}{a^4} + \frac{3}{1} \cdot \frac{4}{2}\frac{b^2}{a^5} - \frac{3}{1} \cdot \frac{4}{2} \cdot \frac{5}{3}\frac{b^3}{a^6} + \frac{3}{1} \cdot \frac{4}{2} \cdot \frac{5}{3} \cdot \frac{6}{4}\frac{b^4}{a^7}$$

$$\&c. = \frac{1}{a^3} - 3\frac{b}{a^4} + 6\frac{b^2}{a^5} - 10\frac{b^3}{a^6} + 15\frac{b^4}{a^7}$$

$$- 21\frac{b^5}{a^8} + 28\frac{b^6}{a^9} - 36\frac{b^7}{a^{10}} + 45\frac{b^8}{a^{11}} \&c.$$

Faifons encore $n = -4$, nous aurons pour les coefficiens : $\frac{n}{1} = -\frac{4}{1}$; $\frac{n-1}{2} = -\frac{5}{2}$; $\frac{n-2}{3} = -\frac{6}{3}$; $\frac{n-3}{4} = -\frac{7}{4}$ &c. & pour les puiffances: $a^n = \frac{1}{a^4}$; $a^{n-1} = \frac{1}{a^5}$; $a^{n-2} = \frac{1}{a^6}$; $a^{n-3} = \frac{1}{a^7}$; $a^{n-4} = \frac{1}{a^8}$, &c. d'où l'on tire :

$$\frac{1}{(a+b)^4} = \frac{1}{a^4} - \frac{4}{1} \cdot \frac{b}{a^5} + \frac{4}{1} \cdot \frac{5}{2} \cdot \frac{b^2}{a^6} - \frac{4}{1} \cdot \frac{5}{2} \cdot \frac{6}{3} \frac{b^3}{a^7}$$

$$+ \frac{4}{1} \cdot \frac{5}{2} \cdot \frac{6}{3} \cdot \frac{7}{4} \frac{b^4}{a^8} \&c. = \frac{1}{a^4} - 4\frac{b}{a^5} + 10\frac{b^2}{a^6}$$

$$- 20\frac{b^3}{a^7} + 35\frac{b^4}{a^8} - 56\frac{b^5}{a^9} +, \&c.$$

374.

Les différens cas que nous venons de confidérer nous mettent en état maintenant de conclure avec certitude qu'on aura généralement pour une telle puiffance négative quelconque de $a+b$:

$$\frac{1}{(a+b)^m} = \frac{1}{a^m} - \frac{m}{1} \cdot \frac{b}{a^{m+1}} + \frac{m}{1} \cdot \frac{m+1}{2} \cdot \frac{b^2}{a^{m+2}} - \frac{m}{1}$$

$$\cdot \frac{m+1}{2} \cdot \frac{m+2}{3} \cdot \frac{b^3}{a^{m+3}} +, \&c.$$

Et on peut, moyennant cette formule, transformer toutes ces efpeces de fractions en fuites infinies, en fubftituant même à *m* des fractions, afin d'exprimer des formules irrationnelles.

375.

Pour éclaircir encore davantage cette matiere, nous joindrons ici les confidérations qui fuivent.

Nous avons trouvé :

$$\frac{1}{a+b} = \frac{1}{a} - \frac{b}{a^2} + \frac{b^2}{a^3} - \frac{b^3}{a^4} + \frac{b^4}{a^5} - \frac{b^5}{a^6} +,$$

&c.

Si nous multiplions donc cette fuite par $a+b$, il faut que le produit foit $= 1$: & cela fe trouve vrai, comme on va le voir, en effectuant la multiplication :

$$\frac{1}{a} - \frac{b}{a^2} + \frac{b^2}{a^3} - \frac{b^3}{a^4} + \frac{b^4}{a^5} - \frac{b^5}{a^6} + \&c.$$

$$a + b$$

$$1 - \frac{b}{a} + \frac{b^2}{a^2} - \frac{b^3}{a^3} + \frac{b^4}{a^4} - \frac{b^5}{a^5} + \&c.$$

$$+$$

$$+ \frac{b}{a} - \frac{b^2}{a^2} + \frac{b^3}{a^3} - \frac{b^4}{a^4} + \frac{b^5}{a^5} - \&c.$$

I

376.

Nous avons trouvé aussi $\dfrac{1}{(a+b)^2} = \dfrac{1}{aa}$

$$- \frac{2b}{a^3} + \frac{3bb}{a^4} - \frac{4b^3}{a^5} + \frac{5b^4}{a^6} - \frac{6b^5}{a^7} \&c. \text{ Si}$$

on multiplie donc cette fuite par $(a+b)^2$,
il faut que le produit foit pareillement $=1$.
Or $(a+b)^2 = aa + 2ab + bb$, voici donc
le plan de l'opération :

$$\frac{1}{aa} - \frac{2b}{a^3} + \frac{3bb}{a^4} - \frac{4b^3}{a^5} + \frac{5b^4}{a^6} - \frac{6b^5}{a^7} +$$

&c.

$aa + 2ab + bb$

$$1 - \frac{2b}{a} + \frac{3bb}{aa} - \frac{4b^3}{a^3} + \frac{5b^4}{a^4} - \frac{6b^5}{a^5} + \&c.$$

$$+ \frac{2b}{a} - \frac{4bb}{aa} + \frac{6b^3}{a^3} - \frac{8b^4}{a^4} + \frac{10b^5}{a^5} - \&c.$$

$$+ \frac{bb}{aa} - \frac{2b^3}{a^3} + \frac{3b^4}{a^4} - \frac{4b^5}{a^5} + \&c.$$

1 produit que la nature de la chofe exigeoit.

Tome I.   V

377.

Que fi l'on ne multiplioit que par $a+b$ la férie trouvée pour la valeur de $\dfrac{1}{(a+b)^2}$, il faudroit que le produit répondît à la fraction $\dfrac{1}{a+b}$, ou fût égal à la férie trouvée ci-deffus, $\dfrac{1}{a} - \dfrac{b}{a^2} + \dfrac{bb}{a^3} - \dfrac{b^3}{a^4} + \dfrac{b^4}{a^5}$ &c. & c'eft ce que la multiplication effective confirmera.

$$\frac{1}{aa} - \frac{2b}{a^3} + \frac{3bb}{a^4} - \frac{4b^3}{a^5} + \frac{5b^4}{a^6} \text{ \&c.}$$

$$a+b$$

$$\frac{1}{a} - \frac{2b}{aa} + \frac{3bb}{a^3} - \frac{4b^3}{a^4} + \frac{5b^4}{a^5} \text{ \&c.}$$

$$+ \frac{b}{aa} - \frac{2bb}{a^3} + \frac{3b^3}{a^4} - \frac{4b^4}{a^5} \text{ \&c.}$$

$$\frac{1}{a} - \frac{b}{aa} + \frac{bb}{a^3} - \frac{b^3}{a^4} + \frac{b^4}{a^5} - \text{ \&c.}$$

SECTION TROISIEME.

Des Rapports & des Proportions.

CHAPITRE PREMIER.

Du Rapport arithmétique, ou de la différence entre deux Nombres.

378.

DEUX grandeurs font ou égales l'une à l'autre, ou elles ne le font pas. Dans ce dernier cas où l'une eft plus grande que l'autre, on peut envifager leur inégalité fous deux points de vue différens; on peut demander *de combien* une des quantités eft plus grande que l'autre? On peut auffi demander *combien de fois* l'une eft plus grande que l'autre? Les déterminations qui forment les réponfes à ces deux queftions, fe nomment toutes deux des rapports ou des raisons ; on a coutume de nommer la premiere *rapport arithmétique*, & la seconde *rapport géométrique*, sans cependant que ces dénominations ayent aucune liaison avec la chose même ; c'est arbitrairement qu'elles ont été adoptées.

379.

On s'imagine bien sans doute qu'il faut que les grandeurs dont nous parlons soient d'une même espece, puisque sans cela on ne pourroit rien déterminer au sujet de leur égalité ou de leur inégalité. Il seroit absurde, par exemple, de demander si deux livres & trois aunes font des quantités égales ? C'est pourquoi dans ce qui va suivre il ne peut être question que de quantités d'une même espece ; & comme elles peuvent toujours être assignées en nombres, ce n'est aussi, comme nous en avons averti dès le commencement, que des nombres dont nous traiterons.

380.

Quand on demande donc de deux nombres donnés, de combien l'un est plus grand que l'autre, la réponse à cette question détermine le rapport arithmétique de ces deux nombres. Or puisque cette détermination se fait en indiquant la différence des deux nombres, il s'ensuit qu'un rapport arithmétique n'est autre chose que la différence entre deux nombres. Et comme ce mot de *différence* nous paroît une expression plus propre, nous réserverons celles de *rapport* ou *raison*, pour exprimer les rapports géométriques.

381.

La différence entre deux nombres se trouve, comme on fait, en souftrayant le plus petit du plus grand ; rien de plus facile par conséquent que de résoudre la question, de combien l'un est plus grand que l'autre. Et dans le cas donc où les nombres sont

V iij

égaux, la différence étant nulle ou zéro, fi l'on demande de combien un des nombres eft plus grand que l'autre, on répondra, de rien. Par exemple, 6 étant $= 2.3$, la différence entre 6 & 2.3 eft 0.

382.

Mais lorfque les deux nombres ne font pas égaux, comme 5 & 3, & qu'on demande de combien 5 eft plus grand que 3, la réponfe eft, de 2; & elle fe détermine en fouftrayant 3 de 5. De même 15 eft plus grand que 5, de 10; & 20 furpaffe 8 de 12.

383.

Nous avons donc trois chofes à confidérer ici: 1°. le plus grand des deux nombres; 2°. le plus petit, & 3°. la différence. Et ces trois quantités ont entr'elles une liaifon telle, que deux des trois étant données, elles déterminent toujours la troifieme.

Soit le plus grand nombre $= a$, le plus petit $= b$, & la différence $= d$: on trouvera la différence d en fouftrayant b de a, de façon que $d = a - b$; d'où l'on voit comment a & b étant donnés on peut trouver d.

384.

Mais fi c'eft la différence qui eft donnée avec le plus petit des deux nombres, ou b, ce fera le nombre plus grand qu'on pourra déterminer, favoir en ajoutant enfemble la différence & le nombre plus petit, ce qui donne $a = b + d$. Car fi on ôte de $b + d$ le moindre nombre b, il refte d, qui eft la différence connue. Soit le moindre nombre $= 12$, la différence $= 8$, le nombre plus grand fera $= 20$.

385.

Enfin fi outre la différence d le plus grand nombre a eft donné, on trouve l'autre nombre b en fouftrayant la différence du plus grand nombre, ce qui fait qu'on a $b = a - d$. Car fi j'ôte le nombre $a - d$ du nombre plus grand a, il reste d, qui est la différence donnée.

386.

La liaison entre ces trois nombres a, b, d est donc telle qu'on en tire les trois déterminations suivantes : 1°. $d = a - b$; 2°. $a = b + d$; 3°. $b = a - d$; & si une de ces trois comparaisons est juste, il faut nécessairement que les deux autres le soient aussi. Donc en général si $z = x + y$, il faut absolument que $y = z - x$ & $x = z - y$.

387.

Il est à remarquer au sujet de ces raisons arithmétiques, que si l'on ajoute aux deux nombres a & b un nombre c pris à volonté, ou qu'on l'en soustraie, la différence reste la même. C'est-à-dire que si d est la différence entre a & b, ce nombre d sera aussi la différence entre $a + c$ & $b + c$, & entre $a - c$ & $b - c$. Par exemple, la différence entre les nombres 20 & 12 étant 8, cette différence reftera la même, quelque nombre qu'on ajoute à ces nombres 20 & 12, & quelque nombre qu'on en retranche.

388.

La preuve en eft évidente. Car fi $a-b = d$, on a auffi $(a+c) - (b+c) = d$; & de même $(a-c) - (b-c) = d$.

389.

Si on double les deux nombres a & b, la différence deviendra double auffi. Ainfi quand $a-b = d$, on aura $2a - 2b = 2d$; & en général $na - nb = nd$, quelque nombre qu'on prenne pour n.

CHAPITRE II.

Des Proportions arithmétiques.

390.

LORSQUE deux rapports arithmétiques font égaux, cette égalité fe nomme une *proportion arithmétique*.

Ainfi quand $a - b = d$ & $p - q = d$, de forte que la différence eft la même entre les nombres p & q, qu'entre les nombres a & b, on dit que ces quatre nombres forment une proportion arithmétique ; on l'écrit $a - b = p - q$, & on indique clairement par là que la différence entre a & b eft égale à la différence entre p & q.

391.

Une proportion arithmétique confifte donc dans quatre termes, qui doivent être tels, que fi on fouftrait le fecond du premier, le refte fe trouve le même qu'en fouftrayant le quatrieme du troifieme. Ainfi ces quatre nombres 12, 7, 9, 4 forment une proportion arithmétique, parce que $12 - 7 = 9 - 4$ (*).

392.

Quand on a une proportion arithméti-que comme $a - b = p - q$, on peut faire changer de place au fecond & au troi-fieme terme, en écrivant $a - p = b - q$; cette égalité ne fera pas moins vraie. Car puifque $a - b = p - q$, qu'on ajoute d'abord b des deux côtés, on aura $a = b + p - q$. Qu'on fouftraie enfuite p des deux côtés, on aura $a - p = b - q$.

Ainfi, comme $12 - 7 = 9 - 4$, on a auffi $12 - 9 = 7 - 4$.

393.

On peut auffi dans toute proportion arith-métique, mettre le fecond terme à la place

(*) Pour défigner que ces nombres font une telle pro-portion, quelques-uns les écrivent ainfi: 12.7 : 9.4.

du premier, fi on fait en même temps une tranfpofition pareille du troifieme & du quatrieme. C'eft-à-dire que fi $a-b=p-q$, on aura auffi $b-a=q-p$. Car $b-a$ eft la négative de $a-b$, & de même $q-p$ eft la négative de $p-q$. Ainfi, puifque $12-7=9-4$, on a pareillement $7-12$ $=4-9$.

394.

Mais la propriété principale d'une proportion arithmétique quelconque eft celle-ci : que la fomme du fecond & du troifieme terme eft égale conftamment à la fomme du premier & du quatrieme terme. Cette propriété, à laquelle il faut bien faire attention, s'exprime auffi de cette façon : la fomme des *moyens* eft égale à la fomme des *extrêmes*. Ainfi, comme $12-7=9-4$, on a $7+9=12+4$; & en effet la fomme eft 16 de part & d'autre.

395.

Soit , pour démontrer cette propriété principale , $a-b=p-q$; fi on ajoute de part & d'autre $b+q$, on a $a+q=b+p$; c'eft-à-dire que la fomme du premier & du quatrieme terme eft égale à la fomme du fecond & du troifieme. Et réciproquement , fi quatre nombres , a , b , p , q , font tels que la fomme du fecond & du troifieme eft égale à la fomme du premier & du quatrieme, c'eft-à-dire que $b+p=a+q$, on en conclut , fans pouvoir fe tromper, que ces nombres font en proportion arithmétique , & que $a-b=p-q$. En effet , puifque $a+q=b+p$, fi on fouftrait de l'un & de l'autre côté $b+q$, on obtient $a-b$ $=p-q$.

Ainfi les nombres 18 , 13 , 15 , 10 étant tels que la fomme des moyens $13+15$ $=28$ eft égale à la fomme des extrêmes $18+10=28$, on eft certain qu'ils forment auffi une proportion arithmétique , & par conféquent que $18-13=15-10$.

396.

Il eſt facile au moyen de la propriété dont nous parlons, de réſoudre la queſtion qui ſuit : les trois premiers termes d'une proportion arithmétique étant donnés, trouver le quatrieme ? Soient a, b, p ces trois premiers termes, & exprimons par q le quatrieme qu'il s'agit de déterminer, nous aurons $a+q=b+p$; ſouſtrayant enſuite a de part & d'autre, nous obtenons $q=b+p-a$. Ainſi le quatrieme terme ſe trouve en ajoutant enſemble le ſecond & le troiſieme, & en ſouſtrayant de cette ſomme le ~~ſecond~~ premier. Suppoſez, par exemple, que 19, 28, 13 ſoient les trois premiers termes donnés, la ſomme du ſecond & du troiſieme eſt $= 41$; ôtez-en le premier qui eſt 19, il reſte 22 pour le quatrieme terme cherché, & la proportion arithmétique ſera indiquée par $19-28=13-22$, ou par $28-19=22-13$, ou par $28-22=19-13$.

397.

Lorfque dans une proportion arithmétique le fecond terme eft égal au troifieme,
on n'a que trois nombres , mais dont la
propriété eft telle , que le premier moins
le fecond fait autant que le fecond moins
le troifieme , ou bien que la différence entre
le premier & le fecond nombre eft égale
à la différence entre le fecond & le troifieme. Les trois nombres 19 , 15 , 11 font
de cette efpece, puifque $19-15=15-11$.

398.

On dit de trois nombres tels que ceux-là,
qu'ils forment une proportion arithmétique
continue , & on le défigne quelquefois par
le figne $\div$, en écrivant, par exemple ,
$\div$ 19, 15 , 11. On nomme auffi ces fortes
de proportions des *progreffions arithmétiques* , fur-tout s'il y a un plus grand nombre
de termes qui fe fuivent conformément à
la même loi.

Une progreſſion arithmétique peut être ou *croiſſante* ou *décroiſſante.* La premiere dénomination lui convient quand les termes vont en augmentant, c'eſt-à-dire, quand le ſecond ſurpaſſe le premier, & que le troiſieme ſurpaſſe d'autant le ſecond, comme ces nombres-ci, 4, 7, 10. La progreſſion décroiſſante eſt celle où les termes vont toujours en diminuant de la même quantité, tels ſont les nombres 9, 5, 1.

399.

Suppoſons que les nombres a, b, c ſoient en progreſſion arithmétique, il faut que $a-b=b-c$, d'où il ſuit, à cauſe de l'égalité de la ſomme des extrêmes & de celle des moyens, que $2b=a+c$; & ſi on ſouſtrait a de part & d'autre, on a $c=2b-a$.

400.

Ainſi quand les deux premiers termes, a, b, d'une progreſſion arithmétique ſont donnés, on trouve le troiſieme, en ôtant

le

le premier du double du second. Soient
1 & 3 les deux premiers termes d'une progreſſion arithmétique, le troiſieme ſera
$=2.3-1=5$. Et ces trois nombres 1, 3, 5,
donnent la proportion $1-3=3-5$.

401.

On peut, en ſuivant la même voie, aller
plus loin & continuer la progreſſion arithmétique auſſi loin qu'on voudra : on n'a
qu'à chercher le quatrieme terme moyennant le ſecond & le troiſieme, de la même
maniere qu'on a déterminé le troiſieme au
moyen du premier & du ſecond, & ainſi
de ſuite. Soit a le premier terme, & b le
ſecond, le troiſieme ſera $=2b-a$, le
quatrieme $=4b-2a-b=3b-2a$, le cinquieme $6b-4a-2b+a=4b-3a$, le ſixieme $=8b-6a-3b+2a=5b-4a$, le
ſeptieme $=10b-8a-4b+3a=6b-5a$.

CHAPITRE III.

Des Progreſſions Arithmétiques.

402.

Nous avons inſinué qu'on nomme *pro-greſſion arithmétique* une ſuite de nombres compoſée d'autant de termes qu'on veut, leſquels croiſſent ou décroiſſent toujours d'une même quantité.

Ainſi les nombres naturels écrits par ordre, comme 1, 2, 3, 4, 5, 6, 7, 8, 9, 10, &c. forment une progreſſion arithmétique, parce qu'ils augmentent toujours de l'unité; & la ſuite 25, 22, 19, 16, 13, 10, 7, 4, 1, &c. eſt auſſi une telle progreſſion, puiſque ces nombres diminuent conſtamment de 3.

403.

Le nombre ou la quantité dont les termes d'une progreſſion arithmétique deviennent plus grands ou plus petits, se nomme la *différence.* Ainsi quand le premier terme est donné avec la différence, on peut continuer la progression arithmétique aussi loin qu'on voudra. Soit, par exemple, le premier terme $= 2$, & la différence $= 3$, on aura la progression croissante qui suit :

2, 5, 8, 11, 14, 17, 20, 23, 26, 29, &c. où chaque terme se trouve en ajoutant la différence au terme précédent.

404.

On a coutume d'écrire les nombres naturels, 1, 2, 3, 4, 5, &c. au-dessus des termes d'une telle progression arithmétique, afin qu'on reconnoisse d'abord le rang où un terme quelconque se trouve être dans la progression. On peut nommer ces nombres écrits au-dessus des termes, des *indices* ; ainsi l'exemple cité s'écrira comme il suit :

Indices, 1, 2, 3, 4, 5, 6, 7, 8, 9, 10
Prog. arithm. 2, 5, 8, 11, 14, 17, 20, 23, 26, 29

&c. où l'on voit que 29 eſt le dixieme terme.

405.

Soit a le premier terme , & d la diffé‑rence , la progreſſion arithmétique conti‑nuera dans cet ordre :

$$\overset{1}{a},\overset{2}{a+d},\overset{3}{a+2d},\overset{4}{a+3d},\overset{5}{a+4d},\overset{6}{a+5d},\overset{7}{a+6d}, \&c.$$

par lequel on voit qu'il eſt facile de trou‑ver auſſi‑tôt un terme quelconque de la progreſſion , ſans qu'il ſoit néceſſaire de connoître tous les termes précédens, & uniquement par le moyen du premier terme a & de la différence d. Par exemple, le dixieme terme ſera $=a+9d$, le centieme terme $=a+99d$, & en général le terme n quelconque ſera $=a+(n-1)d$.

406.

Lorſqu'on s'arrête en quelqu'endroit de la progreſſion , il eſt eſſentiel de faire at‑tention au premier & au dernier terme,

& l'indice du dernier indiquera le nombre des termes. Si donc le premier terme $=a$, la différence $=d$, & le nombre des termes $=n$, on a le dernier terme $=a+(n-1)d$, lequel se trouve par conséquent en multipliant la différence par le nombre des termes moins un, & ajoutant à ce produit le premier terme.

Supposez, par exemple, une progression arithmétique de cent termes, dont le premier $=4$, & que la différence soit $=3$, le dernier terme sera $=99.3+4=301$.

407.

Lorsqu'on connoît le premier terme a & le dernier z, avec le nombre des termes $=n$, on peut trouver la différence d. Car puisque le dernier terme $z=a+(n-1)d$, si on souſtrait de part & d'autre a, on obtient $z-a=(n-1)d$. Ainſi en souſtrayant le premier terme du dernier, on a le produit de la différence multipliée par le nombre des termes moins 1. On n'aura donc qu'à divifer $z - a$ par $n - 1$ pour obtenir la valeur cherchée de la différence d, qui fera $= \frac{z-a}{n-1}$, Ce réfultat fournit cette regle : on fouftrait le premier terme du dernier terme, & on divife le refte par le nombre des termes diminué de l'unité, le quotient eft la différence ; par le moyen de laquelle on eft en état enfuite d'écrire toute la progreffion.

408.

Suppofons, par exemple, une progreffion arithmétique de neuf termes, dont le premier foit $= 2$, & le dernier $= 26$, & qu'il s'agiffe de trouver la différence. Il faudra donc fouftraire le premier terme du dernier 26 & divifer le refte, qui eft 24, par $9 - 1$, c'eft-à-dire par 8 ; le quotient 3 fera égal à la différence cherchée, & la progreffion entiere fera :

$$1 \quad 2 \quad 3 \quad 4 \quad 5 \quad 6 \quad 7 \quad 8 \quad 9$$
$$2, \ 5, \ 8, \ 11, \ 14, \ 17, \ 20, \ 23, \ 26.$$

Suppofons, pour donner un autre exemple, que le premier terme foit $= 1$, le dernier $=2$, le nombre des termes $=10$, & qu'on demande la progreſſion arithmétique qui répond à ces ſuppoſitions, nous aurons auſſi-tôt pour la différence $\frac{2-1}{10-1}=\frac{1}{9}$, & de-là nous conclurons que la progreſſion eſt :

$$1 \quad 2 \quad 3 \quad 4 \quad 5 \quad 6 \quad 7 \quad 8 \quad 9 \quad 10$$
$$1, \ 1\tfrac{1}{9}, \ 1\tfrac{2}{9}, \ 1\tfrac{3}{9}, \ 1\tfrac{4}{9}, \ 1\tfrac{5}{9}, \ 1\tfrac{6}{9}, \ 1\tfrac{7}{9}, \ 1\tfrac{8}{9}, \ 2.$$

Autre exemple. Soit le premier terme $=2\tfrac{1}{3}$, le dernier $=12\tfrac{1}{2}$, & le nombre des termes $=7$, on aura la différence

$$\frac{12\tfrac{1}{2}-2\tfrac{1}{3}}{7-1}=\frac{10\tfrac{1}{6}}{6}=\frac{61}{36}=1\tfrac{25}{36}, \ \text{& par con-}$$

ſéquent la progreſſion :

$$1 \quad 2 \quad 3 \quad 4 \quad 5 \quad 6 \quad 7$$
$$2\tfrac{1}{3}, \ 4\tfrac{1}{36}, \ 5\tfrac{13}{18}, \ 7\tfrac{5}{12}, \ 9\tfrac{1}{9}, \ 10\tfrac{29}{36}, \ 12\tfrac{1}{2}.$$

409.

Maintenant ſi les données ſont le premier terme a, le dernier terme z & la différence d, elles ſont trouver le nombre des termes n. Car puiſque $z-a=(n-1)d$, on diviſera des deux côtés par d, & on aura

$\frac{z-a}{d} = n - 1$. Or n étant de 1 plus grand
que $n - 1$, on a $n = \frac{z-a}{d} + 1$; par conséquent le nombre des termes se trouve en
divisant la différence entre le premier &
le dernier terme, ou $z - a$, par la différence de la progression, & en ajoutant
l'unité au quotient $\frac{z-a}{d}$.

Soit, par exemple, le premier terme
$= 4$, le dernier $= 100$, & la différence
$= 12$, le nombre des termes sera $\frac{100-4}{12} + 1$;
& voici quels seront ces neuf termes :

1	2	3	4	5	6	7	8	9
4,	16,	28,	40,	52,	64,	76,	88,	100.

Si le premier terme $= 2$, le dernier $= 6$,
& la différence $= 1\frac{1}{3}$, le nombre des termes sera $\frac{4}{1\frac{1}{3}} + 1 = 4$, & ces quatre termes
seront

1	2	3	4
2,	$3\frac{1}{3}$,	$4\frac{2}{3}$,	6.

Soit encore le premier terme $= 3\frac{1}{3}$, le
dernier $= 7\frac{2}{3}$, & la différence $= 1\frac{4}{9}$, le

nombre des termes fera $= \dfrac{7\frac{2}{3} - 3\frac{1}{3}}{1\frac{4}{9}} + 1$

$= 4$; & voici ces quatre termes:

$$3\tfrac{1}{3}, \ 4\tfrac{7}{9}, \ 6\tfrac{2}{9}, \ 7\tfrac{2}{3}.$$

410.

Mais il faut obferver que le nombre des termes devant être néceffairement un nombre entier, fi on n'avoit pas trouvé un tel nombre pour *n* dans les exemples de l'article précédent, les queftions auroient été abfurdes.

Toutes les fois donc qu'on ne trouvera pas un nombre entier pour la valeur de $\frac{z-a}{d}$, il fera impoffible de réfoudre la queftion; & par conféquent pour que ces fortes de queftions foient poffibles, il faut que $z - a$ foit divifible par *d*.

411.

On conclura de ce que nous avons dit, qu'on a toujours quatre quantités ou élémens à confidérer dans une progreffion arithmétique:

I. le premier terme a,

II. le dernier terme z,

III. la différence d,

IV. le nombre des termes n.

Et les rapports de ces quantités les unes aux autres font tels, que fi on en connoît trois, on eft en état de déterminer la quatrieme; car:

I. Si a, d & n font connus, on a $z = a + (n - 1)d.$

II. Si z, d & n font connus, on a $a = z - (n - 1)d.$

III. Si a, z & n font connus, on a $d = \frac{z-a}{n-1}$,

IV. Si a, z & d font connus, on a $n = \frac{z-a}{d} + 1.$

CHAPITRE IV.

De la Sommation des Progreffions arithmétiques.

412.

ON a fouvent befoin auffi de prendre la fomme d'une progreffion arithmétique. On la trouveroit en ajoutant enfemble tous les termes ; mais comme cette addition feroit très-prolixe, quand la progreffion confifte en un grand nombre de termes, on a imaginé une regle, par le fecours de laquelle on trouve très-facilement la fomme dont nous parlons.

413.

Nous confidérerons d'abord une progreffion de cette efpece qui foit donnée, & telle que le premier terme $= 2$, la différence $= 3$, le dernier terme $= 29$, & le nombre des termes $= 10$:

1 2 3 4 5 6 7 8 9 10
2, 5, 8, 11, 14, 17, 20, 23, 26, 29.

Nous voyons que dans cette progreſſion la ſomme du premier & du dernier terme $=31$; la ſomme du ſecond & du pénultieme $=31$; la ſomme du troiſieme & de l'antépénultieme $=31$, & ainſi de ſuite; & nous en conclurons que la ſomme de deux termes quelconques également éloignés l'un du premier & l'autre du dernier terme, eſt toujours égale à la ſomme du premier & du dernier terme.

414.

Il eſt facile d'en ſaiſir la raiſon. Car ſi nous ſuppoſons le premier terme $=a$, le dernier $=z$, & la différence $=d$, la ſomme du premier & du dernier terme eſt $=a+z$; & le ſecond terme étant $=a+d$ & le pénultieme $=z-d$, la ſomme de ces deux termes eſt auſſi $=a+z$. Enſuite le troiſieme terme étant $a+2d$, & l'antépénultieme $=z-2d$, il eſt clair que ces deux termes

ajoutés enfemble font auffi $a+z$. On dé-
montrera la même chofe de tous les autres.

415.

Pour parvenir donc à déterminer la fomme de la progreffion propofée on écrira
deffous, terme pour terme, la même progreffion prife à rebours, & on fera l'addition des termes correfpondans, comme
il fuit :

$$2 +5 +8 +11+14+17+20+23+26+29$$
$$29+26+23+20+17+14+11+ 8+ 5+ 2$$
$$\overline{31+31+31+31+31+31+31+31+31+31}$$

Cette fuite de termes égaux eft évidemment égale au double de la fomme de la
progreffion propofée ; or le nombre de
ces termes égaux eft 10, comme dans la
progreffion, & leur fomme, par conféquent, $=10.31=310$. Ainfi, puifque cette
fomme eft le double de la fomme de la
progreffion arithmétique, il faut que cette
fomme cherchée foit $=155$.

416.

Si on procede de la même maniere à l'égard d'une progreſſion arithmétique quelconque, dont le premier terme ſoit $=a$, le dernier $=\zeta$, & le nombre des termes $=n$; en écrivant ſous la progreſſion donnée la même progreſſion en rétrogradant, on aura, en faiſant l'addition terme à terme, une ſuite de n termes, dont chacun ſera $=a+\zeta$; la ſomme de cette ſuite ſera par conséquent $=n(a+\zeta)$, & elle ſera le double de la ſomme de la progreſſion arithmétique propoſée; celle-ci ſera donc $=\frac{n(a+\zeta)}{2}$.

417.

Ce réſultat fournit une méthode facile pour trouver la ſomme d'une progreſſion arithmétique quelconque; elle ſe réduit à cette regle:

Multipliez la ſomme du premier & du dernier terme par le nombre des termes, la moitié du produit indiquera la fomme de toute la progreffion.

Ou, ce qui revient au même, multipliez la fomme du premier & du dernier terme par la moitié du nombre des termes.

Ou bien, multipliez la moitié de la fomme du premier & du dernier terme par le nombre total des termes. Ces deux manieres d'énoncer la regle, donnent également la fomme de la progreffion.

418.

Il fera néceffaire d'éclaircir cette regle par quelques exemples.

Soit d'abord la progreffion des nombres naturels, 1, 2, 3 &c. jufqu'à 100, dont il s'agiffe de trouver la fomme. Celle-ci fera par la premiere regle $= \frac{100.101}{2} = 50$ .101 $= 5050$.

Si on demande combien de coups une horloge fonne en douze heures? il faudra ajouter enfemble les nombres 1, 2, 3 jufqu'à 12; or cette fomme fe trouve fur le champ $= \frac{12.13}{2} = 6.13 = 78$. Que fi l'on vouloit favoir la fomme de la même progreffion continuée jufqu'à 1000, on trouveroit 500500 ; & la fomme de cette progreffion, continuée jufqu'à 10000, feroit 50005000.

419.

Autre queftion. Quelqu'un achete un cheval, fous la condition que pour le premier clou il payera 5 fous, pour le fecond 8, pour le troifieme 11, & pareillement toujours 3 fous de plus pour chacun des fuivans : le cheval a 32 clous, on demande combien il coûtera à l'acheteur ?

On voit qu'il s'agit ici de trouver la fomme d'une progreffion arithmétique, dont le premier terme eft 5, la différence $= 3$, & la fomme des termes $= 32$. Il faut donc commencer par déterminer le dernier terme ; on le trouve (par la regle des articles 406, 411) $= 5 + 31.3 = 98$. Maintenant la fomme cherchée fe trouve, fans

difficulté,

difficulté, $= \frac{103 \cdot 32}{2} = 103.16$; d'où l'on conclut que le cheval coûte 1648 fous, ou 82 liv. 8 f.

420.

Soit en général le premier terme $=a$, la différence $=d$, & le nombre des termes $=n$; & qu'il s'agiffe de trouver, par le moyen de ces données, la fomme de toute la progreffion. Comme le dernier terme doit être $=a+(n-1)d$, la fomme du premier & du dernier fera $=2a+(n-1)d$. Multipliant cette fomme par le nombre des termes n, on a $2na+n(n-1)d$; donc la fomme cherchée fera $=na+\frac{n(n-1)d}{2}$.

Cette formule appliquée à l'exemple précédent, où $a=5$, $d=3$, & $n=32$, donne $5.32 + \frac{31 \cdot 32 \cdot 5}{2} = 160 + 1488 = 1648$; la même fomme qu'on avoit trouvée.

421.

S'il eft queftion d'ajouter enfemble tous les nombres naturels depuis 1 jufqu'à n, on a pour trouver cette fomme : le premier terme $=1$, le dernier terme $=n$, & le nombre des termes $=n$; donc la fomme cherchée $=\frac{nn+n}{2}=\frac{n(n+1)}{2}$.

Si on fait $n=1766$, la fomme de tous les nombres, depuis 1 jufqu'à 1766, fera $=883.1767=1560261$.

422.

Soit propofée la progreffion des nombres impairs, 1, 3, 5, 7, &c. continuée jufqu'à n termes, & qu'on en demande la fomme:

Le premier terme eft ici $=1$, la différence $=2$, le nombre des termes $=n$; le dernier terme fera donc $=1+(n-1)2$ $=2n-1$, & par conféquent la fomme cherchée $=nn$.

Tout fe réduit donc à multiplier le nombre des termes par lui-même. Ainfi quel que foit le nombre des termes de cette progreffion qu'on ajoute enfemble, la fomme fera toujours un quarré, favoir le quarré du nombre des termes. C'est ce que nous allons mettre sous les yeux :

Indic. 1,2,3, 4, 5, 6, 7, 8, 9, 10 &c.
Progres. 1,3,5, 7, 9, 11,13,15,17,19 &c.
Somme, 1,4,9,16,25,36,49,64,81,100 &c.

423.

Soit à présent le premier terme $= 1$, la différence $= 3$, & le nombre des termes $= n$, on aura la progression 1, 4, 7, 10, &c. dont le dernier terme sera $= 1+(n-3)3 = 3n-2$; donc la somme du premier & du dernier terme $= 3n-1$, & par conséquent la somme de cette progression $= \frac{n(3n-1)}{2} = \frac{3nn-n}{2}$. Si on suppose $n = 20$, la somme est $= 10 \cdot 59 = 590$.

424.

Soit encore le premier terme $= 1$, la différence $= d$, & le nombre des termes $= n$, le dernier terme sera $= 1+(n-1)d$. Ajoutant le premier on a $2+(n-1)d$, & multipliant par le nombre des termes on a $2n + n(n-1)d$, d'où se déduit la somme de la progression $= n + \frac{n(n-1)d}{2}$.

Joignons ici la petite table qui suit :

Si $d = 1$, la somme est $= n + \frac{n(n-1)}{2} = \frac{nn+n}{2}$

$d = 2$ — — — — $n + \frac{2n(n-1)}{2} = nn$

$d = 3$ — — — — $n + \frac{3n(n-1)}{2} = \frac{3nn-n}{2}$

$d = 4$ — — — — $n + \frac{4n(n-1)}{2} = 2nn-n$

$d = 5$ — — — — $n + \frac{5n(n-1)}{2} = \frac{5nn-3n}{2}$

$d = 6$ — — — — $n + \frac{6n(n-1)}{2} = 3nn-2n$

$d = 7$ — — — — $n + \frac{7n(n-1)}{2} = \frac{7nn-5n}{2}$

$d = 8$ — — — — $n + \frac{8n(n-1)}{2} = 4nn-3n$

$d = 9$ — — — — $n + \frac{9n(n-1)}{2} = \frac{9nn-7n}{2}$

$d = 10$ — — — $n + \frac{10n(n-1)}{2} = 5nn-4n$

&c.

CHAPITRE V.

Des Nombres figurés ou polygones.

425.

LA sommation des progressions arithmétiques qui commencent par 1 , & dont la différence est 1 ou 2 ou 3 , ou quelqu'autre nombre entier que ce soit ; cette sommation , dis-je , nous conduit à la théorie des *nombres polygones* , lesquels se forment quand on ajoute ensemble quelques termes de l'une ou de l'autre de ces progressions.

426.

Si on suppose la différence $=1$; puisque le premier terme est constamment $=1$, on aura la progression arithmétique, 1 , 2 , 3 , 4 , 5 , 6 , 7 , 8 , 9 , 10 , 11 , 12 , &c. Et si dans cette progression on prend la somme de un , de deux , de trois &c. termes, on verra se former cette suite de nombres :

Y iij

1, 3, 6, 10, 15, 21, 28, 36, 45, 55, 66 &c.
car 1=1, 1+2=3, 1+2+3=6, 1+2
+3+4=10, &c.

Ces nombres on les nomme *triangulaires*
ou *trigonaux*, parce qu'on peut toujours
ranger en triangle autant de points qu'ils
contiennent d'unités, comme on va voir:

&c.

427.

On voit dans tous ces triangles combien
chaque côté contient de points. Dans le
premier triangle il n'y a qu'un point ; dans
le second il y en a deux ; dans le troisieme

il y en a trois ; dans le quatrieme il y en
a quatre, &c. Ainſi les nombres triangulaires, ou le nombre des points (qu'on nomme ſimplement le *triangle*), ſe reglent ſur
le nombre des points que contient le côté,
lequel nombre on nomme en un mot le *côté*.
C'eſt-à-dire que le troiſieme nombre triangulaire, par exemple, ou le troiſieme triangle, eſt celui dont le côté a trois points ;
le quatrieme, celui dont le côté eſt quatre,
& ainſi de ſuite ; & voici comment nous
repréſenterons cette propriété :

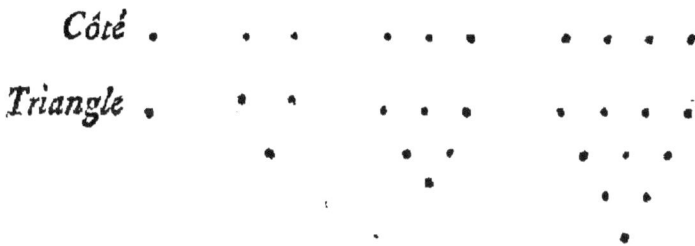

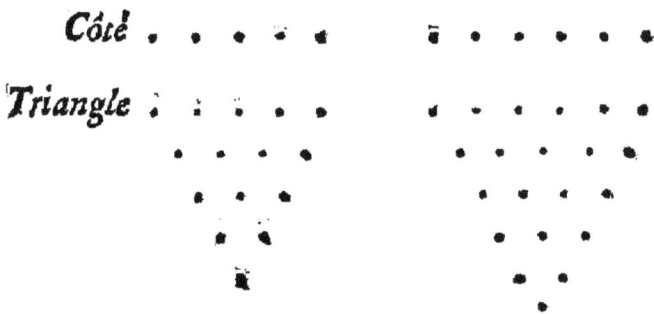

428.

Il se présente donc ici la question, comment, le côté étant donné, on doit déterminer le triangle? Et après ce que nous avons exposé, nous y satisferons facilement.

Car soit le côté $=n$, le triangle sera $1+2+3+4+\ldots n$. Or la somme de cette progression est $=\frac{nn+n}{2}$; par conséquent la valeur du triangle est $\frac{nn+n}{2}$ (*).

Et si $n=1$, le triangle est $=1$,
si $n=2$, — — — — $=3$,
si $n=3$, — — — — $=6$,
si $n=4$, — — — — $=10$,
& ainsi de suite. Lorsque $n=100$, le triangle sera $=5050$.

429.

On nomme cette formule $\frac{nn+n}{2}$, la formule générale des nombres triangulaires;

(*) M. *de Joncourt* a publié à la Haye en 1762 une table des nombres trigonaux, qui répondent à tous les nombres naturels depuis 1 jusqu'à 20000. Ces tables peuvent être utiles pour faciliter un grand nombre d'opérations arithmétiques, comme l'Auteur le fait voir dans une Introduction fort étendue.

parce que par fon fecours on trouve le nombre triangulaire, ou le triangle, qui répond à un côté quelconque indiqué par *n*.

On peut transformer cette formule en celle-ci, $\frac{n(n+1)}{2}$; & cela fert même à faciliter le calcul, parce que toujours un des deux nombres *n*, ou *n*+1, eft un nombre pair, & par conféquent divifible par 2.

C'eft ainfi que fi *n*=12, le triangle eft $=\frac{12.13}{2}=6.13=78$. Et que fi *n*=15, le triangle eft $=\frac{15.16}{2}=15.8=120$, &c.

430.

Qu'on fuppofe à préfent la différence =2, on aura la progreffion arithmétique fuivante:

1, 3, 5, 7, 9, 11, 13, 15, 17, 19, 21, &c. dont les fommes, en prenant fucceffivement un, deux, trois, quatre termes &c forment cette férie:

1, 4, 9, 16, 25, 36, 49, 64, 81, 100, 121 &c.

On nomme les termes de cette fuite, les nombres *quadrangulaires*, ou plutôt

quarrés ; puifqu'en effet cette fuite repréfente les quarrés des nombres naturels,
comme nous les avons trouvés plus haut;
& cette dénomination leur convient d'autant plus, qu'on peut toujours former un
quarré du nombre de points qu'indiquent
ces termes, ainfi qu'on va le voir :

1, 4,　　　9,　　　　16,　　　　25,

36,　　　　　　　49,

431.

On voit ici que le côté d'un tel quarré
contient précifément le nombre de points

qu'indique la racine quarrée. Le côté du quarré 25, par exemple, est de cinq points; celui du quarré 36 est de six points; & en général donc, si le côté est *n*, c'est-à-dire que le nombre des termes de la progression, 1, 3, 5, 7, &c. qu'on aura pris, soit indiqué par *n*, on voit que le quarré, ou le nombre quadrangulaire, sera égal à la somme de ces termes, ou $= nn$, ainsi que nous l'avons trouvée à l'article 422. Nous ne nous arrêterons pas davantage à ces nombres quarrés, en ayant traité au long plus haut.

432.

Faisant maintenant la différence $= 3$, & prenant de la même maniere les sommes, on obtiendra des nombres qu'on appelle *pentagones*, quoiqu'on ne puisse plus si bien les représenter par des points (*). Ces suites commencent ainsi :

(*) Ce n'est pas cependant qu'on ne puisse aussi représenter par des points les polygones d'un nombre quel-

Indices, 1, 2, 3, 4, 5, 6, 7, 8, 9 &c.
Prog. arith. 1, 4, 7, 10, 13, 16, 19, 22, 25 &c.
Pentagone, 1, 5, 12, 22, 35, 51, 70, 92, 117 &c.
les indices indiquant le côté de chaque pentagone.

433.

Il s'enfuit de-là que fi on fait le côté $= n$, le nombre pentagone fera $= \frac{3nn-n}{2} = \frac{n(3n-1)}{2}$. Soit, par exemple, $n = 7$, le pentagone fera $= 70$. Si on demande le pentagone, dont le côté eft 100, on fera $n = 100$, & on aura 14950 pour le nombre cherché.

conque de côtés ; mais la regle que j'ai remarqué qu'il faut fuivre pour cet effet, & que je vais indiquer, me paroît avoir échappé à tous les Algébriftes que j'ai confultés.

On commence par tracer un petit polygone régulier qui ait le nombre de côtés qu'on demande ; ce nombre refte conftant pour une même fuite de nombres polygones, & il eft égal à 2 *plus* la différence de la progreffion arithmétique qui produit la fuite ; on choifit enfuite un des angles de ce polygone pour tirer du point de concours autant de diagonales indéfinies qu'il eft poffible ; on prolonge de même indéfiniment les deux côtés qui forment l'angle qu'on a adopté ; après cela on prend ces deux côtés & les diagonales du premier polygone,

434.

Que si l'on suppose la différence = 4, on parvient aux nombres *hexagones*, comme on le voit dans les progressions qui suivent :

respectivement autant de fois qu'on veut sur les lignes indéfinies; on tire des points correspondans où le compas s'est arrêté, des lignes paralleles aux côtés du premier polygone, & on les partage en autant de parties égales, ou par autant de points qu'en ont actuellement les diagonales & les deux côtés prolongés. Cette regle est générale depuis le triangle jusqu'au polygone d'un nombre infini de côtés. Les deux figures qui suivent suffiront pour en faciliter l'application.

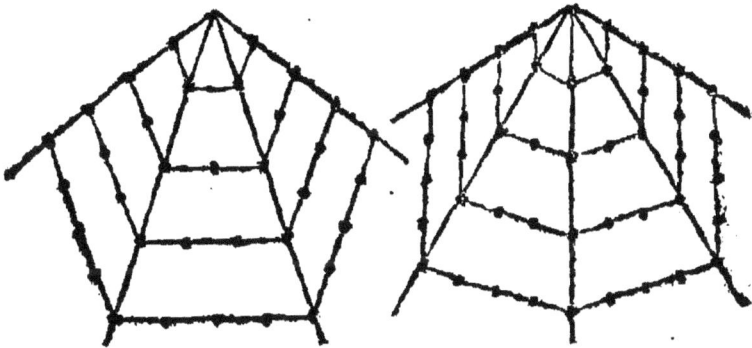

La division de ces figures en triangles fournit encore matiere à différentes considérations curieuses & à des transformations assez jolies des formules générales, par lesquelles on voit dans ce chapitre comment s'expriment les nombres polygones; mais je ne crois pas devoir m'y arrêter.

Indices, 1, 2, 3, 4, 5, 6, 7, 8, 9 &c.
Prog. arith. 1, 5, 9, 13, 17, 21, 25, 29, 33 &c.
Hexagone, 1, 6, 15, 28, 45, 66, 91, 120, 153 &c.
les indices montrant encore le côté de chaque hexagone.

435.

Ainsi quand le côté est n, le nombre
hexagone est $= 2nn - n = n(2n-1)$; &
on observera au reste que tous les nombres
hexagones font aussi triangulaires, puisque
en ne prenant de ces derniers que le premier, le troisieme, le cinquieme &c. on
a précisément la suite des hexagones.

436.

On trouvera de la même maniere les
nombres heptagones, octogones, ennéa-
gones, &c. Nous nous contenterons de
donner encore ici le tableau des formules
générales de tous ces nombres, compris
fous le nom général de *nombres polygones.*

En suppofant le côté $= n$, on a
le triangle $= \frac{nn+n}{2} = \frac{n(n+1)}{2}$,

le quarré $= \frac{2nn+on}{2} = nn$,

le v gone $= \frac{3nn-n}{2} = \frac{n(3n-1)}{2}$,

le VI gone $= \frac{4nn-2n}{2} = 2nn-n = n(2n-1)$

le VII gone $= \frac{5nn-3n}{2} = \frac{n(5n-3)}{2}$,

le VIII gone $= \frac{6nn-4n}{2} = 3nn-2n = n(3n-2)$

le IX gone $= \frac{7nn-5n}{2} = \frac{n(7n-5)}{2}$,

le X gone $= \frac{8nn-6n}{2} = 4nn-3n = n(4n-3)$

le XI gone $= \frac{9nn-7n}{2} = \frac{n(9n-7)}{2}$,

le XII gone $= \frac{10nn-8n}{2} = 5nn-4n = n(5n-4)$

le XX gone $= \frac{18nn-16n}{2} = 9nn-8n = n(9n-8)$

le XXV gone $= \frac{23nn-21n}{2} = \frac{n(23n-21)}{2}$,

le m gone $= \frac{(m-2)nn-(m-4)n}{2}$ (*).

437.

Ainſi le côté étant n, on a en général le nombre m angulaire $= \frac{(m-2)nn-(m-4)n}{2}$; d'où l'on peut déduire tous les nombres poly-

(*) On remarquera ſans peine que cette table n'eſt que celle de l'article 424 pouſſée plus loin.

gones poſſibles dont le côté ſeroit *n*. Si on cherchoit, par exemple, les nombres bi-angulaires, on auroit *m*＝2, & par conſéquent le nombre cherché ＝*n*; c'eſt-à-dire que les nombres biangulaires ſont les nombres naturels 1, 2, 3, &c.

Si on fait *m*＝3, on a le nombre trian-gulaire ＝$\frac{nn+n}{2}$.

Si on fait *m*＝4, on a le nombre quarré ＝*nn*, &c.

438.

Suppoſons, pour éclaircir cette regle par des exemples, qu'on cherche le nombre xxv gone, dont le côté eſt 36; on cherchera d'abord dans notre table le nombre xxv gone pour le côté *n*; on le trouvera ＝$\frac{23nn-21n}{2}$. Faiſant enſuite *n*＝36, on trouvera le nombre cherché ＝14526.

439.

Queſtion. Quelqu'un a acheté une maiſon, & on lui demande combien il en a payé? Il répond que le nombre 365 gone
de

de 12 eſt le nombre d'écus qu'il l'a ache-
tée.

Afin de trouver ce nombre, on fera
$m = 365$ & $n = 12$; & ſubſtituant ces
valeurs dans la formule générale, on
trouvera pour le prix de la maiſon 23970
écus (*).

(*) Le chapitre qu'on vient de lire, eſt intitulé *des nom-*
bres figurés ou *polygones*. On peut avoir remarqué que ce
n'eſt pas ſans fondement que quelques Algébriſtes diſtin-
guent entre nombres *figurés* & nombres *polygones*. En
effet les nombres qu'on nomme communément *figurés*,
dérivent tous d'une ſeule progreſſion arithmétique, &
chaque ſuite de ces nombres ſe forme après cela en ajoutant enſemble les termes de la ſuite précédente. Chaque
ſuite des nombres *polygones*, au contraire, provient d'une
progreſſion arithmétique différente ; cela fait qu'on ne peut
dire à la rigueur d'une ſeule ſuite de nombres figurés,
qu'elle eſt en même temps une ſuite de nombres polygones. On s'en convaincra mieux en jetant les yeux ſur
les tables qui ſuivent.

TABLE DES NOMBRES FIGURÉS.

Nombres conſtans – – – – – –	1.1. 1. 1. 1. 1. &c.
naturels – – – – –	1.2. 3. 4. 5. 6. &c.
triangulaires – – –	1.3. 6.10.15. 21. &c.
pyramidaux – – –	1.4.10.20.35. 56. &c.
trianguli-pyramidaux	1.5.15.35.70.126. &c.

Tome I. Z

TABLE DES NOMBRES POLYGONES.

Diff. de la progr.	Nombres	
1	triangulaires	– – 1.3. 6.10.15. &c.
2	quarrés	– – – 1.4. 9.16.25. &c.
3	pentagones	– – 1.5.12.22.35. &c.
4	hexagones	– – 1.6.15.28.45. &c.

Les puissances forment aussi des suites particulieres de nombres. Les deux premieres se retrouvent dans les nombres figurés, & la troisieme dans les nombres polygones ; c'est ce qu'on va voir, en substituant à *a* successivement les nombres 1, 2, 3 &c.

TABLE DES PUISSANCES.

a^0 – – – – – 1. 1. 1. 1. 1. &c.

a^1 – – – – – 1. 2. 3. 4. 5. &c.

a^2 – – – – – 1. 4. 9. 16. 25. &c.

a^3 – – – – – 1. 8.27. 64.125. &c.

a^4 – – – – – 1.16.81.256.625. &c.

Les Algébristes du seizieme & du dix-septieme siecle se sont tous beaucoup occupés de ces différentes especes de nombres & de leurs rapports entr'elles ; ils y ont trouvé une variété singuliere de propriétés curieuses ; mais leur utilité n'étant cependant pas grande, on néglige aujourd'hui, avec raison, d'en parler beaucoup dans les cours de Mathématiques.

CHAPITRE VI.

Du Rapport Géométrique.

440.

LE *rapport géométrique* entre deux nombres contient la réponse à la question, *combien de fois* l'un de ces nombres est plus grand que l'autre? On le trouve en divisant l'un par l'autre ; le quotient indique la raison cherchée.

441.

On a donc trois choses à considérer ici ; 1°. le premier des deux nombres proposés, qu'on nomme l'*antécédent ;* 2°. l'autre nombre, qu'on appelle le *conséquent ;* 3°. *la raison* des deux nombres, ou le quotient de la division de l'antécédent par le conséquent. Par exemple, si c'est le rapport des nombres 18 & 12 qu'il s'agit d'indiquer, 18 est l'antécédent, 12 est le conséquent,

& la raifon fera $\frac{18}{12} = 1\frac{1}{2}$; d'où l'on voit que l'antécédent contient le conféquent une fois & demie.

442.

On a coutume d'indiquer le rapport géo-métrique par deux points, mis l'un au-def-fus de l'autre entre l'antécédent & le con-féquent.

Ainfi $a:b$ fignifie le rapport géométrique de ces deux nombres, ou la raifon de b à a. Nous avons déjà remarqué plus haut qu'on fe fert de ce figne pour indiquer la divifion, & c'eft auffi pourquoi on l'emploie ici; parce qu'afin de connoître ce rapport, il faut qu'on divife a par b. La raifon, indi-quée par ce figne, fe prononce en difant fimplement a eft à b.

443.

On repréfente donc l'expreffion d'un rapport par une fraction dont le numéra-teur eft l'antécédent, & dont le dénomi-nateur eft le conféquent. La clarté exige qu'on réduife toujours cette fraction à fes moindres termes, ce qu'on fait, comme nous l'avons montré plus haut, en divifant le numérateur & le dénominateur par leur plus grand commun divifeur. Ainfi la fraction $\frac{18}{12}$ fe réduit à $\frac{3}{2}$, en divifant les deux termes par 6.

444.

Les rapports ne different donc entr'eux qu'en tant que leurs raifons font différentes; & il y a autant de différentes efpeces de rapports géométriques qu'on peut imaginer de différentes raifons.

La premiere efpece eft fans contredit celle où la raifon devient l'unité; ce cas arrive quand les deux nombres font égaux, comme dans $3:3$; $4:4$; $a:a$; la raifon eft ici 1, & à caufe de cela on la nomme le rapport de l'égalité.

Viennent enfuite les efpeces où la raifon eft un autre nombre entier; dans $4:2$ la raifon eft 2, & on la nomme raifon *double*;

dans 12:4 la raifon eft 3 , & on la nomme raifon *triple ;* dans 24:6 la raifon eft 4, & elle s'appelle raifon *quadruple* , &c.

Après ces efpeces là viennent celles dont les raifons s'expriment par des fractions, comme 12:9 , où la raifon eft $\frac{4}{3}$ ou $1\frac{1}{3}$; 18:27 , où la raifon eft $\frac{2}{3}$, &c. On peut même diftinguer parmi celles-ci les raifons où le conféquent contient exactement deux fois, trois fois &c. l'antécédent: tels font les rapports 6:12, 5:15 &c. dont quel-ques-uns nomment les raifons, raifons *foû-doubles* , *foûtriples* , &c.

Nous ajouterons qu'on nomme raifon *de nombre à nombre* , celle dont le quotient n'eft pas un nombre inexprimable , l'anté-cédent & le quotient étant des nombres entiers, comme 11:7, 8:15 &c. & qu'on appelle raifon *irrationnelle* ou *fourde* , celle dont le quotient ne peut s'exprimer exac-tement ni par des nombres entiers, ni par des fractions, comme $\sqrt{5}$ à 8, 4 à $\sqrt{3}$.

445.

Soit à préfent a l'antécédent, b le conféquent & d la raifon, nous favons déjà que a & b étant donnés, on trouve $d=\frac{a}{b}$.

Que fi le conféquent b étoit donné avec la raifon, on trouveroit l'antécédent $a=bd$, parce que bd divifé par b fait d. Enfin fi l'antécédent a eft donné & la raifon d, on trouvera le conféquent $b=\frac{a}{d}$; car en divifant l'antécédent a par ce conféquent $\frac{a}{d}$, on trouve le quotient d, c'eft-à-dire la raifon.

446.

Tout rapport $a:b$ refte conftant, foit qu'on multiplie ou qu'on divife l'antécédent & le conféquent par le même nombre, parce que la raifon refte la même. Soit d la raifon de $a:b$, on a $d=\frac{a}{b}$; or la raifon du rapport $na:nb$ eft auffi $\frac{a}{b}=d$, & celle du rapport $\frac{a}{n}:\frac{b}{n}$ eft pareillement $\frac{a}{b}=d$.

447.

Quand une raifon a été réduite à fes moindres termes, il eft facile d'en reconnoître le
rapport & de l'énoncer. Par exempl. quand
la raifon $\frac{a}{b}$ a été réduite à la fraction $\frac{p}{q}$, on
dit $a:b=p:q$, $a:b::p:q$, ce qui fe pro-
nonce, a eft à b comme p eft à q. Ainfi,
la raifon du rapport $6:3$ étant $\frac{2}{1}$ ou 2, on
dira $6:3=2:1$. On aura de même $18:12$
$=3:2$, & $24:18=4:3$, & $30:45=2:3$
&c. Que fi la raifon ne peut s'abréger,
le rapport ne deviendra pas plus clair ; on
ne fimplifie pas en difant $9:7=9:7$.

448.

On peut, au contraire, transformer quelquefois en un rapport clair & fimple celui
de deux très-grands nombres, favoir, lorfque la raifon fe réduit à de très-petits termes. Par exemple, quand on peut dire
$28844:14422=2:1$, ou $10566:7044=3$
$:2$, ou $57600:25200=16:7$.

449.

Il eſt donc eſſentiel, pour exprimer un rapport quelconque de la maniere la plus claire qu'il ſoit poſſible, de chercher à réduire la raiſon aux plus petits nombres qu'il ſe puiſſe. Cela ſe fait facilement, en diviſant les deux termes du rapport par leur plus grand commun diviſeur. Par exemple, pour réduire le rapport 57600 : 25200 à celui-ci, 16 : 7, tout conſiſte dans la ſeule opération de diviſer les nombres 576 & 252 par 36, qui eſt leur plus grand commun diviſeur.

450.

On voit donc auſſi combien il importe qu'on ſache toujours trouver le plus grand commun diviſeur de deux nombres donnés; mais c'eſt ce qui demande une méthode que nous détaillerons dans le chapitre ſuivant.

CHAPITRE VII.

Du plus grand commun Diviseur de deux Nombres donnés.

451.

IL est des nombres qui n'ont d'autre commun diviseur que l'unité, & quand le numérateur & le dénominateur d'une fraction sont de cette nature, il n'est pas possible de la réduire à une forme plus commode.

On voit, par exemple, que les deux nombres 48 & 35 n'ont pas de commun diviseur, quoique chacun ait ses diviseurs en particulier. C'est pourquoi on ne peut exprimer plus simplement le rapport 48:35, parce que la division de deux nombres par 1 ne les rend pas plus petits.

452.

Mais lorsque les deux nombres ont un commun diviseur, on le trouve, & même

le plus grand qu'ils aient , par la regle fuivante :

Il faut divifer le plus grand des deux
nombres par le plus petit ; on divifera enfuite par le réfidu le divifeur précédent ;
ce qui refte dans cette feconde divifion,
fervira après cela de divifeur pour une troifieme divifion , dans laquelle le réfidu ou
le divifeur précédent fera le dividende, &
on continuera de la même maniere jufqu'à
ce qu'on arrive à une divifion fans refte ;
le divifeur de cette divifion , & par conféquent le dernier divifeur , fera le plus
grand commun divifeur des deux nombres
donnés.

Voici cette opération pour les deux nombres 576 & 252 :

$$
\begin{array}{r}
252 \left|\begin{array}{l} 576 \\ 504 \end{array}\right| 2 \\
72 \left|\begin{array}{l} 252 \\ 216 \end{array}\right| 3 \\
36 \left|\begin{array}{l} 72 \\ 72 \end{array}\right| 2 \\
0.
\end{array}
$$

Ainsi le plus grand commun diviseur est ici 36.

453.

Il sera bon d'éclaircir encore cette regle par quelques autres exemples.

Supposons qu'on cherche le plus grand commun diviseur des nombres 504 & 312, on aura :

$$
\begin{array}{r}
312 \overline{|504|} 1 \\
\underline{312} \\
192 \overline{|312|} 1 \\
\underline{192} \\
120 \overline{|192|} 1 \\
\underline{120} \\
72 \overline{|120|} 1 \\
\underline{72} \\
48 \overline{|72|} 1 \\
\underline{48} \\
24 \overline{|48|} 2 \\
\underline{48} \\
0.
\end{array}
$$

Ainsi 24 est le plus grand commun diviseur, & par conséquent le rapport 504:312 se réduit à la forme 21:13.

454.

Soit donné le rapport 625 : 529, & qu'on cherche le plus grand diviseur commun entre ces deux nombres :

$$529 \mid \overline{625} \mid 1$$
$$\underline{529}$$
$$96 \mid \overline{529} \mid 5$$
$$\underline{480}$$
$$49 \mid \overline{6} \mid 1$$
$$\underline{49}$$
$$47 \mid \overline{49} \mid 1$$
$$\underline{47}$$
$$2 \mid \overline{47} \mid 23$$
$$\underline{46}$$
$$1 \mid \overline{2} \mid 2$$
$$\underline{2}$$
$$0.$$

Donc 1 est ici le plus grand commun diviseur, & par conséquent on ne peut exprimer la raison 625 : 529 par des nombres plus petits, & la réduire à de moindres termes.

455.

Il fera néceffaire à préfent de donner auffi la démonftration de cette regle. Suppofons pour cela que *a* foit le plus grand & *b* le plus petit des nombres donnés, & que *d* foit un de leurs communs divifeurs, on comprendra d'abord que *a* & *b* étant divifibles par *d*, on pourra auffi divifer par *d* les quantités $a - b$, $a - 2b$, $a - 3b$, & en général $a - nb$.

456.

Le réciproque n'eft pas moins vrai ; c'eft-à-dire que fi les nombres *b* & $a - nb$ font divifibles par *d*, le nombre *a* fera auffi divifible par *d*. Car *nb* pouvant être divifés par *d*, on ne pourroit divifer $a - nb$ par *d*, fi *a* n'étoit pas divifible de même par *d*.

457.

Nous remarquerons de plus que fi *d* eft le *plus grand* commun divifeur des deux nombres *b* & $a - nb$, il fera auffi le plus

grand commun diviſeur des deux nombres
a & *b*. Car ſi, pour ces nombres *a* & *b*,
un diviſeur commun plus grand que *d* pouvoit avoir lieu, ce nombre ſeroit auſſi un
diviſeur commun de *b* & *a*—*nb*, & par conſéquent *d* ne ſeroit pas le plus grand diviſeur de ces deux nombres. Or nous venons
de ſuppoſer *d* le plus grand diviſeur commun à *b* & à *a*—*nb* ; donc il faut que *d* ſoit
auſſi le plus grand commun diviſeur de *a*
& de *b*.

458.

Ces trois choſes étant poſées, diviſons,
ſuivant la regle, le plus grand nombre *a* par
le plus petit *b* ; & ſuppoſons le quotient $= n$,
nous aurons le réſidu *a*—*nb*, qui ne peut
qu'être plus petit que *b*. Or ce reſte *a*—*nb*
ayant le même plus grand commun diviſeur avec *b* que les nombres donnés *a* & *b*,
on n'a qu'à recommencer la diviſion, en
diviſant le diviſeur précédent *b* par ce réſidu *a*—*nb* ; le nouveau réſidu qu'on ob-

tiendra, aura encore, avec le diviseur précédent, le même plus grand commun diviseur, & ainsi de suite.

459.

On continuera donc de la même maniere, jusqu'à ce qu'on parvienne à une division sans reste, c'est-à-dire où le résidu
soit zéro. Soit p ce dernier diviseur, contenu exactement un certain nombre de fois
dans son dividende ; ce dividende sera
donc divisible par p, & aura la forme mp;
ainsi ces nombres p & mp sont tous les deux
divisibles par p, & il est sûr qu'ils n'ont
pas de plus grand commun diviseur, parce
qu'aucun nombre ne peut être divisé réellement par un nombre plus grand que lui-
même. Par conséquent c'est aussi ce dernier
diviseur qui est le plus grand commun diviseur des nombres proposés a & b, & voilà
la démonstration de la regle prescrite.

460.

Mettons ici encore un exemple de la
même regle, en cherchant le plus grand
commun

commun diviseur des nombres 1728 &
2304. Voici l'opération:

$$1723 \mid 2304 \mid 1$$
$$\mid 1728 \mid$$
$$576 \mid 1728 \mid 3$$
$$\mid 1728 \mid$$
$$0.$$

Il s'ensuit de-là que 576 est le plus grand
commun diviseur, & que le rapport 1728
:2304 se réduit à celui-ci, 3:4; c'est-à-
dire que 1728 est à 2304 tout comme 3
est à 4.

CHAPITRE VIII.

Des Proportions Géométriques.

461.

Deux rapports géométriques sont égaux
lorsque leurs raisons sont égales. Cette égalité de deux rapports se nomme une *proportion géométrique*; & on écrit, par exemple,
$a:b = c:d$ ou $a:b :: c:d$, pour indiquer que

Tome I.   A a

le rapport $a:b$ eſt égal au rapport $c:d$; mais on exprime plus ſimplement la ſignification de cette formule, en diſant a eſt à b comme c à d. Une telle proportion eſt celle-ci, $8:4=12:6$; car la raiſon du rapport $8:4$ eſt $\frac{2}{1}$, & c'eſt auſſi la raiſon du rapport $12:6$.

462.

Ainſi $a:b=c:d$ étant une proportion géométrique, il faut qu'une même raiſon ait lieu des deux côtés, & que $\frac{a}{b}=\frac{c}{d}$; & réciproquement ſi les fractions $\frac{a}{b}$ & $\frac{c}{d}$ ſont égales, on a $a:b=c:d$.

463.

Une proportion géométrique conſiſte donc en quatre termes, tels que le premier, diviſé par le ſecond, donne le même quotient que le troiſieme, diviſé par le quatrieme. On déduit de-là une propriété importante, commune à toutes les proportions géométriques, & qui eſt que le produit

du premier & du quatrieme terme eſt toujours égal au produit du ſecond & du troiſieme ; ou plus ſimplement, que le produit des
extrêmes eſt égal au produit des moyens.

464.

Prenons, pour démontrer cette propriété, la proportion géométrique $a:b=c:d$,
de ſorte que $\frac{a}{b}=\frac{c}{d}$. Si on multiplie l'une &
l'autre de ces deux fractions par b, on ob-
tient $a=\frac{bc}{d}$, & multipliant de plus par d
des deux côtés, on a $ad=bc$. Or ad eſt
le produit des termes extrêmes, bc eſt celui
des moyens, & ces deux produits ſe trouvent égaux.

465.

Réciproquement ſi les quatre nombres
a, b, c, d, ſont tels que le produit des
deux extrêmes a & d eſt égal au produit
des deux moyens b & c, on eſt certain qu'ils
forment une proportion géométrique. Car,
puiſque $ad=bc$, on n'a qu'à diviſer de part

& d'autre par bd, on aura $\frac{ad}{bd} = \frac{bc}{bd}$, ou $\frac{a}{b}$ $= \frac{c}{d}$, & par conféquent $a:b = c:d$.

466.

Les quatre termes d'une proportion géo-métrique, comme $a:b = c:d$, peuvent fe tranfpofer de différentes manieres, fans que la proportion ceffe de fubfifter. Car le prin-cipal étant toujours que le produit des ex-trêmes foit égal au produit des moyens, ou $ad = bc$, on peut dire: 1°. $b:a = d:c$; 2°. $a:c = b:d$; 3°. $d:b = c:a$; 4°. $d:c = b:a$.

467.

Outre ces quatre proportions géométri-ques, on peut en déduire encore d'autres de la même proportion, $a:b = c:d$. On peut dire: $a+b:a$, ou le premier terme plus le fecond, eft au premier, comme le troi-fieme $+$ le quatrieme eft au troifieme, c'eft-à-dire, $a+b:a = c+d:c$.

On peut enfuite dire: le premier $-$ le fecond eft au premier comme le troifieme

—le quatrieme eſt au troiſieme, ou bien $a—b:a=c—d:c$.

Car ſi l'on prend le produit des extrêmes & des moyens, on a $ac—bc=ac—ad$, ce qui revient évidemment à l'égalité $ad=bc$.

Enfin il eſt facile auſſi de démontrer que $a+b:b=c+d:d$; & que $a—b:b=c—d:d$.

468.

Toutes les proportions que nous avons vu dériver de $a:b=c:d$, peuvent ſe repréſenter de la maniere générale qui ſuit :

$$ma+nb:pa+qb=mc+nd:pc+qd.$$

Car le produit des termes extrêmes eſt $mpac+npbc+mqad+nqbd$, ou, puiſque $ad=bc$, ce produit devient $mpac+npbc+mqbc+nqbd$. De plus le produit des termes moyens eſt $mpac+mqbc+npad+nqbd$, ou, à cauſe de $ad=bc$, il eſt $mpac+mqbc+npbc+nqbd$, ainſi ces deux produits ſont égaux.

469.

Il eſt donc clair qu'une proportion géométrique étant donnée, par exemple, 6:3

$=$10:5 , on peut en déduire une infinité d'autres de celle-ci. Nous n'en mettrons ici que quelques-unes.

3:6$=$5:10; 6:10$=$3:5 ; 9:6$=$15:10;
3:3$=$5 : 5 ; 9:15$=$3:5 ; 9:3$=$15 : 5.

470.

Puifque dans toute proportion géomé-trique le produit des extrêmes eft égal au produit des moyens, on peut, les trois pre-miers termes étant connus, trouver par leur moyen le quatrieme. Soient les trois pre-miers termes 24:15$=$40 à.... comme le produit des moyens eft ici 600 , il faut que le quatrieme terme multiplié par le premier, c'eft-à-dire par 24 , faffe pareillement 600; par conféquent en divifant 600 par 24 , le quotient 25 fera le quatrieme terme cher-ché, & la proportion entiere fera 24:15 $=$40:25. En général donc, fi les trois pre-miers termes font $a:b=c:....$ on mettra d pour la quatrieme lettre inconnue ; & puif-qu'il faut que $ad=bc$, on divifera de part

& d'autre par a, & on aura $d = \frac{bc}{a}$. Ainsi le quatrieme terme est $= \frac{bc}{a}$, & on le trouve en multipliant le second terme par le troisieme, & en divisant ce produit par le premier terme.

471.

Voilà le fondement de cette *regle de trois* si célebre dans l'arithmétique ; car que cherche-t-on dans cette regle ? On suppose trois nombres donnés, & on en cherche un quatrieme qui soit avec ceux-là en proportion géométrique ; de façon que le premier soit au second comme le troisieme est au quatrieme.

472.

Quelques circonstances particulieres se présentent à remarquer ici.

Dabord, si dans deux proportions les premiers & les troisiemes termes sont les mêmes, comme dans $a:b=c:d$ & $a:f=c:g$, je dis que les deux seconds & les deux quatriemes termes seront aussi en proportion

géométrique , & que $b:d=f:g$. Car la premiere proportion se transformant en celle-
ci, $a:c=b:d$, & la seconde en celle-ci, $a:c$
$=f:g$, il s'ensuit que les raisons $b:d$ & $f:g$
font égales , puisque chacune d'elles est
égale à la raison $a:c$. Par exemple , si $5:100$
$=2:40$, & $5:15=2:6$, il faut que $100:40$
$=15:6$.

473.

Mais si deux proportions sont telles que
les termes moyens sont les mêmes dans l'une
& dans l'autre, je dis que les premiers termes seront en raison inverse avec les quatriemes. C'est-à-dire , si $a:b=c:d$, & $f:b$
$=c:g$, il s'ensuit que $a:f=g:d$. Soient, par
exemple , les proportions $24:8 = 9:3$, &
$6:8=9:12$, on aura $24:6=12:3$. La raison
en est évidente : la premiere proportion
donne $ad=bc$; la seconde donne $fg=bc$;
donc $ad=fg$, & $a:f=g:d$, ou $a:g=f:d$.

474.

Deux proportions étant données , on peut
toujours en faire une nouvelle , en multi-

pliant féparément le premier terme de l'une par le premier terme de l'autre , le fecond par le fecond , & ainfi des autres termes. C'eft ainfi què les proportions $a:b=c:d$ & $e:f=g:h$ fourniront celle-ci , $ae:bf=cg:dh$. Car la premiere donnant $ad=bc$, & la feconde donnant $eh=fg$, on aura auffi $adeh$ $=bcfg$. Or $adeh$ eft le produit des extrêmes , & $bcfg$ eft le produit des moyens dans la nouvelle proportion ; ainfi ces deux produits étant égaux , la proportion eft vraie.

475.

Soient , par exemple , les deux proportions , $6:4=15:10$ & $9:12=15:20$, léur combinaifon donnera la proportion , $6.9:4$ $.12=15.15:10.20$,

ou $54:48=225:200$,

ou $9:8=9:8$.

476.

Nous obferverons enfin que fi deux produits font égaux , comme $ad=bc$, on peut réciproquement convertir cette égalité en une proportion géométrique.

On a toujours l'un des facteurs du premier produit à un des facteurs du second produit, comme l'autre facteur du second produit à l'autre facteur du second produit; c'est-à-dire, dans notre cas $a:c=b:d$, ou $a:b=c:d$. Soit $3.8=4.6$, on en formera cette proportion, $8:4=6:3$, ou celle-ci, $3:4=6:8$. De même si $3.5=1.15$, on aura $3:15=1:5$, ou $5:1=15:3$, ou $3:1=15:5$.

CHAPITRE IX.

Remarques sur les Proportions & sur leur usage.

477.

CETTE théorie est tellement nécessaire dans la vie commune, que personne presque ne peut s'en passer. Il y a toujours proportion entre les prix & les marchandises;

& quand il eſt queſtion de différentes eſpeces de monnoie, tout ſe réduit à déterminer les rapports qui ſont entr'elles. Les
exemples que ces réflexions nous fourniſſent, ſeront très-propres à éclaircir les principes des proportions, & à en faire voir
l'utilité dans l'application.

478.

On voudroit ſavoir, par exemple, le
rapport entre deux eſpeces de monnoie :
ſuppoſons un louis d'or vieux & un ducat ;
il faudra voir d'abord combien ces eſpeces
valent, étant comparées à une même eſpece. Ainſi un louis vieux valant à Berlin
5 rixdales & 8 gros, & un ducat valant
3 rixdales, ſi on réduit ces deux valeurs à
une même eſpece ; ſoit à des rixdales, ce
qui donne la proportion 1 L. : 1 D. : $= 5\frac{1}{3}$ R.
: 3 R. ou $= 16 : 9$; ſoit à des gros, dans
lequel cas on auroit 1 L. : 1 D. $= 128 : 72$
$= 16 : 9$. On voit que ces proportions donnent le rapport juſte du louis vieux au ducat ;

car l'égalité des produits des extrêmes &
des moyens donne dans l'une & dans l'autre
9 louis = 16 ducats ; & au moyen de cette
comparaiſon on pourra changer en ducats
une ſomme quelconque de louis d'or vieux,
& réciproquement. Suppoſez qu'on demande combien 1000 louis vieux font en ducats,
vous ferez cette regle de trois : 9 louis font
16 ducats ; que font 1000 louis ? & vous
répondrez, 1777 $\frac{7}{9}$ ducats.

Que ſi l'on demandoit, au contraire,
combien 1000 ducats font de louis d'or
vieux, il faudroit faire cette regle de trois:
16 ducats font 9 louis ; que font 1000 ducats ? *réponſe*, 562 $\frac{1}{2}$ louis d'or vieux.

479.

Ici (à Saint-Péterſbourg) la valeur du
ducat varie & dépend du cours du change.
C'eſt ce cours qui détermine la valeur du
rouble en ſtuvers ou ſous de Hollande, deſquels 105 font un ducat.

Ainſi quand le change eſt à 45 ſtuvers,

on a cette proportion , 1 rouble : 1 ducat
$=45 : 105 = 3 : 7$; & de-là l'égalité : 7 roubles $= 3$ ducats.

On trouvera par-là combien un ducat
fait en roubles ; car 3 ducats : 7 roubles
$= 1$ ducat : .... *réponse*, $2\frac{1}{3}$ roubles.

Si le change étoit à 50 ftuvers, on auroit
cette proportion , 1 rouble : 1 ducat $= 50$
$: 105 = 10 : 21$, ce qui donneroit 21 roubles $= 10$ ducats ; & on auroit 1 ducat $= 2\frac{1}{10}$
roubles. Enfin , quand le change eft à 44
ftuvers, on a 1 rouble : 1 ducat : $= 44 : 105$,
& par conféquent 1 ducat $= 2\frac{17}{44}$ roubles
$= 2$ roubles $38\frac{7}{14}$ copeckes.

480.

Il s'enfuit de-là qu'on peut auffi comparer enfemble plus de deux efpeces de monnoie, ce qu'on a très-fréquemment occafion
de faire dans les lettres de change. Suppofons , pour en donner un exemple , que
quelqu'un d'ici ait 1000 roubles à faire

payer à Berlin, & qu'il veuille favoir com
bien cette fomme fait en ducats à Berlin.

Le change eft ici à $47\frac{1}{2}$, c'eft-à-d. qu'un
rouble fait $47\frac{1}{2}$ ftuvers. En Hollande, 20
ftuvers font un florin ; $2\frac{1}{2}$ florins de Hollande font une rixdale de Hollande. De
plus le change de la Hollande avec Berlin
eft à 142, c'eft-à dire que pour 100 rixdales hollandoifes on paye à Berlin 142
rixdales. Enfin le ducat vaut à Berlin 3
rixdales.

481.

Pour réfoudre maintenant la queftion
propofée, allons pas à pas. En commençant donc par les ftuvers, puifque 1 rouble
$= 47\frac{1}{2}$ ftuvers, ou 2 roubles $= 95$ ftuvers,
nous ferons 2 roubles : 95 ftuvers $= 1000$...
réponfe, 47500 ftuvers ; & fi nous allons
plus loin & que nous difions, 20 ftuvers
: 1 florin $= 47500$ ftuvers :.... nous aurons
2375 florins.

De plus, $2\frac{1}{2}$ florins $= 1$ rixdale hollan-

doife, ou 5 florins = 2 rixdales hollandoifes ; on fera donc 5 florins : 2 rixdales hollandoifes = 2375 florins :.... *réponfe*, 950
rixdales hollandoifes.

Prenant enfuite les écus de Berlin fuivant
le change à 142, nous aurons 100 rixdales
hollandoifes : 142 rixdales = 950 : au quatrieme terme, 1349 rixdales de Berlin. Paffons enfin aux ducats, & difons 3 rixdales
: 1 ducat = 1349 rixdales à..... *rép.* 449 $\frac{2}{3}$
ducats.

482.

Suppofons, pour rendre ces calculs encore plus complets, que le Banquier de
Berlin faffe difficulté, fous quelque pré-
texte que ce foit, de payer cette fomme,
& qu'il ne veuille acquitter la lettre de
change qu'à raifon de cinq pour cent de
rabais, c'eft-à-dire en ne payant que 100
au lieu de 105, il faudra encore faire cette
regle de trois : 105 : 100 = 449 $\frac{2}{3}$ à un quatrieme terme, qui eft 428 $\frac{16}{63}$ ducats.

483.

Nous venons de voir qu'on avoit befoin
de fix opérations en fe fervant de la regle
de trois ; or on a trouvé moyen d'abréger
extrêmement ces calculs par la regle qu'on
nomme *regle de réduction*. Pour expliquer
cette regle , nous confidérerons d'abord les
deux antécédens de chacune des fix opérations précédentes :

    I.)   2 roubles : 95 ftuvers.

    II.) 20 ftuvers :   1 flor. holl.

    III.)   5 flor. holl. :   2 rixd. holl.

    IV.) 100 rixd. hol. : 142 rixd.

    V.)   3 rixdales :   1 ducat.

    VI.) 105 ducats : 100 ducats.

Si nous repaffons à préfent fur les calculs
ci-deffus , nous remarquerons que nous
avons toujours multiplié la fomme propofée par les feconds termes , & que nous
avons divifé les produits par les premiers
termes ; il eft donc clair qu'on parviendra
au même réfultat, en multipliant la fomme
                          propofée

proposée toute d'une fois, par le produit de tous les seconds termes, & en divisant par le produit de tous les premiers termes. Ou, ce qui revient au même, qu'on n'aura qu'à faire la regle de trois suivante : comme le produit de tous les premiers termes est au produit de tous les seconds termes, ainsi le nombre de roubles donné est au nombre de ducats payables à Berlin.

484.

Ce calcul s'abrege encore davantage, quand parmi les premiers termes il s'en trouve qui ont des diviseurs communs avec quelques-uns des seconds termes ; car dans ce cas on efface ces termes, & on met à la place les quotients provenus de la division par ce diviseur commun. L'exemple précédent prendra de cette maniere la forme qu'on va voir :

Roubles   x.   19φφ ftuv. 1000 r^{bles}

       xφ.   1 flor. holland.

       5.   x rixd. holland.

      100.   142 rixd.

       3.   1 duc.

   xφ5.21. 5 xφφ duc.

$$63φφ : 2698 = 10φφ \text{ à.....}$$

$$7)26980.$$

$$9)3854(2.$$

$$428(2. \; Rép. \; 428\tfrac{16}{63} \text{ ducats.}$$

485.

L'ordre qu'il faut fuivre en fe fervant de la regle de réduction eft celui-ci : on commence par l'efpece de monnoie dont il eft queftion, & on la compare avec une autre qui doit commencer le rapport fuivant, dans lequel on compare cette feconde efpece avec une troifieme, & ainfi de fuite ; de façon que chaque rapport commence par l'efpece par laquelle le rapport précédent finiffoit ; on continue de même jufqu'à ce

qu'on arrive à l'efpece fur laquelle on demande la réponfe, & à la fin on tient compte
encore des faux frais.

486.

Donnons encore d'autres exemples, afin
de faciliter la pratique de ces opérations.

Si les ducats gagnent à Hambourg 1 pour
cent fur deux rixdales de banque, c'eft-à-
dire que 50 ducats valent, non pas 100,
mais 101 rixdales de banque, & que le
change entre Hambourg & Konigsberg
foit 119 gros de Pologne, c'eft-à-dire que
1 rixdale *banco* faffe 119 gros polonois,
combien feront 1000 ducats en florins polonois? 30 gros polonois font 1 florin polon.

Ducat 1   :   *x* rixd. B°. 1000 duc.

1φφ 50 : 101 rixd. B°.

1   : 119 gr. pol.

30   : 1 flor. pol.

15φφ : 12019 = 10φφ duc. : ....

3)120190.

5)40063(1.

8012(3. *Rép.* 8012$\frac{2}{3}$ fl. p.

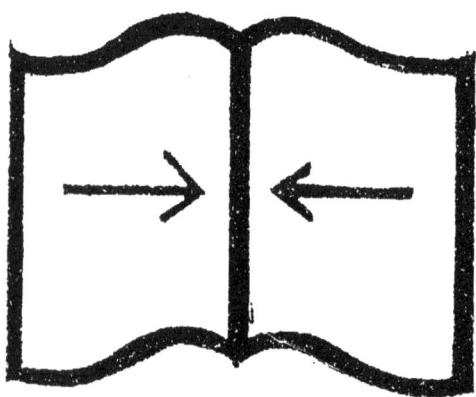

RELIURE SERREE
Absence de marges
intérieures

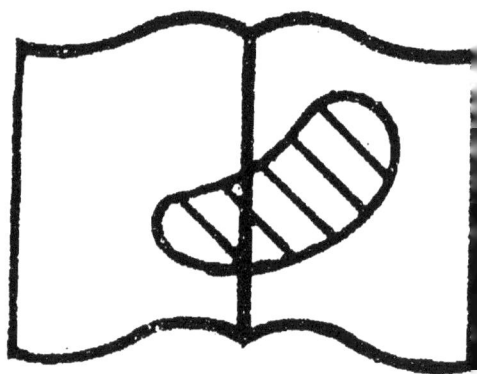

Illisibilité partielle

487.

On peut auſſi abréger encore un peu da
vantage, en écrivant le nombre qui fait le
troiſieme terme au-deſſus du ſecond rang
car alors le produit du ſecond rang, diviſé
par le produit du premier rang, donnera
la réponſe déſirée.

Queſtion. On fait venir à Leipſig des
ducats d'Amſterdam, ayant cours dans cette
derniere ville à raiſon de 5 flor. 4 ſtuver
courans, c'eſt-à-dire que 1 ducat vaut 10.
ſtuvers, & que 5 ducats valent 26 florins
hollandois. Si donc l'*agio di B°.* eſt à Amſ
terdam de 5 pour cent, c'eſt-à-dire que
105 courans faſſent 100 de banque, & que
le change de Leipſig à Amſterdam, en
argent de banque, ſoit 133 $\frac{1}{4}$ pour cent,
c'eſt-à-dire que pour 100 rixdales on paye
à Leipſig 133 $\frac{1}{4}$ rixdales ; enfin 2 rixdales de
Hollande faiſant 5 florins de Hollande, on
demande combien, ſuivant ces changes
il faudra payer de rixdales à Leipſig pour
1000 ducats ?

5.1φφφ ducats.

Ducats	5	:	26 fl. holl. cour.
	1φ5.21	:	4.2φ.1φφ flor. holl. B°.
	5	:	2 rixd. B°.
	4φφ.2	:	533 rixd. à Leipf.

21 : 3)55432(1.

7)18477(4.

2639.

Rép. 2639 $\frac{13}{21}$ rixdales, ou
2639 rixdales & 15
bons gros.

CHAPITRE X.

Des Rapports compofés.

488.

ON obtient des *rapports compofés*, en multipliant par ordre les termes de deux ou de plufieurs raifons, les antécédens par les antécédens, & les conféquens par les conféquens ; & on dit alors que le rappon entre ces deux produits eſt *compoſé* des rapports donnés.

C'eſt ainſi que les rapports $a:b$, $c:d$, $e:f$ donnent le rapport compoſé $ace:bdf$ (*).

489.

Une raiſon reſtant toujours la même, quand, pour l'abréger, on diviſe ſes deux termes par un même nombre, on peut faciliter beaucoup la compoſition ci-deſſus en comparant les antécédens & les conſéquens dans le deſſein de faire de telles réductions, ainſi que nous l'avons fait dans le chapitre précédent.

Voici, par exemple, comment on trouve le rapport compoſé des rapports donnés qui ſuivent.

(*) Chacune de ces trois raiſons eſt dite être une des *racines* de la raiſon compoſée.

Rapports donnés.

12:25, 28:33, & 55:56.

$$12,4,2 \ : \ 5.25.$$
$$28 \qquad : \ 11\,33.$$
$$55\,5 \qquad : \ 2\,56.$$

$$2 \ : \ 5.$$

Donc 2:5 eſt la raiſon compoſée qu'on cherchoit.

490.

Le même procédé a lieu, quand il s'agit d'opérer en général ſur des lettres ; & le cas le plus remarquable eſt celui où chaque antécédent eſt égal au conſéquent de la raiſon précédente. Si les raiſons données ſont

$$a : b$$
$$b : c$$
$$c : d$$
$$d : e$$
$$e : a;$$

la raiſon compoſée eſt 1:1.

Bb iv

491.

On verra l'utilité de ces principes, en remarquant que deux champs quarrés ont entr'eux un tel rapport, compofé des rapports des longueurs & des largeurs.

Soient, par exemple, les deux champs *A* & *B* ; que *A* ait 500 pieds de longueur fur 60 pieds de largeur, & que la longueur de *B* foit de 360 pieds, & fa largeur de 100 pieds ; le rapport des longueurs fera 500:360, & celui des largeurs 60:100. Ainfi l'on a

$$500,5 : 6,360.$$
$$60 : 100.$$
$$\overline{}$$
$$5 : 6.$$

Donc le champ *A* eft au champ *B* comme 5 à 6.

492.

Autre exemple. Soit le champ *A* long de 720 pieds, large de 88 pieds ; le champ *B* long de 660 pieds, & large de 90 pieds, on compoſera les rapports de la maniere qui ſuit :

Rapport des long. 720,8 : 15,60,660.

Rapport des larg. 88 8 2 :   90.

Rap. des champs A & B 16 :   15.

493.

De plus, s'il s'agit de comparer deux chambres relativement à l'eſpace ou au contenu, on obſervera que ce rapport eſt compoſé de trois rapports ; ſavoir, de celui des longueurs, de celui des largeurs & de celui des hauteurs. Soit, par exemple, la chambre A, dont la longueur $=36$ pieds, la largeur $=16$ pieds, & la hauteur $=14$ pieds ; & la chambre B, dont la longueur $=42$ pieds, la largeur $=24$ pieds, & la hauteur $=10$ pieds ; on aura ces trois rapports :

pour la longueur 36,6 : 42,7.

pour la largeur 16,4,2 : 24,4.

pour la hauteur 14,2 : 10,5.

                4 : 5.

Ainfi le contenu de la chambre *A* eft ?
contenu de la chambre *B* comme 4 à 5.

494.

Lorfque les raifons qu'on compofe d
cette maniere font égales, il en réfulte de
raifons multiples. Savoir, deux raifons éga
les donnent une *raifon doublée* ou *quarrée*;
trois raifons égales produifent la *raifon tri*
plée ou *cubique*, & ainfi de fuite. Par exemp
les raifons $a:b$ & $a:b$ donnent la raifon
compofée $aa:bb$; c'eft pourquoi l'on di
que les quarrés font en raifon doublée de
leurs racines. Et le rapport $a:b$ multiplié
trois fois, donnant le rapport $a^3 : b^3$, on dit
que les cubes font en raifon triplée de leurs
racines.

495.

On enfeigne dans la Géométrie que deux
efpaces circulaires font en raifon doublée
de leurs diametres; cela fignifie qu'ils font
l'un à l'autre dans le rapport des quarrés
de leurs diametres.

Soit A un tel efpace dont le diametre
$=45$ pieds, & B un autre efpace circu-
laire dont le diametre $=30$ pieds; le premier efpace fera au fecond comme 45.45
à 30.30, ou, en compofant ces deux raifons égales,

$$45,9,3 \; : \; 30,6,2.$$
$$45,9,3 \; : \; 30,6,2.$$
$$\overline{\qquad\qquad\qquad\qquad}$$
$$9 \; : \; 4.$$

Donc ces deux aires font entr'elles comme
9 à 4.

496.

On démontre auffi que les folidités des
fpheres font en raifon cubique des diametres de ces globes. Ainfi le diametre d'un
globe A étant 1 pied, & le diametre d'un
globe B étant 2 pieds, la folidité de A fera
à celle de B comme $1^3 : 2^3$, ou comme
1 à 8.

Si donc ces fpheres font d'une même
matiere, la fphere B pefera 8 fois autant
que la fphere A.

497.

On voit qu'on peut trouver par-là le poids des boulets de canon, leurs diametres & le poids d'un seul étant donnés. Soit, par exemple, le boulet A dont le diametre $= 2$ pouces, & le poids $= 5$ livres, & qu'on demande le poids d'un autre boulet dont le diametre seroit de 8 pouces, on aura cette proportion, $2^3 : 8^3 = 5$; au quatrieme terme, 320 liv. qui indique le poids du boulet B. On auroit pour un autre boulet C, dont le diametre seroit $= 15$ pouces,

$$2^3 : 15^3 = 5 : \ldots \; Rép. \; 2109\tfrac{3}{8} \; \text{liv.}$$

498.

Quand on cherche le rapport de deux fractions, comme $\frac{a}{b} : \frac{c}{d}$, on peut toujours l'exprimer en nombres entiers ; car on n'a qu'à multiplier les deux fractions par bd, on obtiendra le rapport $ad:bc$ qui est égal à l'autre, & d'où résulte la proportion $\frac{a}{b} : \frac{c}{d}$ $= ad:bc$. Si donc ad & bc ont des diviseurs communs, le rapport pourra fe réduire à de moindres termes. C'eft ainfi que $\frac{15}{24} : \frac{25}{36}$ $= 15.36 : 24.25 = 9 : 10.$

499.

On voudroit favoir encore quel eft le rapport des fractions $\frac{1}{a}$ & $\frac{1}{b}$; il eft clair qu'on aura $\frac{1}{a} : \frac{1}{b} = b : a$; ce qu'on exprime en difant que deux fractions qui ont l'unité pour numérateur, font en raifon *réciproque* ou *inverfe* de leurs dénominateurs. On dit la même chofe de deux fractions qui ont un même numérateur quelconque ; car $\frac{c}{a} : \frac{c}{b}$ $= b : a$. Mais fi deux fractions ont leurs dénominateurs égaux, comme $\frac{a}{c} : \frac{b}{c}$, elles font en *raifon directe* des numérateurs, favoir, comme $a : b$. Ainfi $\frac{3}{8} : \frac{3}{16} = \frac{6}{16} : \frac{3}{16} = 6 : 3 = 2 : 1$, & $\frac{10}{7} : \frac{15}{7} = 10 : 15$, ou $= 2 : 3$.

500.

On a remarqué dans la chute libre des corps, qu'un corps tombe de 15 pieds dans une feconde, que dans deux fecondes de temps il tombe de la hauteur de 60 pieds, & que dans trois fecondes il tombe de 135 pieds ; on en a conclu que les hauteurs font entr'elles comme les quarrés des temps, & que réciproquement les temps font en raifon fous-doublée des temps, ou comme les racines quarrées des temps.

Si donc on demande combien de temps il faut à une pierre pour tomber de la hauteur de 2160 pieds ; on aura 15:2160=1 au quarré du temps cherché. Ainfi le quarré du temps cherché eft 144, & par conféquent le temps qu'on demande eft 12 fecondes.

501.

On demande combien de chemin, ou quelle hauteur, une pierre pourra parcourir en tombant pendant une heure de tems, c'eft-à-dire en 3600 fecondes ? On dira donc, comme les quarrés des temps, c'eft-à-dire $1^2 : 3600^2$; ainfi la hauteur donnée $= 15$ pieds, à la hauteur cherchée.

: 12960000 = 15 : .... 194400000 haut^r.

15   cherchée.

64800000

1296

194400000.

Si nous comptons maintenant 18000 pieds pour une lieue, nous trouverons cette hauteur de 10800, & par conféquent près de quatre fois plus grande que le diametre de la Terre.

502.

Il en eſt de même à l'égard du prix des pierres précieuſes, lefquelles ne fe vendent pas dans la proportion des poids ; tout le monde fait que ces prix fuivent un plus grand rapport. La regle pour les diamans eſt, que le prix eſt en raiſon quarrée du poids, c'eſt-à-dire que le rapport des prix eſt égal à la raiſon doublée des poids. On exprime le poids des diamans en carats, & un carat vaut 4 grains ; fi donc un dia-

mant d'un carat vaut 10 liv. un diamant
de 100 carats vaudra autant de fois 10
livres, que le quarré de 100 eft plus grand
que 1 ; ainfi on aura, fuivant la regle de
trois,

1^2 : $100^2 = 10$ liv. :
ou   1 : 10000 = 10 : ..... *Rép.* 100000 liv

Il y a un diamant en Portugal qui pefe
1680 carats ; fon prix fe trouvera donc en
faifant

1^2 : $1680^2 = 10$ liv. : ..... ou
1 : 2822400 = 10 : 28224000 liv

503.

Les poftes fourniffent affez d'exemple
de rapports compofés, parce qu'elles
payent en raifon compofée du nombre de
chevaux & de celui des lieues ou des poftes
Par exemple, un cheval fe payant 20 fois
par pofte, qu'on veuille favoir ce qu'on
aura à payer pour 28 chevaux & pour 4
poftes

poftes ? On écrira d'abord le rapport des

chevaux, — — — — — 1 : 28,

fous ce rapport on mettra celui

des poftes, — — — — 2 : 9,

& compofant les deux rapports,

on aura — — — — — 2 : 252,

ou 1 : 126 $=$ 1 liv. à 126 fr. ou 42 écus.

Autre queftion. Si on paye un ducat pour huit chevaux par trois milles d'Allemagne, combien coûteront trente chevaux pour quatre milles ? On fera le calcul fuivant :

$$8 \quad : \quad 30, 15, 5.$$
$$3 \quad : \quad 4.$$

$$\overline{1 \; : \; 5 = 1 \text{ duc.} : \text{au } 4^e. \text{ terme, qui}}$$
$$\text{fera 5 duc.}$$

504.

La même compofition des rapports fe préfente, quand il eft queftion de payer des Ouvriers, puifque ces payemens fuivent ordinairement la raifon compofée du nombre des Ouvriers & de celui des jours qu'on les a employés.

Tome I. Cc

Si on donne, par exemple, 25 fous par jour à un Maçon, & qu'on demande ce qu'il faudra payer à vingt-quatre Maçons qui auront travaillé pendant 50 jours? On fera ce calcul:

$$1 : 24$$
$$1 : 50$$
$$\overline{}$$
$$1 : 1200 = 25 : \ldots\ldots 1500 \text{ francs}$$
$$25$$
$$\overline{}$$
$$20)30000(1500.$$

Comme dans ces fortes d'exemples on a cinq données, on nomme dans les livres d'Arithmétique regle de cinq, celle qui fert à réfoudre ces queftions.

CHAPITRE XI.

Des Progreſſions géométriques.

505.

UNE ſuite de nombres qui deviennent toujours un même nombre de fois plus grands ou plus petits, ſe nomme une *progreſſion géométrique*, parce que chaque terme eſt conſtamment au ſuivant dans le même rapport géométrique. Et le nombre qui indique combien de fois chaque terme eſt plus grand que le précédent, s'appelle *l'expoſant*. Ainſi, quand le premier terme eſt 1 & l'expoſant $= 2$, la progreſſion géométrique devient:

Termes 1, 2, 3, 4, 5, 6, 7, 8, 9 &c.
Progr. 1, 2, 4, 8, 16, 32, 64, 128, 256 &c.
les nombres 1, 2, 3 &c. marquant toujours les quantiemes termes de la progreſſion.

Cc ij

506.

Si on suppose, en général, le premier terme $=a$ & l'exposant $=b$, on a la progression géométrique suivante :

$$1, 2, 3, 4, 5, 6, 7, 8 \ldots n.$$
$$Progr. \; a, ab, ab^2, ab^3, ab^4, ab^5, ab^6, ab^7 \ldots ab^{n-1}.$$

Ainsi, quand cette progression est de n termes, le dernier terme est $=ab^{n-1}$. Il faut remarquer ici, que si l'exposant b est plus grand que l'unité, les termes augmentent continuellement; que si l'exposant $b=1$, les termes sont tous égaux ; enfin, que si l'exposant b est plus petit que 1, ou qu'il ait une fraction, les termes décroissent sans cesse. Ainsi quand $a=1$ & $b=\frac{1}{2}$, on a cette progression géométrique :

$$1, \frac{1}{2}, \frac{1}{4}, \frac{1}{8}, \frac{1}{16}, \frac{1}{32}, \frac{1}{64}, \frac{1}{128}, \&c.$$

507.

Ici se présentent donc à considérer :

I.) Le premier terme que nous avons nommé a.

II.) L'exposant, que nous appellons b.

III.) Le nombre des termes, que nous avons indiqué par n.

IV.) Le dernier terme, que nous avons trouvé $= ab^{n-1}$.

Ainsi, quand les trois premieres de ces parties sont données, on trouve le dernier terme, en multipliant par le premier terme a la $n-1^e$ puissance de b, ou b^{n-1}.

Si on demandoit donc le 50e terme de la progression géométrique $1, 2, 4, 8$, &c. on auroit $a = 1$, $b = 2$ & $n = 50$; par conséquent le 50e terme $= 2^{49}$. Or 2^9 étant $= 512$; 2^{10} sera $= 1024$. Donc le quarré de 2^{10}, ou 2^{20}, $= 1048576$, & le quarré de ce nombre, ou 1099511627776 $= 2^{40}$. Multipliant donc cette valeur de 2^{40} par 2^9 ou par 512, on a 2^{49} égalant 562949953421312.

508.

Une des principales questions qui se présentent dans cette matiere, c'est de trouver

la fomme de tous les termes d'une progreſſion géométrique ; nous allons donc en
expliquer la méthode. Soit donnée d'abord
la progreſſion fuivante, compoſée de dix
termes :

1, 2, 4, 8, 16, 32, 64, 128, 256, 512,
dont nous indiquerons la fomme par f, de
forte que :

$f = 1 + 2 + 4 + 8 + 16 + 32 + 64 + 128 + 256$
$+ 512$, nous aurons, en prenant le double
de part & d'autre, $2f = 2 + 4 + 8 + 16 + 32$
$+ 64 + 128 + 256 + 1024$. Otant de ceci
la progreſſion indiquée par f, il reſte
$f = 1024 - 1 = 1023$; donc la fomme
cherchée $= 1023$.

509.

Suppoſons maintenant que dans la même
progreſſion le nombre des termes ſoit indéterminé & $= n$, de façon que la fomme en
queſtion, ou f, ſoit $= 1 + 2 + 2^2 + 2^3 + 2^4$
$.... 2^{n-1}$. Si on multiplie par 2, on a $2f = 2$
$+ 2^2 + 2^3 + 2^4 .... 2^n$, & fouſtrayant de

cette égalité la précédente, on a $f = 2^n - 1$.
On voit donc que la fomme cherchée fe
trouve, en multipliant le dernier terme,
2^{n-1}, par l'expofant 2, afin d'avoir 2^n, &
en fouftrayant de ce produit l'unité.

510.

Cela devient encore plus clair par les
exemples fuivans, où nous fubftituerons
fucceffivement .. *n* les nombres 1, 2, 3,
4, &c.

$1 = 1$; $1 + 2 = 3$; $1 + 2 + 4 = 7$; $1 + 2 + 4 + 8$
$= 15$; $1 + 2 + 4 + 8 + 16 = 31$; $1 + 2 + 4$
$+ 8 + 16 + 32 = 63$, &c.

511.

On propofe ordinairement dans cette
matiere la queftion qui fuit : Un homme
propofe de vendre fon cheval par les cloux,
qui font au nombre de 32; il demande 1
liard pour le premier clou, 2 liards pour
le fecond clou, 4 liards pour le troifieme
clou, 8 liards pour le quatrieme, & ainfi

C c iv

de suite , en demandant pour chaque clou le double du prix du précédent. On demande quel seroit le prix du cheval ?

Cette question se réduit évidemment à trouver la somme de tous les termes de la progression géométrique 1 , 2 , 4 , 8 , 16 , &c. continuée jusqu'au 32e terme. Or ce dernier terme est 2^{31}; & comme nous avons trouvé plus haut $2^{20} = 1048576$, & $2^{10} = 1024$, nous aurons $2^{20} . 2^{10} = 2^{30}$ égal à 1073741824 ; & en multipliant encore par 2 , le dernier terme $2^{31} = 2147483648$; en doublant donc ce nombre & en retranchant l'unité du produit, la somme cherchée devient 4294967295 liards. Ces liards font $10737418 23\frac{3}{4}$ sous , & divisant par 20 on a 536870 91 liv. 3 f. 9 den. pour le prix cherché.

512.

Soit à présent l'exposant $= 3$, & qu'il s'agisse de trouver la somme de la progression géométrique 1 , 3 , 9 , 27 , 81 , 243 ,

729, composée de 7 termes. Suppofons-la pour un moment $=f$, de forte que

$$f = 1 + 3 + 9 + 27 + 81 + 243 + 729.$$

Nous aurons, en multipliant par 3 :

$$3f = 3 + 9 + 27 + 81 + 243 + 729 + 2187.$$

Et fouftrayant la férie précédente, nous avons $2f = 2187 - 1 = 2186$. Ainfi le double de la fomme eft $= 2186$, & par conféquent la fomme cherchée $= 1093$.

513.

Soit dans la même progreffion le nombre des termes $= n$, & la fomme $= f$; de forte que $f = 1 + 3 + 3^2 + 3^3 + 3^4 + \ldots 3^{n-1}$. Si on multiplie par 3, on a $3f = 3 + 3^2 + 3^3 + 3^4 + \ldots 3^n$. Souftrayant de ceci la valeur de f, comme tous les termes de celle-ci, excepté le premier, détruifent tous les termes de la valeur de $3f$, excepté le dernier, on aura $2f = 3^n - 1$; donc $f = \frac{3^n - 1}{2}$. Ainfi la fomme cherchée fe trouve en multipliant le dernier terme par 3 , en souftrayant 1 du produit , & en divisant le reste par 2. C'est ce qu'on voit aussi par les exemples suivans : $1 = 1$; $1 + 3$ $= \frac{3.3 - 1}{2} = 4$; $1 + 3 + 9 = \frac{3.9 - 1}{2} = 13$; $1 + 3 + 9$ $+ 27 = \frac{3.27 - 1}{2} = 40$; $1 + 3 + 9 + 27 + 81$ $= \frac{3.81 - 1}{2} = 121.$

514.

Supposons maintenant , en général, le premier terme $= a$, l'exposant $= b$, le nombre des termes $= n$, & leur somme $= f$, en sorte que

$$f = a + ab + ab^2 + ab^3 + ab^4 + \ldots ab^{n-1}.$$

Si nous multiplions par b, nous avons

$$bf = ab + ab^2 + ab^3 + ab^4 + ab^5 + \ldots ab^n,$$

& souftrayant l'égalité précédente il reste $(b - 1) f = ab^n - a$; d'où nous tirons facilement la somme cherchée $f = \frac{ab^n - a}{b - 1}$. Par conséquent la somme d'une progression géométrique quelconque se trouve, si on multiplie le dernier terme par l'exposant de la progression, qu'on souftraie du produit le premier terme & qu'on divife le refte par l'expofant diminué de l'unité.

515.

Soit une progreffion géométrique de fept termes, dont le premier $= 3$, & que l'expofant foit $= 2$, on aura $a = 3$, $b = 2$ & $n = 7$; donc le dernier terme $= 3.2^6$, ou $3.64 = 192$; & la progreffion entiere fera

$$3, 6, 12, 24, 48, 96, 192.$$

Si de plus on multiplie le dernier terme 192 par l'expofant 2, on a 384; ôtant le premier terme 3, il refte 381; & divifant ceci par $b - 1$ ou par 1, on a 381 pour la fomme de toute la progreffion.

516.

Soit encore une autre progreffion géométrique de fix termes, que 4 en foit le premier, & que l'expofant foit $= \frac{3}{2}$. La progreffion eft

$$4, 6, 9, \frac{27}{2}, \frac{81}{4}, \frac{243}{8}.$$

Multiplions ce dernier terme $\frac{243}{8}$ par l'exposant $\frac{3}{2}$, nous aurons $\frac{729}{16}$; la souftraction du premier terme 4 laiſſe le reſte $\frac{665}{16}$, qui, diviſé par $b-1=\frac{1}{2}$, donne $\frac{665}{8}=83\frac{1}{8}$.

517.

Lorſque l'expoſant eſt plus petit que 1, & que, par conſéquent, les termes de la progreſſion vont toujours en diminuant, on peut indiquer la ſomme d'une telle progreſſion décroiſſante qui iroit à l'infini.

Soit, par exemple, le premier terme $=1$, l'expoſant $=\frac{1}{2}$, & la ſomme $=f$, en ſorte que :

$$f=1+\tfrac{1}{2}+\tfrac{1}{4}+\tfrac{1}{8}+\tfrac{1}{16}+\tfrac{1}{32}+\tfrac{1}{64}+, \&c.$$

ſans fin.

Si on multiplie par 2, on a

$$2f=2+1+\tfrac{1}{2}+\tfrac{1}{4}+\tfrac{1}{8}+\tfrac{1}{16}+\tfrac{1}{32}+, \&c.$$

ſans fin.

Et souftrayant la progreſſion précédente, il reſte $f=2$ pour la ſomme de la progreſſion infinie propoſée.

518.

Si le premier terme $= 1$, l'expofant $= \frac{1}{3}$, & la fomme $= f$; de façon que

$$f = 1 + \frac{1}{3} + \frac{1}{9} + \frac{1}{27} + \frac{1}{81} + , \&c. \text{ à l'infini.}$$

On multipliera le tout par 3, on aura

$$3f = 3 + 1 + \frac{1}{3} + \frac{1}{9} + \frac{1}{27} + \&c. \text{ à l'infini;}$$

& fouftrayant la valeur de f, il refte $2f = 3$; donc la fomme $f = 1\frac{1}{2}$.

519.

Qu'on ait une progreffion dont la fomme $= f$, le premier terme $= 2$, l'expofant $= \frac{3}{4}$; de façon que

$$f = 2 + \frac{3}{2} + \frac{9}{8} + \frac{27}{32} + \frac{81}{128} + , \&c. \text{ à l'infini.}$$

Multipliant par $\frac{4}{3}$ on aura $\frac{4}{3}f = \frac{8}{3} + 2 + \frac{3}{2} + \frac{9}{8} + \frac{27}{32} + \frac{81}{128} + , \&c. \text{ fans fin.}$ Or fouftrayant la progreffion f, il refte $\frac{1}{3}f = \frac{8}{3}$; donc la fomme cherchée $= 8$.

520.

Si on fuppofe, en général, le premier terme $= a$, & l'expofant de la progreffion

$=\frac{b}{c}$, de maniere que cette fraction soit plus petite que 1, & par conséquent c plus grand que b; voici comment on trouvera la somme de cette progreffion pouffée à l'infini: on fera

$$f = a + \frac{ab}{c} + \frac{ab^2}{cc} + \frac{ab^3}{c^3} + \frac{ab^4}{c^4} +, \text{ \&c.}$$

fans fin.

Multipliant par $\frac{b}{c}$, on aura

$$\frac{b}{c}f = \frac{ab}{c} + \frac{ab^2}{c^2} + \frac{ab^3}{c^3} + \frac{ab^4}{c^4} \text{ \&c. à l'infini.}$$

Et fouftrayant cette égalité de la précédente, il refte $(1 - \frac{b}{c})f = a$.

Par conféquent $f = \dfrac{a}{1 - \frac{b}{c}}$.

Si on multiplie les deux termes de cette fraction par c, on a $f = \frac{ac}{c-b}$. La fomme de la progreffion géométrique infinie propofée fe trouve donc en divifant le premier terme a par 1 moins l'expofant, ou bien en multipliant le premier terme a par le dénominateur de l'expofant, & en divifant le produit par le même dénominateur diminué du numérateur de l'expofant.

521.

On trouve de la même maniere les sommes des progreffions, dont les termes font affectés alternativement des fignes $+$ & $-$. Soit, par exemple,

$$\int = a - \frac{ab}{c} + \frac{ab^2}{c^2} - \frac{ab^3}{c^3} + \frac{ab^4}{c^4} - , \quad \&c.$$

Si on multiplie par $\frac{b}{c}$, on a

$$\frac{b}{c}\int = \frac{ab}{c} - \frac{ab^2}{c^2} + \frac{ab^3}{c^3} - \frac{ab^4}{c^4} \quad \&c.$$

Et fi on ajoute cette égalité à la précédente, on obtient $\left(1 + \frac{b}{c}\right)\int = a$. D'où l'on tire la fomme cherchée $\int = \dfrac{a}{1 + \frac{b}{c}}$, ou $\int = \frac{ac}{c+b}$.

522.

On voit donc que fi le premier terme $= \frac{3}{5}$, & l'expofant $= \frac{2}{5}$, c'eft-à-dire, $b = 2$ & $c = 5$, on trouvera la fomme de la progreffion $\frac{3}{5} + \frac{6}{25} + \frac{12}{125} + \frac{24}{625} + \&c. = 1$;

puifqu'en fouftrayant l'expofant de 1 il reftera $\frac{3}{5}$, & qu'en divifant le premier terme
par ce refte, le quotient eft 1.

On voit en fecond lieu que fi les termes
font alternativement pofitifs & négatifs, &
que la progreffion ait cette forme:

$$\frac{3}{5} - \frac{6}{25} + \frac{12}{125} - \frac{24}{625} + \&c.$$

la fomme fera

$$\frac{a}{1 + \frac{b}{c}} = \frac{\frac{3}{5}}{\frac{7}{5}} = \frac{3}{7}.$$

523.

Autre exemple. Soit la progreffion infinie

$$\frac{3}{10} + \frac{3}{100} + \frac{3}{1000} + \frac{3}{10000} + \frac{3}{100000} + \&c.$$

Le premier terme eft ici $\frac{3}{10}$, & l'expofant eft $\frac{1}{10}$. Souftrâyant ce dernier de 1,
il refte $\frac{9}{10}$; & fi l'on divife le premier terme
par cette fraction, il vient $\frac{1}{3}$ pour la fomme de la progreffion donnée. Ainfi en ne
prenant qu'un terme de la progreffion, favoir $\frac{3}{10}$, l'erreur feroit de $\frac{1}{10}$.

En prenant deux termes, $\frac{3}{10} + \frac{3}{100} = \frac{33}{100}$

il s'en faudroit encore de $\frac{1}{100}$ que la somme ne fût $= \frac{1}{3}$.

524.

Autre exemple. Soit donnée la progreffion infinie :

$$9 + \frac{9}{10} + \frac{9}{100} + \frac{9}{1000} + \frac{9}{10000} + \&c.$$

Le premier terme eft 9, l'expofant eft $\frac{1}{10}$.

Ainfi 1 moins l'expofant fait $\frac{9}{10}$; $\& \frac{9}{\frac{9}{10}} = 10$, fomme cherchée.

On remarquera que cette fuite s'exprime par une fraction décimale en cette maniere, 9,9999999, &c.

CHAPITRE XII.

Des Fractions décimales infinies.

525.

NOUS avons vu plus haut que dans les calculs logarithmiques on emploie des fractions décimales au lieu des fractions ordinaires; cela se pratique aussi avec beaucoup d'avantage dans d'autres calculs. Il s'agira principalement de faire voir comment on transforme une fraction ordinaire en une fraction décimale, & comment on peut exprimer réciproquement la valeur d'une fraction décimale par une fraction ordinaire.

526.

Qu'on ait généralement à changer en fraction décimale la fraction $\frac{a}{b}$: comme cette fraction exprime le quotient de la division du numérateur a par le dénominateur b, on écrira à la place de a la formule $a,0000000$, dont la valeur ne differe pas du tout de celle de a, puisqu'elle ne contient ni dixiemes, ni centiemes &c. On divisera ensuite cette formule par le nombre b, suivant les regles ordinaires de la division, & en observant seulement de mettre à la place convenable la virgule qui sépare les décimales & les entiers. Voilà tout le procédé,

& nous allons l'éclaircir par quelques exemples.

Soit donnée d'abord la fraction $\frac{1}{2}$, la division en décimales prendra cette forme :

$$\frac{2)1,0000000}{0,5000000} = \frac{1}{2}.$$

Nous voyons par-là que $\frac{1}{2}$ est autant que $0,5000000$ ou que $0,5$; & en effet cela est évident, puisque cette fraction décimale indique $\frac{5}{10}$, qui équivalent à $\frac{1}{2}$.

527.

Que $\frac{1}{3}$ soit la fraction donnée, on aura

$$\frac{3)1,0000000}{0,3333333} = \frac{1}{3}.$$

Cela fait voir que la fraction décimale, dont la valeur $= \frac{1}{3}$, ne peut, à la rigueur, être discontinuée nulle part, & qu'elle va à l'infini en conservant toujours le nombre 3. Aussi avons-nous trouvé plus haut que les fractions $\frac{3}{10} + \frac{3}{100} + \frac{3}{1000} + \frac{3}{10000}$, &c. à l'infini, ajoutées ensemble font $\frac{1}{3}$.

D d ij

La fraction décimale qui exprime la valeur de $\frac{2}{3}$, se continue de même à l'infini, car on a

$$\frac{3)2,0000000}{1,6666666} = \frac{2}{3}.$$

Et cela suit d'ailleurs évidemment de ce que nous venons de dire, parce que $\frac{2}{3}$ est le double de $\frac{1}{3}$.

528.

Si $\frac{1}{4}$ est la fraction proposée, on a

$$\frac{4)1,0000000}{0,2500000} = \frac{1}{4}.$$

Ainsi $\frac{1}{4}$ est autant que $0,2500000$ ou que $0,25$; & cela est clair, puisque $\frac{2}{10} + \frac{5}{100}$ $= \frac{25}{100} = \frac{1}{4}.$

On auroit pareillement pour la fraction $\frac{3}{4}$

$$\frac{4)3,0000000}{0,7500000} = \frac{3}{4}.$$

Ainsi $\frac{3}{4} = 0,75$; & en effet $\frac{7}{10} + \frac{5}{100} = \frac{75}{100}$ $= \frac{3}{4}.$

La fraction $\frac{5}{4}$ se change en fraction décimale, en faisant

$$\frac{4)5,0000000}{1,2500000} = \frac{5}{4}.$$

Or $1 + \frac{25}{100} = \frac{5}{4}$.

529.

On trouvera de la même maniere $\frac{1}{5}$ $= 0,2$; $\frac{2}{5} = 0,4$; $\frac{3}{5} = 0,6$; $\frac{4}{5} = 0,8$; $\frac{5}{5} = 1$; $\frac{6}{5} = 1,2$, &c.

Quand le dénominateur eft 6 , on trouve $\frac{1}{6} = 0,1666666$ &c. ce qui eft autant que $0,666666 - 0,5$. Or $0,666666 = \frac{2}{3}$ & $0,5$ $= \frac{1}{2}$, donc en effet $0,1666666 = \frac{2}{3} - \frac{1}{2} = \frac{1}{6}$.

On trouve auffi $\frac{2}{6} = 0,333333$ &c. $= \frac{1}{3}$; mais $\frac{3}{6}$ devient $0,500000 = \frac{1}{2}$. Enfuite $\frac{5}{6}$ $= 0,833333 = 0,333333 + 0,5$, c'eft-à-d. $\frac{1}{3} + \frac{1}{2} = \frac{5}{6}$.

530.

Lorfque le dénominateur eft 7 , les frac-tions décimales deviennent plus compli-quées. Par exemp. on trouve $\frac{1}{7} = 0,142857$ &c. cependant il faut remarquer que ces fix chiffres 142857 reviennent conftamment. Pour se convaincre donc que cette fraction décimale exprime précisément la valeur de $\frac{1}{7}$, on peut la transformer en une progression géométrique, dont le premier terme soit $= \frac{142857}{1000000}$, & l'exposant $= \frac{1}{1000000}$;

& par conséquent la somme $= \dfrac{\frac{142857}{1000000}}{1 - \frac{1}{1000000}}$

$= \frac{142857}{999999}$ (en multipliant les deux termes par 1000000) $= \frac{1}{7}$.

531.

On peut prouver encore d'une maniere plus facile, que la fraction décimale trouvée fait exactement $\frac{1}{7}$; car posant pour sa valeur la lettre f, on a

$f = 0,142857142857142857$ &c.
$10f = 1, 428571428571142857$ &c.
$100f = 14, 285714285714142857$ &c.
$1000f = 142, 857142857142857$ &c.
$10000f = 1428, 571428571428857$ &c.
$100000f = 14285, 714285714285857$ &c.
$1000000f = 142857, 142857142857$ &c.
Soustrayez $f = \qquad 0, 142857142857$ &c.

$999999f = 142857.$

Et divifant par 999999, vous aurez f
$=\frac{142857}{999999}=\frac{1}{7}$. Donc la fraction décimale,
qu'on avoit fait $=f$, eft $=\frac{1}{7}$.

532.

On transformera de la même maniere
$\frac{2}{7}$ en une fraction décimale, qui fera
0,28571428 &c. & cela nous conduit à
trouver plus facilement la valeur de la
fraction décimale que nous venons de fuppofer $=f$; parce que 0,28571428, &c.
doit être le double de celle-là, & par conféquent $=2f$. Car nous avons eu

$$100f=14,28571428571 \text{ &c.}$$

ainfi en fouf-
trayant $\quad 2f= 0,28571428571 \text{ &c.}$
il refte $\quad 98f=14$
donc $\quad f=\frac{14}{98}=\frac{1}{7}$.

On trouve auffi $\frac{3}{7}=0,42857142857$ &c.
ce qui, après notre fuppofition, doit être
$=3f$; or nous avons trouvé

$$10f=1,42857142857, \text{ &c.}$$

ainfi en fouf-
trayant $\quad 3f=0,42857142857, \text{ &c.}$
nous avons $\quad 7f=1$, donc $f=\frac{1}{7}$.

533.

Ainsi quand une fraction proposée a le dénominateur 7, la fraction décimale est infinie, & 6 chiffres y sont continuellement répétés. La raison en est, comme il est facile de s'en appercevoir, qu'en continuant la division il faut qu'on revienne tôt ou tard à un résidu qu'on aura déjà eu. Or il ne peut rester dans cette division que 6 nombres différens, savoir 1, 2, 3, 4, 5, 6; ainsi, après la sixieme division au plus tard, il faut que les mêmes chiffres reviennent; mais lorsque le dénominateur est de nature à faire parvenir à une division sans reste, ces cas-là ne peuvent avoir lieu.

534.

Supposons à présent que 8 soit le dénominateur de la fraction proposée, on trouvera les fractions décimales qui suivent:

$\frac{1}{8} = 0,125$; $\frac{2}{8} = 0,250$; $\frac{3}{8} = 0,375$;

$\frac{4}{8} = 0,500$; $\frac{5}{8} = 0,625$; $\frac{6}{8} = 0,750$;

$\frac{7}{8} = 0,875$, &c.

535.

Si le dénominateur est 9, on a
$\frac{1}{9} = 0,111$ &c. $\frac{2}{9} = 0,222$ &c. $\frac{3}{9} = 0,333$ &c.
Si le dénominateur est 10, on a
$\frac{1}{10} = 0,100$; $\frac{2}{10} = 0,200$; $\frac{3}{10} = 0,3$. Cela est
clair par la nature de la chose, de même
que $\frac{1}{100} = 0,01$; que $\frac{37}{100} = 0,37$; que $\frac{256}{1000}$
$= 0,256$; que $\frac{24}{10000} = 0,0024$, &c.

536.

Que 11 soit le dénominateur de la fraction proposée, on aura $\frac{1}{11} = 0,0909090$.,
&c. Or supposons qu'on veuille trouver la
valeur de cette fraction décimale, & nom-
mons-la f, nous aurons $f = 0,090909$, &
$10f = 00,909090$; de plus, $100f = 9,09090$.
Si donc nous soustrayons de ceci la valeur
de f, nous aurons $99f = 9$, & par conséquent $f = \frac{9}{99} = \frac{1}{11}$. Nous aurons aussi
$\frac{2}{11} = 0,181818$, &c. $\frac{3}{11} = 0,272727$, &c. $\frac{6}{11}$
$= 0,545454$ &c.

537.

Il eſt donc un grand nombre de fractions décimales, où un, deux ou pluſieurs chiffres reviennent conſtamment, & qui continuent de cette maniere juſqu'à l'infini. De telles fractions ſont aſſez remarquables, & nous allons faire voir comment on peut trouver aiſément leurs valeurs (*).

(*) Ces fractions décimales périodiques fourniſſent matiere à pluſieurs recherches intéreſſantes ; j'avois commencé à m'en occuper, même avant que d'avoir vu cette *Algebre*, & j'aurois peut-être continué, ſi je n'attendois auſſi l'occaſion de voir un Mémoire inſéré dans les *Tranſactions philoſophiques* pour 1769, & intitulé *of the Theory of circulating Fractions*. Je me contenterai de rapporter ici le raiſonnement par lequel j'avois commencé.

Soit $\frac{N}{D}$ une fraction réelle quelconque irréductible à de moindres termes ; on demande juſqu'à combien de chiffres il faudra la réduire en décimales, avant que les mêmes termes ou chiffres reviennent. Je ſuppoſe que $10\,N$ ſoit plus grand que D ; ſi cela n'étoit pas, mais que $100\,N$ ou $1000\,N$ ſeulement fût $> D$, il faudroit commencer par voir ſi $\frac{10\,N}{D}$ ou $\frac{100\,N}{D}$ &c. ſe réduit à de moindres termes, ou à une fraction $\frac{N'}{D'}$.

Suppofons d'abord qu'un feul chiffre foit toujours répété, & indiquons-le par a, de forte que $f = 0{,}aaaaaa$. Nous avons

$$10 f = a{,}aaaaaa ,$$

& fouftrayant $f = 0{,}aaaaaa$

nous aurons $9 f = a$; donc $f = \frac{a}{9}$.

Cela pofé, je dis que la même période ne peut revenir que lorfque dans la divifion continuelle qu'on fait, le même réfidu N revient. Suppofons que jufqu'alors on ait ajouté f zéros, & que Q foit le nombre du quotient en entier, & abftraction faite de la virgule, on aura $\frac{N \times 10^f}{D} = Q + \frac{N}{D}$; donc $Q = \frac{N}{D} \times (10^f - 1)$. Or Q devant être un nombre entier, il s'agit de déterminer pour f le plus petit nombre entier, tel que $\frac{N}{D} \times (10^f - 1)$, ou feulement que $\frac{10^f - 1}{D}$ foit un nombre entier.

Ce problême demande qu'on diftingue différens cas: le premier eft celui où D eft un divifeur de 10, ou de 100 ou de 1000 &c. & il eft clair que dans ce cas aucune fraction périodique ne peut avoir lieu. Nous prendrons pour le fecond cas celui où D eft un nombre impair, & qui ne foit pas un facteur d'une puiffance de 10; dans ce cas la valeur de f peut aller jufqu'à $D-1$, mais fouvent elle eft moindre. Un troifieme cas enfin eft celui où D eft pair, & où par conféquent, fans être un facteur d'une puiffance de 10, il a cependant un

Lorſque deux chiffres ſont répétés, com‑
me ab, on a $f=0,abababa$. Donc $100f$
$=ab,ababab$; & ſi on en ſouſtrait f, il reſte
$99f=ab$; par conſéquent $f=\frac{ab}{99}$.

Lorſque trois chiffres, comme abc, ſe
trouvent répétés, on a $f=a,abcabcabc$; par
conſéquent $1000f=abc,abcabc$; & en ſouſ‑
trayant f, il reſte $999\,f=abc$; donc f
$=\frac{abc}{999}$, & ainſi de ſuite.

538.

Toutes les fois donc qu'une fraction dé‑
cimale de cette eſpece ſe préſente, il eſt
facile d'en trouver la valeur. Soit donnée,
par exemple, celle‑ci, $0,296296$, ſa va‑
leur ſera $=\frac{296}{999}=\frac{8}{27}$, en diviſant les deux
termes par 37.

commun diviſeur avec une de ces puiſſances. Ce commun
diviſeur ne peut être qu'un nombre de la forme 2^c; ſi
donc $\frac{D}{2^c}=d$, je dis que les périodes ſeront les mêmes
que pour la fraction $\frac{N}{d}$, mais qu'elles ne commenceront
qu'au chiffre déſigné par c. Ainſi ce cas revient au ſecond
cas, & il eſt évident au reſte que c'eſt celui‑ci qui fait
l'eſſentiel de cette théorie.

Cette fraction doit redonner la fraction décimale proposée ; & on peut se convaincre facilement que ce résultat a lieu en effet, en divisant 8 par 9, & après cela le quotient par 3, parce que 27=3.9. On a

9)8,0000000
3)0,8888888
0,2962962 &c.

ce qui est la fraction décimale proposée.

539.

Donnons encore un exemple assez curieux, en changeant en fraction décimale la fraction $\frac{1}{1.2.3.4.5.6.7.8.9.10}$, ce qui se fait de la maniere qu'on va voir:

2)1,00000000000000
3)0,50000000000000
4)0,16666666666666
5)0,04166666666666
6)0,00833333333333
7)0,00138888888888
8)0,00019841269841
9)0,00002480158730
10)0,00000275573192
0.00000027557319.

CHAPITRE XIII.

Des Calculs d'intérêts (*).

540.

ON a coutume d'exprimer les intérêts d'un capital en *pourcents*, en disant combien on paie annuellement d'intérêt de la somme de 100. Il est assez ordinaire qu'on place son capital à 5 pour cent, c'est-à-dire,

(*) La théorie du calcul de l'intérêt doit ses premiers progrès à *Leibnitz*, qui en donna les principaux élémens dans les *Acta Eruditorum* de Leipsig pour 1683. Elle a fourni matiere ensuite à plusieurs dissertations détachées très-intéressantes ; ceux qui l'ont le plus avancée, sont les Mathématiciens qui ont travaillé sur l'Arithmétique politique, dans laquelle on combine d'une maniere véritablement utile le calcul des probabilités, le calcul de l'intérêt & les données que fournissent depuis environ un siecle les régîtres mortuaires. De bons élémens d'Arithmétique politique nous manquent encore , quoique cette branche des Mathématiques , aussi belle qu'étendue, ait été fort cultivée en Angleterre, en France & en Hollande.

de maniere qu'on tire 5 écus d'intérêt d'un capital de 100 écus. Ainsi rien de plus facile que de calculer les intérêts d'un capital quelconque : on n'a qu'à dire, suivant la regle de trois :

100 donnent 5 ; que donne le capital proposé ? Soit, par exemple, le capital 860 écus, on trouve son intérêt annuel, en disant :

$$100 : 5 = 860 \text{ à.... } \textit{Rép. } 43 \text{ écus.}$$

$$\frac{5}{100) 4300}$$
$$43.$$

541.

Nous ne nous arrêterons pas à ces calculs de l'intérêt simple, afin de passer aussi-tôt au calcul de *l'intérêt sur intérêt*. On demande principalement dans ce calcul, à quelle somme monte un capital donné après un certain nombre d'années, si on joint annuellement l'intérêt au capital, & que de cette maniere on augmente continuellement le capital ? On part, pour réfoudre cette queftion, de ce que 100 écus placés à 5 pour cent fe changent au bout d'une année en un capital de 105 écus. Soit le capital $=a$, on trouvera ce qu'il vaut au bout de l'année, en difant : 100 donne 105 , que donne a ; la réponfe eft $\frac{105a}{100}=\frac{21a}{20}$, ce que l'on peut auffi écrire de cette maniere, $\frac{21}{20}$. a, ou de celle-ci, $a+\frac{1}{20}.a$.

542.

Ainfi, quand on ajoute au capital actuel fa vingtieme partie, on obtient la valeur du capital pour l'année prochaine. Ajoutant à celui-ci fon vingtieme, on fait ce que vaut le capital donné après deux ans, & ainfi de fuite. Il eft donc facile d'apprécier les accroiffemens fucceffifs & annuels du capital, & de continuer ce calcul auffi loin qu'on voudra.

543.

Suppofons un capital qui foit préfentement de 1000 écus, qu'il foit placé à cinq

pour

pour cent, & qu'on joigne chaque année l'intérêt au capital. Comme ce calcul ne tarde pas à conduire à des fractions, nous nous servirons des fractions décimales, mais fans les pouffer plus loin que jufqu'aux milliemes parties d'un écu, vu que des parties plus petites n'entrent pas ici en confidération.

Le capital donné de 1000 écus vaudra

après 1 an — — — 1050 écus

52,5,

après 2 ans — — — 1102,5

55,125,

après 3 ans — — — 1157,625

57,881,

après 4 ans — — — 1215,506

60,775,

après 5 ans — — — 1276,281 &c.

544.

On peut continuer de la même maniere pour autant d'années qu'on voudra; mais lorfque le nombre des années eft fort grand, le calcul devient long & ennuyeux; voici comment on peut l'abréger:

Tome I. E e

Soit le capital préfent $=a$, & puifqu'un capital de 20 écus vaut 21 écus au bout de l'année, le capital a vaudra $\frac{21}{20} a$ après un an. Le même capital montera l'année fuivante à $\frac{21^2}{20^2}.a = \left(\frac{21}{20}\right)^2.a$. Ce capital de deux ans vaudra $\left(\frac{21}{20}\right)^3.a$ l'année d'après; ce qui fera donc le capital de trois ans. Celui-ci augmentant de même, le capital donné vaudra $\left(\frac{21}{20}\right)^4.a$ au bout de quatre ans. Il vaudra $\left(\frac{21}{20}\right)^5.a$ au bout de cinq ans. Après un fiecle il vaudra $\left(\frac{21}{20}\right)^{100}.a$; & en général $\left(\frac{21}{20}\right)^n.a$ fera la valeur de ce capital après n années; & cette formule fervira à déterminer la quantité du capital après un nombre quelconque d'années.

545.

La fraction $\frac{21}{20}$ qui eft entrée dans ce calcul, fe fonde fur ce que les intérêts ont été comptés à 5 pour cent, & que $\frac{21}{20}$ eft au tant que $\frac{105}{100}$. Que fi les intérêts fe comp-toient à 6 pour cent, le capital a monte-roit à $\left(\frac{106}{100}\right).a$ au bout d'un an ; à $\left(\frac{106}{100}\right)^2.a$ au bout de deux ans ; & à $\left(\frac{106}{100}\right)^n.a$ au bout de n années.

Mais fi les intérêts ne font que de 4 pour cent, le capital a ne vaudra que $\left(\frac{104}{100}\right)^n.a$ après n ans.

546.

Or il eft aifé, lorfque le capital a, ainfi que le nombre des années, eft donné, de réfoudre ces formules par les logarithmes. Car s'il eft queftion de celle que nous avons trouvée dans la premiere fuppofition, on prendra le logarithme de $\left(\frac{21}{20}\right)^n.a$, qui eft

$=\log.\left(\frac{21}{20}\right)^n + \log.a$; parce que la for-mule en queftion eft le produit de $\left(\frac{21}{20}\right)^n$ & de a. Et comme $\left(\frac{21}{20}\right)^n$ eft une puiffance, on aura $L.\left(\frac{21}{20}\right)^n = n L.\frac{21}{20}$. Ainfi le loga-rithme du capital cherché eft $= n.L.\frac{21}{20}$

$+$L.*a*. De plus le logarithme de la frac-
tion$\frac{21}{20}=$L. 21 $-$ L. 20.

547.

Soit à préfent le capital $=$ 1000 écus,
& qu'on demande de combien il fera au
bout de 100 ans, en comptant les intérêts à
5 pour cent?

Nous avons ici $n=$ 100. Le logarithme
du capital cherché fera par conféquent
$=$ 100 L.$\frac{21}{20}+$L. 1000, & voici comment
on évalue cette quantité:

$$\text{L. } 21 = 1{,}3222193$$
$$\text{fouftrayant L. } 20 = 1{,}3010300$$

$$\text{L. } \tfrac{21}{20} = 0{,}0211893$$

multipliant par 100

$$100 \text{ L.} \tfrac{21}{20} = 2{,}1189300$$
$$\text{ajoutant L. } 1000 = 3{,}0000000$$

$$\text{logarithme du } = 5{,}1189300$$
capital cherché.

On voit par la caractériftique de ce logarithme, que le capital cherché fera un

nombre de fix chiffres, & en effet ce capital fe trouve $=131501$ écus.

548.

Un capital de 3452 livres à 6 pour cent,
de combien fera-t il après 64 ans?

Nous avons ici $a=3452$, & $n=64$.
Donc le logarithme du capital cherché
$=64\,L.\frac{53}{50}+L.3452$, ce qu'on calcule de
cette maniere :

$$L.53 = 1,7242759$$
$$\text{fouftrayant } L.50 = 1,6989700$$

$$L.\frac{53}{50} = 0,0253059$$

$$\text{multipl. par } 64 : 64\,L.\frac{53}{50} = 1,6195776$$
$$L.3452 = 3,5380708$$

$$5,1576484.$$

Et en prenant le nombre de ce logarithme, on trouve le capital cherché égal
à 143763 livres.

549.

Quand le nombre des années eft fort
grand, comme il s'agit de multiplier ce

nombre par le logarithme d'une fraction, il pourroit provenir une affez grande erreur de ce que les logarithmes ne fe trouvent calculés dans les tables que jufqu'à 7 chiffres de décimales. C'eft pourquoi il faudra employer des logarithmes pouffés à un plus grand nombre de figures, comme on l'a fait dans l'exemple fuivant:

Un capital d'un écu reftant placé à 5 pour cent pendant 500 ans, & les intérêts s'y joignant annuellement, on demande à quelle fomme fe montera ce capital après les 500 années?

On a ici $a=1$ & $n=500$; par conféquent le logarithme du capital cherché eft égal à $500 \, L. \frac{21}{20} + L. 1$, ce qui produit ce calcul:

$$L. 21 = 1,3222192947339|9$$
$$\text{fouftrayant } L. 20 = 1,3010299956639|8|1$$
$$\overline{L. \tfrac{21}{20} = 0,0211892990699|3|8}$$

mult. par 500 on a $10,594649534969000$

Voilà donc le logarithme du capital cherché, lequel fera par conféquent égal à 393233200000 écus.

550.

Si on ne fe contentoit pas de joindre annuellement l'intérêt au capital, & qu'on voulût encore l'augmenter tous les ans d'une nouvelle fomme $=b$, le capital actuel que nous nommerons a, s'accroîtroit cha- que année de la maniere qu'on verra:

après 1 an $\frac{21}{20} a + b$,

après 2 ans $\left(\frac{21}{20}\right)^2 a + \frac{21}{20} b + b$,

après 3 ans $\left(\frac{21}{20}\right)^3 a + \left(\frac{21}{20}\right)^2 b + \frac{21}{20} b + b$,

après 4 ans $\left(\frac{21}{20}\right)^4 a + \left(\frac{21}{20}\right)^3 b + \left(\frac{21}{20}\right)^2 b$

$+ \left(\frac{21}{20}\right) b + b$,

après n ans $\left(\frac{21}{20}\right)^n a + \left(\frac{21}{20}\right)^{n-1} b + \left(\frac{21}{20}\right)^{n-2} b$

$+ \ldots\ldots \frac{21}{20} b + b$.

Ce capital confifte, comme on voit, en deux parties, dont la premiere $= \left(\frac{21}{20}\right)^n a$, & dont l'autre prife à rebours forme la férie $b + \frac{21}{20} b + \left(\frac{21}{20}\right)^2 b + \left(\frac{21}{20}\right)^3 b + \ldots \left(\frac{21}{20}\right)^{n-1} b$. Cette fuite eft évidemment une progreffion géométrique, dont l'expofant eft egal à $\frac{21}{20}$.

Nous en chercherons donc la somme, en multipliant d'abord le dernier terme $\left(\frac{21}{20}\right)^{n-1} b$ par l'exposant $\frac{21}{20}$; nous aurons $\left(\frac{21}{20}\right)^n b$. Souftrayant ensuite le premier terme b, il reste $\left(\frac{21}{20}\right)^n b - b$; & divisant enfin par l'exposant moins 1, c'est-à-dire par $\frac{1}{20}$, nous trouverons la somme cherchée $= 20 \left(\frac{21}{20}\right)^n b - 20b$; donc le capital cherché est, $\left(\frac{21}{20}\right)^n a + 20 \left(\frac{21}{20}\right)^n b - 20b = \left(\frac{21}{20}\right)^n . (a + 20b) - 20b$.

551.

Le développement de cette formule exige qu'on calcule séparément son premier terme $\left(\frac{21}{20}\right)^n . (a + 20b)$; ce qui se fait en prenant son logarithme, qui est $nL.\frac{21}{20} + L.(a + 20b)$; car le nombre qui répond à ce logarithme dans les tables, sera la valeur de ce premier terme. Si l'on souftrait ensuite $20b$ de cette quantité, on connoît le capital cherché.

552.

Queftion. Quelqu'un a un capital de 1000 écus placé à cinq pour cent, il y ajoute annuellement 100 écus outre les intérêts, on demande la valeur de ce capital au bout de vingt-cinq ans ?

Nous avons ici $a = 1000$; $b = 100$; $n = 25$; voici donc le plan de l'opération :

$$L. \tfrac{21}{20} = 0,021189299.$$

Multipliant par 25 on a

$$25 \, L. \tfrac{21}{20} = 0,5297324750$$
$$L. (a + 20 b) = 3,4771213135$$
$$= 4,0068537885.$$

Ainfi la premiere partie, ou le nombre qui répond à ce logarithme, eft 10159,1 écus, & fi on en fouftrait $20 b = 2000$, on trouve que le capital en queftion vaudra, après vingt-cinq ans, 8159,1 écus.

553.

Puis donc que ce capital de 1000 écus va toujours en augmentant, & qu'après vingt-cinq ans il fe monte à $8159\frac{1}{10}$ écus, on peut faire la queftion, en combien d'années il montera jufqu'à 1000000 écus.

Soit n ce nombre d'années, & puifque $a=1000$, $b=100$, le capital fera au bout de n ans:

$\left(\frac{21}{20}\right)^n(3000)-2000$, fomme qui doit faire 1000000 d'écus; de-là réfulte donc cette égalité ou équation:

$$3000\left(\frac{21}{20}\right)^n-2000=1000000.$$

Ajoutant des deux côtés 2000, on a
$$3000\left(\frac{21}{20}\right)^n=1002000.$$

Divifant de part & d'autre par 3000, il vient $\left(\frac{21}{20}\right)^n=334.$

Prenant les logarithmes, on a $n\,\mathrm{L}.\frac{21}{20}$ $=\mathrm{L}.334$; & divifant par $\mathrm{L}.\frac{21}{20}$, on obtient $n=\frac{\mathrm{L}.334}{\mathrm{L}\frac{21}{20}}$. Or $\mathrm{L}.334=2,5237465$, & $\mathrm{L}.\frac{21}{20}=0,0211893$; donc $n=\frac{2,5237465}{0,0211893}$. Et fi l'on multiplie enfin les deux termes de cette fraction par 10000000, on aura $n=\frac{25237465}{211893}$, ce qui fait cent dix-neuf ans un mois fept jours, & c'eft-là le temps après lequel le capital de 1000 écus fe fera accru jufqu'à 1000000 d'écus.

554.

Mais fi on fuppofoit que quelqu'un, au lieu d'augmenter annuellement fon capital d'une certaine fomme fixe, le diminuât en employant, chaque année, une certaine fomme pour fon entretien, on auroit les gradations fuivantes pour les valeurs de ce capital a, année par année, en le fuppofant placé à 5 pour cent, & en entendant par b la fomme qu'on en ôte annuellement :

après 1 an, $\frac{21}{20}a - b$,

après 2 ans, $\left(\frac{21}{20}\right)^2 a - \frac{21}{20}b - b$,

après 3 ans, $\left(\frac{21}{20}\right)^3 a - \left(\frac{21}{20}\right)^2 b - \frac{21}{20}b - b$,

après n ans, $\left(\frac{21}{20}\right)^n a - \left(\frac{21}{20}\right)^{n-1} b - \left(\frac{21}{20}\right)^{n-2} b$
..... $- \left(\frac{21}{20}\right) b - b$.

555.

Ce capital confifte donc en deux parties, l'une eft $\left(\frac{21}{20}\right)^n a$, & l'autre qui doit en être fouftraite forme , en prenant les termes en rétrogradant , la progreffion géométrique fuivante:

$$b + \left(\tfrac{21}{20}\right)b + \left(\tfrac{21}{20}\right)^{2}b + \left(\tfrac{21}{20}\right)^{3}b + \dots \left(\tfrac{21}{20}\right)^{n-1}b.$$

Nous avons déjà trouvé ci-deffus la fomme de cette progreffion $= 20\left(\tfrac{21}{20}\right)^{n}b - 20b$; fi donc on fouftrait cette quantité de $\left(\tfrac{21}{20}\right)^{n}a$, on aura le capital cherché, après n ans,

$$= \left(\tfrac{21}{20}\right)^{n}(a - 20b) + 20b.$$

556.

On auroit pu tirer auffi cette formule immédiatement de la précédente. Car de même qu'on ajoutoit, dans la fuppofition précédente, annuellement la fomme b, on ôte à préfent chaque année la même fomme b. On n'a donc qu'à mettre dans la formule précédente, par-tout $-b$ à la place de $+b$. Il faut remarquer principalement ici que, fi $20b$ eft plus grand que a, la premiere partie devient négative, & par conféquent que le capital va toujours en diminuant. Cela fe comprend aifément, car fi on ôte plus du capital annuellement qu'il ne s'y joint d'argent en intérêts, il eft clair que ce capital doit devenir continuellement plus petit, & qu'à la fin il doit même fe réduire abfolument à rien. C'eft ce que nous allons éclaircir par un exemple.

557.

Queftion. Quelqu'un a un capital de 100000 écus placé à 5 pour cent; il lui faut chaque année 6000 écus pour fon entretien; cela fait plus que les intérêts de fon argent, lefquels ne fe montent qu'à 5000 écus; par conféquent le capital ira toujours en diminuant. On demande en combien de temps il s'évanouira tout-à-fait. Suppofons ce nombre d'années $= n$, & puifque $a = 100000$ & $b = 6000$, nous favons que après n ans la valeur du capital fera $=$ $-20000 \left(\frac{21}{20}\right)^n + 120000$, ou $120000 - 20000 \left(\frac{21}{20}\right)^n$. Ainfi le capital fe réduira à zéro, lorfque $20000 \left(\frac{21}{20}\right)^n$ fe montera à

120000 écus, ou lorſque $20000\left(\frac{21}{20}\right)^{n}$ éga lera 120000. Diviſant des deux côtés par 20000, on a $\left(\frac{21}{20}\right)^{n}=6$. Prenant les loga‑ rithmes, on a $n \, L.\frac{21}{20}=L.6$. Diviſant par $L.\frac{21}{20}$, il vient $n=\frac{L.6}{L.\frac{21}{20}}=\frac{0.7781513}{0,0211893}$, ou n $=\frac{7781513}{211893}$. Donc $n=36$ ans 8 mois 22 jours, au bout duquel temps il ne reſtera plus rien du capital.

558.

Il ſera bon de faire voir auſſi comment, en partant des mêmes principes, on peut calculer les intérêts pour des temps plus courts que des années entieres. On ſe ſert pour cela de la formule $\left(\frac{21}{20}\right)^{r}$ a trouvée plus haut, qui exprime la valeur d'un capital placé à 5 pour cent après n années ; car ſi le temps eſt de moins d'un an, l'expoſant n devient une fraction, & le calcul ſe fait par les logarithmes comme auparavant. Si on demandoit, par exemple, la valeur du capital après un jour, on feroit $n=\frac{1}{365}$;

fi c'eft après deux jours, $n = \frac{2}{365}$, & ainfi de fuite.

559.

Soit le capital $a = 100000$ écus, placé à 5 pour cent, à combien montera-t-il en huit jours de temps?

Nous avons $a = 100000$, & $n = \frac{8}{365}$, par conféquent le capital cherché $= \left(\frac{21}{20}\right)^{\frac{8}{365}}$ 100000. Le logarithme de cette quantité eft $= L. \left(\frac{21}{20}\right)^{\frac{8}{365}} + L. 100000 = \frac{8}{365} L. \frac{21}{20} + L. 100000$. Or $L. \frac{21}{20} = 0,0211893$, multipliant par $\frac{8}{365}$ on a 0,0004644 ajoutant L. 100000 $= 5,0000000$

la fomme eft $= 5,0004644$.

Le nombre de ce logarithme fe trouve $= 100107$. Ainfi dans les premiers huit jours les intérêts du capital font déjà 107 écus.

560.

Dans cette matiere fe préfentent auffi les queftions d'eftimer la valeur préfente d'une

fomme d'argent qui ne feroit payable
que dans quelques années. On confidérera
que, puifque 20 écus en argent comptant
montent à 21 écus en douze mois, il faut
que réciproquement 21 écus qu'on ne pourroit toucher qu'au bout d'un an, ne valent
actuellement que 20 écus. Si donc on exprime par a une fomme dont le payement
écherroit au bout d'un an, la valeur préfente de cette fomme eft $\frac{20}{21}a$. Ainfi pour
trouver combien un capital a, payable feulement au bout d'un certain temps, vau-
droit une année plutôt, il faudra le multiplier par $\frac{20}{21}$; pour trouver fa valeur deux
ans avant l'échéance, on le multipliera par
$\left(\frac{20}{21}\right)^2 a$; & en général fa valeur, n ans avant
l'échéance, s'exprimera par $\left(\frac{20}{21}\right)^n a$.

561.

Suppofons qu'un homme ait à tirer pendant cinq années confécutives une rente
annuelle de cent écus, & qu'il veuille la
céder pour de l'argent comptant, en comptant

tant les intérêts à 5 pour cent, fi on demande combien il doit recevoir, voici comment il faudra raifonner:

Pour 100 écus qui échoient

après 1 an il reçoit 95,239.

après 2 ans ——— 90,704.

après 3 ans ——— 86,385.

après 4 ans ——— 82,272.

après 5 ans ——— 78,355.

fomme des 5 termes 432,955.

Ainfi le Poffeffeur de la rente ne peut prétendre en argent comptant que 432,955 écus, ou 1298 livres 17 fous $3\frac{3}{5}$ deniers.

562.

On remarquera que fi une telle rente devoit durer un nombre d'années beaucoup plus grand, le calcul, de la maniere que nous l'avons fait, deviendroit très-pénible, voici les moyens de le faciliter:

Soit la rente annuelle $=a$, commençant dès-à-préfent & durant n années, elle vaudra actuellement:

Tome I.   F f

$$a + \left(\tfrac{20}{21}\right)a + \left(\tfrac{20}{21}\right)^2 a + \left(\tfrac{20}{21}\right)^3 a + \left(\tfrac{20}{21}\right)^4 a \ldots \ldots$$
$$\qquad + \left(\tfrac{20}{21}\right)^n a.$$

Voilà une progreſſion géométrique, & tout ſe réduit à en trouver la ſomme. On multipliera donc le dernier terme par l'expoſant, le produit eſt $\left(\tfrac{20}{21}\right)^{n+1} a$; ſouſtrayant le premier terme, il reſte $\left(\tfrac{20}{21}\right)^{n+1} a - a$; diviſant enfin par l'expoſant moins 1, c'eſt-à-dire, par $-\tfrac{1}{21}$, ou, ce qui revient au même, multipliant par -21, on aura la ſomme cherchée $= -21 \left(\tfrac{20}{21}\right)^{n+1} a + 21 a$, ou bien, $21 a - 21 \left(\tfrac{20}{21}\right)^{n+1} a$; & ce ſecond terme qu'il s'agit de ſouſtraire, ſe calcule facilement par les logarithmes.

SECTION QUATRIEME.

Des Equations algébriques, & de la résolution de ces Equations.

CHAPITRE PREMIER.

De la résolution des Problêmes en général.

563.

LE but principal de l'Algebre, ainsi que de toutes les parties des Mathématiques, est de déterminer la valeur de quantités, qui auparavant étoient inconnues. On l'atteint en pesant avec attention les conditions prescrites, lesquelles s'expriment toujours par des quantités connues. C'est aussi pourquoi on définit l'Algebre, *la science qui enseigne à déterminer des quantités inconnues par le moyen de quantités connues.*

564.

Ce que nous venons de dire s'accorde aussi avec tout ce qui a été exposé jusqu'ici. Par-tout on a vu la connoissance de certaines quantités faire arriver à celle d'autres quantités qu'on pouvoit auparavant regarder comme inconnues.

L'Addition en offroit d'abord un exemple. Pour trouver la somme de deux ou de plusieurs nombres donnés, il falloit chercher un nombre inconnu qui fût égal à ces nombres connus pris ensemble.

Dans la Soustraction on cherchoit un nombre qui fût égal à la différence de deux nombres connus.

Une multitude d'autres exemples se sont présentés dans la Multiplication & dans la Division, dans l'élévation des puissances & dans l'extraction des racines; la question se réduisoit toujours à trouver, par le moyen de quantités connues, une autre quantité inconnue jusqu'alors.

565.

Enfin dans la derniere feƈion nous avons auffi réfolu différentes queftions, où il s'agiffoit de déterminer un nombre qui ne pouvoit être conclu de la connoiffance d'autres nombres donnés que fous de certaines conditions.

Toutes les queftions fe réduifent donc à trouver, par le fecours de quelques nombres donnés, un nouveau nombre qui ait avec ceux-là une certaine connexion; & cette connexion fe détermine par de certaines conditions ou propriétés qui doivent convenir à la quantité cherchée.

566.

Lorfqu'il fe préfente une queftion à réfoudre, on indique par une des dernieres lettres de l'Alphabet le nombre cherché, & on examine enfuite de quelle maniere les conditions données peuvent former une égalité entre deux quantités; cette égalité

qui eſt repréſentée par une eſpece de formule qu'on appelle *équation* , ſert enſuite
à déterminer la valeur du nombre cherché,
& par conſéquent à réſoudre la queſtion.
Il arrive quelquefois qu'on cherche pluſieurs nombres ; on les trouve pareillement
par des équations.

567.

Expliquons-nous mieux par un exemple,
& ſuppoſons la queſtion ou le *problême* qui
ſuit :

Vingt perſonnes , hommes & femmes,
mangent dans une auberge , l'écot d'un
homme eſt 8 ſous , celui d'une femme eſt
7 ſous , & la dépenſe totale ſe monte à 7 l.
5 ſous ; on demande le nombre des hommes & celui des femmes ?

On ſuppoſera , pour réſoudre cette queſtion , que le nombre des hommes ſoit $= x$,
& regardant maintenant ce nombre comme connu , on procédera de la même maniere que ſi on vouloit faire la preuve &

voir ſi ce nombre ſatisfait à la queſtion. Or le nombre des hommes étant $= x$, & les hommes & les femmes faiſant enſemble vingt perſonnes, il eſt facile de déterminer le nombre des femmes, on n'a qu'à ſouſtraire de 20 celui des hommes, c'eſt-à-dire que le nombre des femmes $= 20 - x$.

Mais un homme dépenſe 8 ſous, donc x hommes dépenſent $8x$ ſous.

Et puiſqu'une femme dépenſe 7 ſous, $20 - x$ femmes auront dépenſé $140 - 7x$ ſous.

Ainſi ajoutant enſemble $8x$ & $140 - 7x$, on voit que toutes les 20 perſonnes auront dépenſé $140 + x$ ſous. Or on ſait d'avance combien elles ont dépenſé, ſavoir 7 liv. 5 ſous, ou 145 ſous ; il faut donc qu'il y ait égalité entre $140 + x$ & 145, c'eſt-à-dire qu'on ait l'équation $140 + x = 145$, & de-là on tire facilement $x = 5$.

Donc l'écot étoit de 5 hommes & de 15 femmes.

568.

Autre queſtion de la même eſpece.

Vingt perſonnes, hommes & femmes, ſe trouvent dans une auberge ; les hommes dépenſent 24 florins, & les femmes autant, & il ſe trouve qu'un homme a dépenſé 1 florin de plus qu'une femme ; on demande combien il y avoit d'hommes & combien de femmes ?

Soit le nombre des hommes $= x$,

celui des femmes ſera $= 20 - x$.

Or ces x hommes ayant dépenſé 24 florins, l'écot de chaque homme eſt de $\frac{24}{x}$ florins.

De plus les $20 - x$ femmes ayant auſſi dépenſé 24 florins, l'écot de chaque femme eſt $\frac{24}{20 - x}$ florins.

Mais on ſait que cet écot d'une femme eſt d'un florin plus petit que celui d'un homme ; ſi donc on ſouſtrait 1 de l'écot d'un homme, il faut qu'on obtienne celui d'une femme, & par conſéquent que $\frac{24}{x}$

$-1 = \frac{24}{20-x}$. Voilà donc l'équation de laquelle il s'agit de tirer la valeur de x ; on ne trouve pas cette valeur avec la même facilité que dans la question précédente ; mais on verra dans la suite que $x = 8$, & cette valeur satisfait en effet à l'équation ; car $\frac{24}{8} - 1 = \frac{24}{12}$ renferme l'égalité $2 = 2$.

569.

On voit bien à quel point il est essentiel, dans tous les problêmes, de peser avec attention toutes les circonstances de la question, afin d'en déduire une équation, en exprimant par des lettres les nombres cherchés ou inconnus. Tout l'art consiste ensuite à résoudre ces équations pour en tirer les valeurs des nombres inconnus, & c'est de quoi nous nous occuperons dans cette section.

570.

Nous avons à remarquer d'abord une diversité qui réside dans les questions elles-

mêmes. Dans quelques-unes on ne cherche
qu'une feule quantité inconnue , dans d'autres on en cherche deux ou plufieurs ; & il
faut obferver dans ce dernier cas qu'il faut,
pour les déterminer toutes , pouvoir déduire des circonftances ou des conditions
du problême , autant d'équations qu'il y a
d'inconnues.

571.

On a déjà pu s'appercevoir qu'une équation confifte en deux *membres* qu'on fépare
par le figne d'égalité , =, pour indiquer
que ces deux quantités font égales l'une à
l'autre. On eft obligé fouvent de faire fubir
bien des transformations à ces deux membres , afin d'en déduire la valeur de la
quantité inconnue ; mais ces transformations cependant doivent toutes fe fonder
fur ce que deux quantités égales reftent égales , foit qu'on leur ajoute ou qu'on en retranche des quantités égales , foit qu'on les
multiplie ou qu'on les divife par un même

nombre, foit qu'on les éleve toutes deux
à la même puiſſance, ou qu'on en extraie
les racines d'un même degré, foit enfin que
l'on prenne les logarithmes de ces quantités, comme nous l'avons déjà pratiqué
dans la ſection précédente.

572.

Les équations qu'on réſout le plus facilement, font celles où l'inconnue ne paſſe
pas la premiere puiſſance après qu'on a mis
les termes de l'équation en ordre, & on
les appelle *équations du premier degré*. Mais
lorſqu'ayant réduit & ordonné une équation, on y rencontre le quarré ou la ſeconde puiſſance de l'inconnue, on a une
équation du ſecond degré, qui eſt déjà plus
difficile à réſoudre. Enſuite viennent les
équations du troiſieme degré, qui renferment
le cube de l'inconnue, & ainſi de ſuite.
Nous traiterons de toutes dans cette ſection.

CHAPITRE II.

De la réfolution des Equations du premier degré.

573.

LORSQUE le nombre cherché ou inconnu eſt indiqué par la lettre x, & que l'équation qu'on a obtenue eſt telle que l'un de ſes membres renferme ſimplement cet x, & l'autre purement un nombre connu, comme, par exemp. $x = 25$, la valeur cherchée de x eſt toute trouvée. C'eſt donc à parvenir à une telle forme qu'il faut toujours faire ſes efforts, quelque compliquée que ſoit l'équation qu'on a trouvée d'abord. Nous donnerons dans la ſuite les regles qui rendent ces réductions plus faciles.

574.

Commençons par les cas les plus ſimples, & ſuppoſons d'abord qu'on ſoit parvenu à l'équation $x + 9 = 16$, on voit fur le champ que $x = 7$. Et en général fi on a trouvé $x + a = b$, où a & b fignifient des nombres quelconques, mais connus, on n'a qu'à fouftraire a de l'un & de l'autre membre, & on obtient l'équation $x = b - a$, qui indique la valeur de x.

575.

Si l'équation trouvée eft $x - a = b$, on ajoutera des deux côtés a, & on aura la valeur cherchée de $x = b + a$.

On procédera de même, fi la premiere équation a cette forme, $x - a = aa + 1$; car on aura fur le champ $x = aa + a + 1$.

Cette autre équation, $x - 8a = 20 - 6a$, donne $x = 20 - 6a + 8a$, ou $x = 20 + 2a$.

Et celle-ci, $x + 6a = 20 + 3a$, donne $x = 20 + 3a - 6a$, ou $x = 20 - 3a$.

576.

Si l'équation primitive a cette forme, $x - a + b = c$, on peut commencer par ajouter de part & d'autre a, on aura $x + b = c + a$;

& en souftrayant ensuite b des deux côtés, on trouvera $x = c + a - b$. Mais on peut aussi ajouter d'abord $+ a - b$ de part & d'autre ; on obtient par-là sur le champ $x = c + a - b$.

Ainsi dans les exemples suivans

Si $x - 2a + 3b = 0$, on a $x = 2a - 3b$.

Si $x - 3a + 2b = 25 + a + 2b$, on a $x = 25 + 4a$.

Si $x - 9 + 6a = 25 + 2a$, on a $x = 34 - 4a$.

577.

Quand l'équation trouvée a la forme $ax = b$, on divise seulement les deux membres par a, & on a $x = \frac{b}{a}$. Mais si l'équation est de la forme $ax + b - c = d$, il faudra d'abord faire disparoître les termes qui accompagnent ax, en ajoutant de part & d'autre $- b + c$; & après cela, en divisant par a la nouvelle équation $ax = d - b + c$, on aura $x = \frac{d - b + c}{a}$.

On auroit trouvé la même chose en soustrayant $+ b - c$ de l'équation donnée ; on auroit eu pareillement $ax = d - b + c$, & $x = \frac{d-b+c}{a}$. En conséquence de cela

Si $2x + 5 = 17$, on a $2x = 12$, & $x = 6$.

Si $3x - 8 = 7$, on a $3x = 15$, & $x = 5$.

Si $4x - 5 - 3a = 15 + 9a$, on a $4x = 20 + 12a$, & par conséquent $x = 5 + 3a$.

578.

Quand la premiere équation aura la forme $\frac{x}{a} = b$, on multipliera des deux côtés par a, pour avoir $x = ab$.

Mais si l'on a $\frac{x}{a} + b - c = d$, il faudra d'abord faire $\frac{x}{a} = d - b + c$, après quoi on obtiendra $x = (d - b + c)a = ad - ab + ac$.

Soit $\frac{1}{2}x - 3 = 4$, on a $\frac{1}{2}x = 7$, & $x = 14$.

Soit $\frac{1}{3}x - 1 + 2a = 3 + a$, on aura $\frac{1}{3}x = 4 - a$, & $x = 12 - 3a$.

Soit $\frac{x}{a-1} - 1 = a$, on aura $\frac{x}{a-1} = a + 1$, & $x = aa - 1$.

579.

Quand on est parvenu à une équation, comme $\frac{ax}{b} = c$, on multiplie d'abord par

b, afin d'avoir $ax=bc$, & divifant enfuite par a, on trouve $x=\frac{bc}{a}$.

Que fi $\frac{ax}{b}-c=d$, on commenceroit par donner à l'équation cette forme $\frac{ax}{b}=d+c$, après quoi on parviendroit à la valeur de $ax=bd+bc$, & à celle de $x=\frac{bd+bc}{a}$.

Suppofons $\frac{2}{3}x-4=1$, nous aurons $\frac{2}{3}x=5$, & $2x=15$; donc $x=\frac{15}{2}$ ou $=7\frac{1}{2}$.

Si $\frac{3}{4}x+\frac{1}{2}=5$, nous avons $\frac{3}{4}x=5-\frac{1}{2}$ $=\frac{9}{2}$; donc $3x=18$, & $x=6$.

580.

Confidérons à préfent le cas, qui peut arriver fréquemment, où deux ou plufieurs termes contiennent la lettre x, foit dans un feul membre de l'équation, foit dans tous les deux.

Si ces termes font tous du même côté, c'eft-à-dire dans un feul membre, comme dans l'équation $x+\frac{1}{2}x+5=11$, on a $x+\frac{1}{2}x=6$, & $3x=12$, & enfin $x=4$.

Soit

Soit $x + \frac{1}{2}x + \frac{1}{3}x = 44$, & qu'on demande la valeur de x : si on multiplie d'abord par 3, on a $4x + \frac{3}{2}x = 132$; multipliant ensuite par 2, on a $11x = 264$; donc $x = 24$. On auroit pu procéder plus briévement, en commençant par réduire les trois termes qui renferment x, au seul terme $\frac{11}{6}x$; & divisant ensuite par 11 l'équation $\frac{11}{6}x = 44$, on auroit eu $\frac{1}{6}x = 4$, donc $x = 24$.

Soit $\frac{2}{3}x - \frac{3}{4}x + \frac{1}{2}x = 1$, on aura, en réduisant, $\frac{5}{12}x = 1$, & $x = 2\frac{2}{5}$.

Soit, plus généralement, $ax - bx + cx = d$, c'est comme si on avoit $(a - b + c)x = d$, d'où l'on tire $x = \frac{d}{a-b+c}$.

581.

Lorsqu'il se trouve des termes renfermant x dans l'un & l'autre membre de l'équation, on commencera par faire disparoître ces termes du côté où cela est plus facile, c'est-à-dire où il y en a le moins.

Tome I.   Gg

Si on a, par exemple, l'équation $3x + 2 = x + 10$, il faudra souftraire d'abord x des deux côtés, on aura $2x + 2 = 10$; donc $2x = 8$, & $x = 4$.

Qu'on ait $x + 4 = 20 - x$, il eft clair que $2x + 4 = 20$; & par conféquent $2x = 16$, & $x = 8$.

Soit $x + 8 = 32 - 3x$, on aura $4x + 8 = 32$; enfuite $4x = 24$, & $x = 6$.

Soit $15 - x = 20 - 2x$, on aura $15 + x = 20$, & $x = 5$.

Soit $1 + x = 5 - \frac{1}{2}x$, on aura $1 + \frac{3}{2}x = 5$; après cela $\frac{3}{2}x = 4$; $3x = 8$; enfin $x = \frac{8}{3} = 2\frac{2}{3}$.

Si $\frac{1}{2} - \frac{1}{3}x = \frac{1}{3} - \frac{1}{4}x$, on ajoutera $\frac{1}{3}x$, cela donne $\frac{1}{2} = \frac{1}{3} + \frac{1}{12}x$; fouftrayant $\frac{1}{3}$, il refte $\frac{1}{12}x = \frac{1}{6}$; & multipliant par 12, on obtient $x = 2$.

Si $1\frac{1}{2} - \frac{2}{3}x = \frac{1}{4} + \frac{1}{2}x$, on ajoute $\frac{2}{3}x$, cela donne $1\frac{1}{2} = \frac{1}{4} + \frac{7}{6}x$. Souftrayant $\frac{1}{4}$, on a $\frac{7}{6}x = 1\frac{1}{4}$, d'où l'on tire $x = 1\frac{1}{14} = \frac{15}{14}$, en multipliant par 6, & en divifant par 7.

582.

Si on eft parvenu à une équation où le nombre inconnu x eft un dénominateur, il faut faire difparoître la fraction, en multipliant toute l'équation par ce dénominateur.

Suppofons qu'on ait trouvé $\frac{100}{x} - 8 = 12$, on ajoutera d'abord 8, & on aura $\frac{100}{x} = 20$; multipliant enfuite par x, on a $100 = 20x$; & divifant par 20, on trouve $x = 5$.

Soit $\frac{5x+3}{x-1} = 7$.

Si on multiplie par $x - 1$, on a $5x + 3 = 7x - 7$.

Souftrayant $5x$, il refte $3 = 2x - 7$.

Ajoutant 7, il vient $2x = 10$. Donc $x = 5$.

583.

Quelquefois auffi on rencontre des fignes radicaux, & l'équation ne laiffe pas d'appartenir au premier degré. Par exemple, on cherche un nombre x au-deffous de 100, & tel que la racine quarrée de $100 - x$ devienne égale à 8, ou $\sqrt{(100-x)} = 8$,

Gg ij

on prendra des deux côtés le quarré $100 - x = 64$, & en ajoutant x on aura $100 = 64 + x$, d'où l'on tire $x = 100 - 64 = 36$.

On pourroit aussi, puisque $100 - x = 64$, souftraire 100 de l'un & de l'autre membre; on auroit $-x = -36$, & en multipliant par -1, $x = 36$.

584.

Quelquefois enfin le nombre inconnu x se trouve dans l'exposant, nous en avons vu des exemples plus haut, & il faut alors avoir recours aux logarithmes.

Ainsi, quand on a $2^x = 512$, on prend des deux côtés les logarithmes; on a x L.2 $=$ L.512; & en divisant par L.2, on trouve $x = \frac{L.512}{L.2}$. Les tables donneront donc

$$x = \frac{2,7092700}{0,3010300} = \frac{2709270}{30103} \text{ ou } x = 9.$$

Soit $5 . 3^{2x} - 100 = 305$, on ajoutera 100; cela fait $5 . 3^{2x} = 405$; divisant par 5, on a $3^{2x} = 81$; prenant les logarithmes $2x$ L.3 $=$ L.81, & divisant par 2L.3, on a $x = \frac{L.81}{2L.3}$ ou $x = \frac{L.81}{L.9}$; donc $x = \frac{1,9084850}{0,9542425}$ $= \frac{19084850}{9542425} = 2$.

CHAPITRE III.

De la solution de quelques questions relatives au Chapitre précédent.

585.

*P*REMIERE QUESTION. Partager 7 en deux parties, telles que la plus grande surpasse de 3 la plus petite.

Soit la plus grande partie $=x$, la plus petite sera $=7-x$; il faut donc que $x=7-x+3$, ou $=10-x$; ajoutant x, on a $2x=10$; & divisant par 2, le résultat est $x=5$.

Réponse. La plus grande partie est 5, & la plus petite est 2.

Seconde question. On propose de partager a en deux parties, de façon que la plus grande surpasse de b la plus petite.

Soit la plus grande partie $=x$, l'autre sera $a-x$; ainsi $x=a-x+b$; ajoutant

G g iij

x, on a $2x = a + b$; & divisant par 2,

$$x = \frac{a+b}{2}.$$

Autre solution. Soit la plus grande partie $= x$; comme elle est plus grande de b que la plus petite, il est clair que celle-ci est de b plus petite que l'autre, & $= x - b$. Or ces deux parties, prises ensemble, doivent faire a; il faut donc que $2x - b = a$; ajoutant b, on a $2x = a + b$; donc $x = \frac{a+b}{2}$, c'est la valeur de la plus grande partie, & celle de la plus petite sera $\frac{a+b}{2} - b$ ou $\frac{a+b}{2} - \frac{2b}{2}$, ou $\frac{a-b}{2}$.

586.

Troisieme question. Un pere qui a trois fils, leur laisse 1600 écus. Le testament porte que l'aîné aura 200 écus de plus que le puîné, & que celui-ci aura 100 écus de plus que le cadet. On demande quelle sera la portion de chacun?

Soit la portion du troisieme fils $= x$; celle du second sera $= x + 100$, & celle du premier $= x + 300$. Or on sait que ces trois portions font enfemble 1600 écus. On a donc $3x + 400 = 1600$

$$3x = 1200$$
$$\& \ x = 400.$$

Réponfe. La part du cadet eft 400 écus, celle du puîné eft 500 écus, & celle de l'aîné eft 700 écus.

587.

Quatrieme queftion. Un pere laiffe quatre fils & 8600 liv. ; fuivant le teftament la part de l'aîné doit être double de celle du fecond, moins 100 liv. le fecond doit recevoir trois fois autant que le troifieme, moins 200 liv. & le troifieme doit recevoir quatre fois autant que le quatrieme, moins 300 l. On demande quelles font les portions de ces quatre fils ? Nommons x la portion du cadet ; celle du troifieme fils fera $= 4x - 300$; celle du fecond $= 12x - 1100$, & celle de l'aîné $= 24x - 2300$. La fomme de ces quatre parts doit faire 8600 liv. On a donc l'équation $41x - 3700 = 8600$, où $41x = 12300$, & $x = 300$.

Réponfe. Il revient au cadet 300 livres, au troifieme fils 900 livres, au fecond 2500 livres, & à l'aîné 4600 livres.

588.

Cinquieme queſtion. Un homme laiſſe 11000 écus à partager entre ſa veuve, deux fils & trois filles. Il veut que la mere reçoive deux fois la portion d'un fils, & qu'un fils reçoive deux fois autant qu'une fille. On demande combien il revient à ces perſonnes féparément ?

Suppoſons la portion d'une fille $= x$, celle d'un fils eſt par conféquent $= 2x$, & celle de la veuve $= 4x$; tout l'héritage eſt donc $3x + 4x + 4x$; ainſi $11x = 11000$, & $x = 1000$.

Réponfe. Une fille tire　1000 écus,

　　ainſi toutes les trois reçoivent 3000 écus.

Un fils tire 2000 écus,

　　ainſi les deux fils reçoivent　4000

La mere reçoit — — — — 4000

　　　　　　　　　ſomme　11000 écus,

589.

Sixieme question. Un pere veut par son testament, que ses trois fils partagent son bien de la maniere suivante : l'aîné reçoit 1000 écus de moins que la moitié de tout l'héritage ; le second reçoit 800 écus de moins que le tiers de tout le bien ; & le troisieme reçoit 600 écus de moins que le quart du bien. On demande à quelle somme se monte l'héritage entier , & quelle est la part de chaque héritier ?

Exprimons l'héritage par x :

la part du premier fils est $\frac{1}{2}x - 1000$

celle du second $\qquad \frac{1}{3}x - 800$

celle du troisieme $\qquad \frac{1}{4}x - 600$.

Ainsi les trois fils ensemble tirent $\frac{1}{2}x + \frac{1}{3}x + \frac{1}{4}x - 2400$, & cette somme doit être égale à x ; on a donc l'équation $\frac{13}{12}x - 2400 = x$.

Soustrayant x, il reste $\frac{1}{12}x - 2400 = 0$.

Ajoutant 2400, on a $\frac{1}{12}x = 2400$. Multipliant enfin par 12, le produit eft x égalant 28800.

Réponfe. L'héritage eft de 28800 écus, &

l'aîné des fils reçoit	13400 écus.
le puîné — — — —	8800
le cadet — — — —	6600
tous trois enfemble	28800 écus.

590.

Septieme queftion. Un pere laiffe quatre fils, qui partagent fon bien de la maniere qui fuit:

Le premier prend la moitié de l'héritage, moins 3000 livres.

Le fecond prend le tiers, moins 1000 l.

Le troifieme prend exactement le quart du bien.

Le quatrieme prend 600 livres, & la cinquieme partie du bien.

De combien étoit l'héritage, & combien chaque fils a-t-il reçu?

Soit l'héritage total $= x$:

l'aîné des fils aura $\quad\frac{1}{2}x - 3000$

le puîné — — — $\frac{1}{3}x - 1000$

le troisieme — — $\frac{1}{4}x$

le cadet — — — $\frac{1}{5}x +$ 600.

Tous les quatre auront reçu $\frac{1}{2}x + \frac{1}{3}x + \frac{1}{4}x + \frac{1}{5}x - 3400$, ce qu'il faut égaler à x, d'où résulte l'équation $\frac{77}{60}x - 3400 = x$;

souftrayant x, on a $\frac{17}{60}x - 3400 = 0$;

ajoutant 3400, on a $\frac{17}{60}x = 3400$;

divisant par 17, on a $\frac{1}{60}x = 200$;

multipliant par 60, on a $x = 12000$.

Réponse. L'héritage étoit de 12000 liv.

le premier fils en a pris 3000

le second — — — — 3000

le troisieme — — — 3000

le quatrieme — — — 3000.

591.

Huitieme question. Trouver un nombre tel que, si on y ajoute sa moitié, la somme

surpaſſe 60 d'autant que le nombre lui-
même eſt au-deſſous de 65.

Soit ce nombre $= x$, il faut que $x + \frac{1}{2}$
$x - 60 = 65 - x$, c'eſt-à-dire $\frac{3}{2} x - 60 = 65$
$- x$;

ajoutant x, on a $\frac{5}{2} x - 60 = 65$;
ajoutant 60, on a $\frac{5}{2} x = 125$;
diviſant par 5, on a $\frac{1}{2} x = 25$;
multipliant par 2, on a $x = 50$.
Réponſe. Le nombre cherché eſt 50.

592.

Neuvieme queſtion. Partager 32 en deux
parties telles que, ſi je diviſe la moindre
par 6, & la plus grande par 5, les deux
quotiens pris enſemble faſſent 6.

Soit la plus petite des deux parties cherchées $= x$; la plus grande ſera $= 32 - x$;
la premiere, diviſée par 6, donne $\frac{x}{6}$; la ſeconde, diviſée par 5, donne $\frac{32-x}{5}$; or il
faut que $\frac{x}{6} + \frac{32-x}{5} = 6$. Ainſi multipliant par
5, on a $\frac{5}{6} x + 32 - x = 30$, ou $- \frac{1}{6} x + 32$
$= 30$.

ajoutant $\frac{1}{6}x$, il vient $32 = 30 + \frac{1}{6}x$;

fouſtrayant 30, il reſte $2 = \frac{1}{6}x$;

multipliant par 6, on a $x = 12$.

Réponſe. Les deux parties font: la plus petite $= 12$, la plus grande $= 20$.

<h1 style="text-align:center">593.</h1>

Dixieme queſtion. Trouver un nombre
tel que, ſi je le multiplie par 5, le produit
ſoit autant au-deſſous de 40, que le nombre lui-même eſt au-deſſous de 12. Je nommerai ce nombre x, il eſt au-deſſous de
12 de $12 - x$; prenant le nombre x cinq
fois, j'ai $5x$, ce qui eſt moindre que 40
de $40 - 5x$, & cette quantité doit être égale
à $12 - x$.

J'ai donc $40 - 5x = 12 - x$;

ajoutant $5x$, j'ai $40 = 12 + 4x$;

fouſtrayant 12, j'ai $28 = 4x$;

diviſant par 4, j'ai $x = 7$, nombre cherché.

594.

Onzieme question. Partager 25 en deux parties, telles que la plus grande contienne 49 fois la plus petite.

Soit cette derniere $= x$, la plus grande fera $= 25 - x$. Celle-ci divisée par celle-là doit donner le quotient 49 ; on a donc $\frac{25-x}{x} = 49$.

Multipliant par x, on a $25 - x = 49x$;

ajoutant x, — — — 25 $= 50x$;

divisant par 50, — — x $= \frac{1}{2}$.

Réponse. La plus petite des deux parties cherchées est $\frac{1}{2}$, & la plus grande est $24\frac{1}{2}$; divisant celle-ci par $\frac{1}{2}$, ou multipliant par 2, on trouve 49.

595.

Douzieme question. Partager 48 en neuf parties, de façon que l'une soit toujours de $\frac{1}{2}$ plus grande que la précédente.

Soit la premiere & la plus petite partie $= x$, la seconde fera $= x + \frac{1}{2}$, la troisieme $= x + 1$, &c.

Or ces parties formant une progreſſion arithmétique, dont le premier terme $=x$, le neuvieme & dernier terme ſera $=x+4$. Ajoutant ces deux termes enſemble, on a $2x+4$; multipliant cette quantité par le nombre des termes, ou par 9, on a $18x+36$; & diviſant ce produit par 2, on obtient la ſomme de toutes les neuf parties $=9x+18$, & qui doit équivaloir à 48. On a donc $9x+18=48$;

ſouſtrayant 18, il reſte $9x=30$;

& diviſant par 9 on a $x=3\frac{1}{3}$.

Réponſe. La premiere partie eſt $3\frac{1}{3}$, & les neuf parties ſe ſuivent dans l'ordre que voici :

1	2	3	4	5	6	7	8	9

$$3\frac{1}{3}+3\frac{5}{6}+4\frac{1}{3}+4\frac{5}{6}+5\frac{1}{3}+5\frac{5}{6}+6\frac{1}{3}+6\frac{5}{6}+7\frac{1}{3}.$$

Toutes enſemble font 48.

596.

Treizieme queſtion. Trouver une progreſſion arithmétique, dont le premier terme $=5$, le dernier $=10$, & la ſomme $=60$.

Nous ne connoiffons ici ni la différence ni le nombre des termes, mais nous favons que le premier & le dernier terme nous fuffiroient pour exprimer la fomme de la progreffion, fi feulement le nombre des termes étoit donné. Nous fuppoferons donc ce nombre $=x$, & la fomme de la progreffion s'exprimera par $\frac{15 x}{2}$; or nous favons d'ailleurs que cette fomme eft 60 ; ainfi

$$\frac{15 x}{2} = 60 ; \quad \tfrac{1}{2}x = 4, \quad \& \quad x = 8.$$

Maintenant, puifque le nombre des termes eft 8, fi nous fuppofons la différence $= z$, il ne s'agit plus que de chercher le huitieme terme dans cette fuppofition, & de le faire $= 10$. Le fecond terme eft $5 + z$; le troifieme eft $5 + 2z$, & le huitieme eft $5 + 7z$, ainfi

$$5 + 7z = 10$$
$$7z = 5$$
$$\& \quad z = \tfrac{5}{7}.$$

Réponfe. La différence de la progreffion eft $\tfrac{5}{7}$, & le nombre des termes eft 8, & par conféquent la progreffion eft

$$1 \quad 2 \quad 3 \quad 4 \quad 5 \quad 6 \quad 7 \quad 8$$

$$5 + 5\tfrac{5}{7} + 6\tfrac{3}{7} + 7\tfrac{1}{7} + 7\tfrac{6}{7} + 8\tfrac{4}{7} + 9\tfrac{2}{7} + 10,$$

dont la fomme $= 60$.

597.

Quatorzieme queſtion. Je cherche un nom-bre tel, que ſi du double de ce nombre je ſouſtrais 1, & que je double le reſte, qu'enſuite je ſouſtraie 2, & que je diviſe le reſte par 4, le nombre réſultant de ces opérations ſoit de 1 plus petit que le nom-bre cherché.

Je ſuppoſerai ce nombre $= x$; le double eſt $2x$; ſouſtrayant 1, il reſte $2x - 1$; doublant ceci, j'ai $4x - 2$; ſouſtrayant 2, il me reſte $4x - 4$; diviſant par 4, il me vient $x - 1$; & c'eſt ce qui doit être d'une unité plus petit que x; ainſi

$$x - 1 = x - 1.$$

Mais voilà ce qu'on nomme une *équa-tion identique*; elle indique que x n'eſt pas du tout déterminé, & qu'on peut prendre à ſa place un nombre quelconque à volonté.

Tome I. H h

598.

Quinzieme question. J'ai acheté quelques aunes de drap à raison de 7 écus pour 5 aunes, j'ai revendu de ce drap à raison de 11 écus pour 7 aunes, & j'ai gagné 100 écus sur le tout : on demande combien il y avoit de drap?

Supposons qu'il y en ait eu x aunes; il faudra voir d'abord combien l'emplette a coûté ; cela se trouve par la regle de trois suivante :

Cinq aunes coûtent 7 écus ; que coûtent x aunes? *Réponse*, $\frac{7}{5} x$ écus.

Voilà ma dépense. Voyons à présent quelle est ma recette ; il faudra faire la regle de trois qui suit : Sept aunes me valent 11 écus, combien me rapportent x aunes? *Rép.* $\frac{11}{7} x$ écus.

Cette recette doit surpasser de 100 écus la dépense ; on a donc cette équation :

$$\frac{11}{7} x = \frac{7}{5} x + 100;$$

soustrayant $\frac{7}{5} x$, il reste $\frac{6}{35} x = 100;$

donc $6x = 3500$, & $x = 583\frac{1}{3}$.

Réponse. Il y avoit $583\frac{1}{3}$ aunes, qui ont été achetées pour $816\frac{2}{3}$ écus, & revendues enfuite pour $916\frac{2}{3}$ écus, moyennant quoi le profit a été de 100 écus.

599.

Seizieme queſtion. Quelqu'un achete 12 pieces de drap pour 140 écus. Deux font blanches, trois font noires & fept font bleues. Une piece de drap noir coûte deux écus de plus qu'une piece de drap blanc, & une piece de drap bleu coûte trois écus de plus qu'une noire ; on demande le prix de chaque forte.

Suppofez qu'une piece blanche coûte x écus, les deux de cette forte coûteront $2x$. De plus une piece noire coûtant $x + 2$, les trois pieces de cette couleur coûteront $3x + 6$. Enfin une piece bleue coûte $x + 5$; donc les fept bleues coûtent $7x + 35$. Ainfi toutes les douze pieces reviennent enfemble à $12x + 41$.

Hh ij

Or le prix réel & connu de ces douze pieces eſt 140 écus ; on a donc $12x+41$ $=140$,

$$\& \quad 12x=99;$$
$$donc \quad x=8\tfrac{1}{4};$$

ainſi une piece de drap blanc coûte $8\tfrac{1}{4}$ écus,

$$drap \ noir \qquad 10\tfrac{1}{4}$$
$$drap \ bleu \qquad 13\tfrac{1}{4}$$

600.

Dix-ſeptieme queſtion. Un homme qui a acheté des noix muſcades, dit que trois noix lui coûtent autant au-delà d'un ſou que quatre lui coûtent au delà de dix liards; on demande le prix de ces noix ?

On nommera x l'argent que trois noix coûtent de plus qu'un ſou ou quatre liards, & on dira : trois noix coûtent $x+4$ liards, & quatre coûteront, par la condition du problême, $x+10$ liards. Or le prix de trois noix donne celui de quatre noix encore d'une autre maniere, ſavoir par la regle de trois ; on fera $3 : x + 4 = 4$. *Ré-ponſe*, $\frac{4x+16}{3}$. Ainſi $\frac{4x+16}{3} = x + 10$, ou $4x + 16 = 3x + 30$;

$$\text{donc } x + 16 = 30,$$
$$\& \quad x \quad = 14.$$

Réponſe. Trois noix coûtent 18 liards, & quatre coûtent 6 ſous ; donc chacune coûte 6 liards.

601.

Dix-huitieme queſtion. Quelqu'un a deux gobelets d'argent avec un ſeul couvercle pour les deux. Le premier gobelet peſe 12 onces, & ſi on y met le couvercle, il peſe deux fois plus que l'autre gobelet ; mais ſi on couvre l'autre gobelet, celui-ci peſe trois fois plus que le premier : il s'agit de trouver le poids du ſecond gobelet & celui du couvercle.

Suppoſons le poids du couvercle $= x$ onces ; le premier gobelet étant couvert peſera $x + 12$ onces. Or ce poids étant le double de celui du ſecond gobelet, il faut que ce gobelet-ci pefe $\frac{1}{2}x + 6$. Si on le couvre, il pefera $\frac{3}{2}x + 6$, & ce poids doit être le triple de 12, ou du poids du premier gobelet. On aura donc l'équation $\frac{3}{2}x + 6 = 36$, ou $\frac{3}{2}x = 30$; donc $\frac{1}{2}x = 10$ & $x = 20$.

Réponfe. Le couvercle pefe 20 onces, & le fecond gobelet pefe 16 onces.

602.

Dix-neuvieme queftion. Un Banquier a deux efpeces de monnoie; il faut a pieces de la premiere pour faire un écu; il faut b pieces de la feconde pour faire la même fomme. Quelqu'un vient & demande c pieces pour un écu; combien le Banquier lui donnera-t-il de pieces de chaque efpece pour le fatisfaire?

Suppofons que le Banquier donne x pieces de la premiere efpece; il eft clair qu'il donnera $c - x$ pieces de l'autre efpece. Or les x pieces de la premiere valent $\frac{x}{a}$ écu par la proportion $a:1=x:\frac{x}{a}$; & les $c-x$ pieces de la feconde efpece valent $\frac{c-x}{b}$ écu, parce qu'on a $b:1=c-x:\frac{c-x}{b}$. Il faut donc que $\frac{x}{a}+\frac{c-x}{b}=1$, ou $\frac{bx}{a}+c-x=b$, ou $bx+ac-ax=ab$, ou bien $bx-ax=ab-ac$; d'où l'on tire $x=\frac{ab-ac}{b-a}$, ou $x=\frac{a(b-c)}{b-a}$. Par conféquent $c-x=\frac{bc-ab}{b-a}=\frac{b(c-a)}{b-a}$.

Réponfe. Le Banquier donnera $\frac{a(b-c)}{b-a}$ pieces de la premiere efpece, & $\frac{b(c-a)}{b-a}$ pieces de la feconde efpece.

Remarque. Ces deux nombres fe trouvent facilement par la regle de trois, lorfqu'il s'agit de faire une application de nos réfultats. On dira, pour trouver le premier : $b-a:b-c=a:\frac{ab-ac}{b-a}$. Le fecond nombre fe détermine en faifant : $b-a:c-a=b:\frac{bc-ab}{b-a}$.

Il faut remarquer auffi que a eft plus petit que b, & que c eft pareillement plus petit que b, mais cependant plus grand que a, ainfi que la nature de la chofe le demande.

603.

Vingtieme queſtion. Un Banquier a deux ſortes de monnoie : dix pieces de l'une font un écu, & il faut 20 pieces de l'autre pour faire un écu. Or quelqu'un demande à changer un écu contre dix-ſept pieces de monnoie ; combien recevra-t-il donc de pieces de chaque ſorte ?

Nous avons ici $a=10$, $b=20$, & $c=17$; ce qui fournit les regles de trois ſuivantes :

I. $10:3=10:3$, ainſi 3 pieces de la premiere ſorte.

II. $10:7=20:14$, & 14 pieces de la ſeconde ſorte.

604.

Vingt-unieme queſtion. Un pere laiſſe à ſa mort quelques enfans, avec un bien qu'ils partagent de la maniere ſuivante :

Le premier reçoit cent écus & la dixieme partie du reſte.

Le ſecond tire deux cents écus & la dixieme partie de ce qui reſte.

Le troifieme prend trois cents écus & la dixieme partie de ce qui refte.

Le quatrieme prend quatre cents écus & la dixieme partie de ce qui refte , & ainfi de fuite.

Et il fe trouve à la fin , que le bien a été partagé également entre tous les enfans. On demande maintenant de combien étoit l'héritage , combien il y avoit d'enfans , & combien chacun a reçu ?

Cette queftion eft d'une nature toute particuliere , & mérite par-là qu'on y faffe attention. Pour la réfoudre plus facilement, nous fuppoferons l'héritage total $=z$ écus ; & puifque tous les enfans tirent une même fomme, foit cette portion d'un chacun $=x$, moyennant quoi le nombre des enfans s'exprime par $\frac{z}{x}$. Cela pofé , voici comment nous nous y prendrons pour réfoudre la queftion propofée.

La Masse ou le bien à partager.	Ordre des Enfans.	Portion de chacun.	Différences.
z	le 1^r.	$x = 100 + \frac{z-100}{10}$	
$z-x$	le 2^d.	$x = 200 + \frac{z-x-200}{10}$	$100 - \frac{x-100}{10}$
$z-2x$	le 3e.	$x = 300 + \frac{z-2x-300}{10}$	$100 - \frac{x-100}{10}$
$z-3x$	le 4e.	$x = 400 + \frac{z-3x-400}{10}$	$100 - \frac{x-100}{10}$
$z-4x$	le 5e.	$x = 500 + \frac{z-4x-500}{10}$	$100 - \frac{x-100}{10}$
$z-5x$	le 6e.	$x = 600 + \frac{z-5x-600}{10}$	& ainsi de suite

Nous avons inféré dans la derniere colonne les différences qu'on obtient en fouftrayant chaque portion de la fuivante. Or
toutes les portions étant égales, il faut que
chacune de ces différences foit $= 0$. Et
comme il arrive heureufement qu'une même expreffion a lieu pour toutes ces différences, il fuffira d'en égaler une feule à
zéro, & on aura donc l'équation $100 - \frac{x-100}{10}$
$= 0$. Multipliant par 10, on a $1000 - x$
$- 100 = 0$, ou $900 - x = 0$; par conféquent $x = 900$.

Nous favons donc déjà que la part de chaque enfant étoit 900 écus; ainfi en prenant à préfent à volonté une des équations de la troifieme colonne, par exemple la premiere, elle devient, en fubftituant à x fa valeur, $900 = 100 + \frac{z-100}{10}$, d'où l'on tire z fur le champ; car on a $9000 = 1000 + z$ —100, ou $9000 = 900 + z$; donc $z = 8100$; & par conféquent $\frac{z}{x} = 9$.

Réponfe. Ainfi le nombre des enfans $= 9$; l'héritage laiffé par le pere $= 8100$ écus; & la portion de chaque enfant $= 900$ écus.

CHAPITRE IV.

De la réfolution de deux ou de plufieurs Equations du premier degré.

605.

IL arrive fouvent qu'on eft obligé de faire entrer dans le calcul deux ou plufieurs de ces nombres inconnus, repréfentés par les

lettres x, y, z, &c. & fi la queftion eft
déterminée, on parvient dans ce cas-là à
autant d'équations, defquelles il s'agit enfuite de tirer les inconnues. Comme nous
ne confidérons encore que les équations qui
ne contiennent pas des puiffances d'une inconnue plus élevées que la premiere, ni
des produits de deux ou de plufieurs inconnues, on voit que ces équations auront
toutes la forme $az + by + cx = d$.

606.

Commençant donc par deux équations,
nous chercherons à en tirer les valeurs de
x & y; & pour traiter ce cas d'une maniere générale, foient les deux équations:
I. $ax + by = c$, & II. $fx + gy = h$, où a,
b, c & f, g, h fignifient des nombres connus. Il s'agit donc ici de tirer de ces deux
équations, les deux inconnues x & y.

607.

La voie la plus naturelle pour y parvenir
fe préfente aifément à l'efprit; c'eft de

déterminer par l'une & l'autre équation la valeur d'une des inconnues, par exemple, de x, & de confidérer enfuite l'égalité de ces deux valeurs; car on aura une équation, dans laquelle l'inconnue y fe trouvera feule & pourra être déterminée par les regles que nous avons données plus haut. Connoiffant donc alors y, on n'aura plus qu'à fubftituer fa valeur dans une des quantités qui exprimoient x.

608.

D'après cette regle, nous tirons de la premiere équation: $x = \frac{c-by}{a}$, & de la feconde, $x = \frac{h-gy}{f}$; pofant ces deux valeurs égales l'une à l'autre, nous avons cette nouvelle équation:
$$\frac{c-by}{a} = \frac{h-gy}{f};$$
multipliant par a, le produit eft $c-by$
$$= \frac{ah-agy}{f};$$
multipliant par f, le produit eft $fc-fby$
$$= ah-agy;$$

ajoutant agy, on a $fc - fby + agy = ah$;

fouftrayant fc, il refte $-fby + agy = ah - fc$;

ou bien $(ag - bf)y = ah - fc$;

divifant enfin par $ag - bf$, nous avons $y = \frac{ah - fc}{ag - bf}$.

Pour fubftituer donc à préfent cette valeur de y dans une des deux valeurs que nous avons trouvées pour x, comme dans la premiere $x = \frac{c - by}{a}$, nous aurons d'abord $-by = -\frac{abh + bcf}{ag - bf}$; de-là $c - by = c - \frac{abh + bcf}{ag - bf}$, ou $c - by = \frac{acg - bcf - abh + bcf}{ag - bf} = \frac{acg - abh}{ag - bf}$; & divifant par a, $x = \frac{c - by}{a} = \frac{cg - bh}{ag - bf}$.

609.

Premiere queftion. Pour éclaircir cette méthode par des exemples, foit propofé de trouver deux nombres, dont la fomme foit $= 15$, & la différence $= 7$.

Nommons x le nombre qui eft le plus grand, & y le plus petit. Nous aurons

I.) $x + y = 15$, & II.) $x - y = 7$.

La premiere équation donne $x=15-y$, & la feconde donne $x=7+y$; de-là réfulte la nouvelle équation $15-y=7+y$. Ainfi $15=7+2y$; $2y=8$, & $y=4$; au moyen de quoi on trouve $x=11$.

Réponfe. Le plus petit nombre eft 4, & le plus grand eft 11.

610.

Seconde queftion. On peut auffi générali-fer la queftion précédente, en cherchant deux nombres, dont la fomme foit $=a$, & la différence $=b$.

Soit le plus grand des deux $=x$, & le plus petit $=y$.

On aura I.) $x+y=a$, & II.) $x-y=b$; la premiere équation donne $x=a-y$; la feconde — — — — — $x=b+y$. Donc $a-y=b+y$; $a=b+2y$; $2y=a-b$; enfin $y=\frac{a-b}{2}$, & par conféquent $x=a-y$ $=a-\frac{a+b}{2}=\frac{a+b}{2}$.

Réponfe. Le plus grand nombre, où x eft $=\frac{a+b}{2}$; & le plus petit, où y eft $=\frac{a-b}{2}$, ou, ce qui revient au même, $x = \frac{1}{2}a + \frac{1}{2}b$, & $y = \frac{1}{2}a - \frac{1}{2}b$; & de-là réfulte le théoreme fuivant: Quand la fomme de deux nombres quelconques eft a, & que la difiérence de ces deux nombres eft b, le plus grand des deux nombres eft égal à la moitié de la fomme *plus* la moitié de la différence; & le plus petit des deux nombres eft égal à la fomme *moins* la moitié de la différence.

611.

On peut auffi réfoudre la même queftion de la maniere qui fuit:

Puifque les deux équations font, $x + y = a$, & $x - y = b$.

Si on les ajoute l'une avec l'autre, on a $2x = a + b$.

Donc $x = \frac{a+b}{2}$.

Enfuite, fouftrayant les mêmes équations l'une de l'autre, on a $2y = a - b$; donc $y = \frac{a-b}{2}$.

612.

Troifieme queftion. Un mulet & un âne portent des charges de quelques quintaux. L'âne fe plaint de la fienne & dit au mulet : il ne me manque que de porter encore un quintal de ta charge , pour être plus chargé que toi du double. Le mulet répond : oui , mais fi tu me donnois un quintal de la tienne, je ferois trois fois plus chargé que toi. On demande combien de quintaux ils portoient chacun ?

Suppofons la charge du mulet de x quintaux , & celle de l'âne de y quintaux. Si le mulet donne à l'âne un quintal , celui-ci aura $y + 1$, & il reftera à l'autre $x - 1$; & puifque dans ce cas l'âne eft deux fois plus chargé que le mulet, on a $y + 1 = 2x - 2$.

Mais fi l'âne donne un quintal au mulet, celui-ci a $x + 1$, & l'âne garde $y - 1$; & la charge du premier étant maintenant triple de celle du fecond, on a $x + 1 = 3y - 3$.

Tome I. I i

Nos deux équations feront par conféquent

I.) $y + 1 = 2x - 2$, II.) $x + 1 = 3y - 3$.

La premiere donne $x = \frac{y+3}{2}$, & la feconde donne $x = 3y - 4$; de-là réfulte la
nouvelle équation $\frac{y+3}{2} = 3y - 4$, qui donne
$y = \frac{11}{5}$, & au moyen de quoi on détermine
auffi la valeur de x , qui devient $= 2\frac{3}{5}$.

Réponfe. Le mulet portoit $2\frac{3}{5}$ quintaux
& l'âne portoit $2\frac{1}{5}$ quintaux.

613.

Lorfqu'on a trois nombres inconnus, &
autant d'équations, comme, par exemple,
I.) $x + y - z = 8$, II) $x + z - y = 9$, III.) y
$+ z - x = 10$, on commencera, comme
auparavant par tirer de chacune la valeur
de x , & on aura par la Iᵉ.) $x = 8 + z - y$
par la IIᵉ.) $x = 9 + y - z$, & par la IIIᵉ.) x
$= y + z - 10$.

Comparant maintenant la premiere de
ces valeurs avec la feconde, & après cela

auffi avec la troifieme, on aura les équations fuivantes :

I.) $8+z-y=9+y-z$, II.) $8+z-y=y+z-10$.

Or la premiere donne $2z-2y=1$, & la feconde donne $2y=18$, ou $y=9$; fi donc on fubftitue cette valeur de y dans $2z-2y=1$, on a $2z-18=1$, & $2z=19$, ainfi $z=9\frac{1}{2}$; il ne refte donc que x à déterminer, & on le trouve facilement $=8\frac{1}{2}$.

Il eft arrivé ici par hafard que la lettre z s'eft éliminée dans la derniere équation, & qu'on a trouvé la valeur de y immédiatement. Si ce cas n'avoit pas eu lieu, on auroit eu deux équations entre z & y, qu'il auroit fallu réfoudre par la regle précédente.

614.

Qu'on ait trouvé les trois équations fuivantes :

I.) $3x+5y-4z=25$, II.) $5x-2y+3z=46$, III.) $3y+5z-x=62$.

Si on tire de chacune la valeur de x,
on a

$$\text{I.)} \ x = \frac{25 - 5y + 4z}{3}, \ \text{II.)} \ x = \frac{46 + 2y - 3z}{5},$$
$$\text{III.)} \ x = 3y + 5z - 62.$$

Comparant à préfent ces trois valeurs
entr'elles, & d'abord la troifieme avec la
premiere, on a $3y + 5z - 62 = \frac{25 - 5y + 4z}{3}$;
multipliant par 3, $9y + 15z - 186 = 25$
$- 5y + 4z$; ainfi $9y + 15z = 211 - 5y + 4z$,
& $14y + 11z = 211$ par la premiere & la
troifieme. Comparant auffi la troifieme avec
la feconde, on a $3y + 5z - 62 = \frac{46 - 2y - 3z}{5}$,
ou $46 + 2y - 3z = 15y + 25z - 310$, ce
qui fe réduit à $356 = 13y + 28z$.

On tirera maintenant de ces deux nouvelles équations la valeur de y :

I.) $211 = 14y + 11z$; donc $14y = 211 - 11z$

$$\& \ y = \frac{211 - 11z}{14}.$$

II.) $356 = 13y + 28z$; donc $13y = 356 - 28z$,

$$\& \ y = \frac{356 - 28z}{13}.$$

Ces deux valeurs forment la nouvelle
équation $\frac{211 - 11z}{14} = \frac{356 - 28z}{13}$, laquelle fe change

en celle-ci, $2743 - 143z = 4984 - 392z$, qui se réduit à $249z = 2241$, & d'où l'on tire $z = 9$.

Cette valeur étant substituée dans une des deux équations de y & z, on trouve $y = 9$, & enfin une substitution semblable dans une des trois valeurs de x, donnera $x = 7$.

<h1 style="text-align:center">615.</h1>

Si on avoit plus de trois inconnues à déterminer, & autant d'équations à résoudre, on pourroit s'y prendre de la même maniere ; mais on se trouveroit engagé le plus souvent dans des calculs fort prolixes.

Il est donc à propos de remarquer que dans chaque cas particulier on ne manque guere de rencontrer des moyens qui en facilitent beaucoup la résolution. Ces moyens sont d'introduire dans le calcul, à côté des inconnues principales, une nouvelle inconnue arbitraire, telle qu'est, par ex. la somme de toutes les autres ; & quand on est un peu verſé dans ces ſortes de calculs, on juge aſſez facilement ce qu'il eſt le plus convenable de faire (*). Nous allons rap- porter quelques exemples qui peuvent gui- der dans l'application de cette méthode.

616.

Quatrieme queſtion. Trois perſonnes jouent enſemble ; dans la premiere partie le premier Joueur perd avec chacun des deux autres autant que chacun d'eux avoit d'argent ſur lui. Dans la ſeconde partie, c'eſt au ſecond Joueur que les deux autres gagnent autant chacun qu'ils ont déjà d'ar- gent. Dans la troiſieme partie enfin, le pre- mier & le ſecond Joueur gagnent au troi- ſieme autant d'argent chacun, qu'ils en avoient. Ils ceſſent alors de jouer, & il ſe

(*) M. *Cramer* a donné à la fin de ſon *Introduſtion à l'analyſe des lignes courbes*, une très-belle regle pour dé- terminer immédiatement, & ſans paſſer par les opérations ordinaires, la valeur des inconnues de ces ſortes d'équa- tions, en quelque nombre que ſoient ces inconnues.

trouve qu'ils ont tous une fomme égale, favoir vingt-quatre louis chacun. On demande avec combien d'argent chacun s'eft mis au jeu ?

Suppofons que l'enjeu du premier Joueur ait été de x louis, celui du fecond, y, & celui du troifieme, z. Et faifons outre cela la fomme de tous les enjeux, ou $x + y + z$, $= f$. Or le premier Joueur perdant dans la premiere partie autant d'argent qu'en ont les deux autres, il perd $f - x$; (car lui-même ayant eu x, les deux autres auront eu $f - x$) ; donc il lui reftera $2x - f$; le fecond aura $2y$, & le troifieme aura $2z$.

Voici donc ce que chacun aura après la premiere partie : le I.) $2x - f$, le II.) $2y$, le III.) $2z$.

Dans la feconde partie, le fecond Joueur qui a maintenant $2y$, perd autant d'argent qu'en ont les deux autres, c'eft-à-d. $f - 2y$; il lui refte par conféquent $4y - f$. Quant aux autres, ils auront le double chacun de ce qu'ils avoient ; ainfi après la feconde partie les trois Joueurs ont le I.) $4x-2f$, le II.) $4y-f$, le III.) $4z$.

Dans la troisieme partie, c'est le troisieme Joueur, lequel a actuellement $4z$, qui est le perdant ; il perd avec le premier $4x-2f$, & avec le second $4y-f$; par conséquent après cette partie nos trois Joueurs auront :

le I.) $8x-4f$, le II.) $8y-2f$, le III.) $8z-f$.

Or chacun ayant maintenant 24 louis, nous avons trois équations, telles que la premiere donne sur le champ x, la seconde y, & la troisieme z; de plus f est connu & $=72$, puisque les trois Joueurs ensemble ont 72 louis à la fin de la derniere partie; mais c'est à quoi il n'est pas même nécessaire de faire attention d'abord, comme on va le voir. Nous avons

I.) $8x-4f=24$, ou $8x=24+4f$, ou $x=3+\frac{1}{2}f$;

II.) $8y-2f=24$, ou $8y=24+2f$, ou $y=3+\frac{1}{4}f$;

III.) $8z-f=24$, ou $8z=24+f$, ou $z=3+\frac{1}{8}f$.

Ajoutant ces trois valeurs, on a

$$x + y + z = 9 + \tfrac{7}{8}f.$$

Ainsi, puisque $x + y + z = f$, on a $f = 9 + \tfrac{7}{8}f$; donc $\tfrac{1}{8}f = 9$, & $f = 72$.

Si on substitue à présent cette valeur de f dans les expressions trouvées pour x, y & z, on trouvera qu'avant que de se mettre au jeu, le premier Joueur avoit 39 louis; le second, 21 louis; & le troisieme, 12 louis.

On voit par cette solution comment, par le secours de la somme des trois inconnues, on surmonte heureusement les obstacles qui se présentent dans la voie ordinaire.

617.

Quoique la question précédente paroisse d'abord assez difficile, nous remarquerons cependant qu'on peut la résoudre, même sans algebre. On n'a qu'à chercher à le faire en rétrogradant. On considérera que puisque les Joueurs, en quittant le jeu, avoient chacun 24 louis, & que dans la troisieme partie, le premier & le second ont doublé leur argent, ils doivent avoir eu avant cette derniere partie:

le I.)12, le II.)12, & le III.)48.

Dans la seconde partie ce sont le premier & le troisieme qui ont doublé leur argent; donc avant cette partie ils avoient:

le I.)6, le II.)42, le III.)24.

Enfin, dans la premiere partie, le second & le troisieme Joueur ont gagné chacun autant d'argent qu'il en avoit sorti; donc en commençant les trois Joueurs avoient devant eux:

I.)39, II.)21, III.)12.

Ce que nous avons aussi trouvé par la solution précédente.

618.

Cinquieme question. Deux personnes doivent 29 pistoles; elles ont de l'argent toutes les deux, mais pas autant chacune pour pouvoir acquitter seule cette dette commune ; le premier Débiteur dit donc au second, fi vous me donnez les $\frac{2}{3}$ de votre argent , je payerai feul la dette fur le champ. Le fecond lui réplique qu'il pourroit auffi acquitter feul la dette, fi l'autre lui donnoit les $\frac{3}{4}$ de fon argent. On demande combien ils ont l'un & l'autre ?

Suppofons que le premier ait x piftoles, & que le fecond ait y piftoles.

Nous aurons d'abord $x + \frac{2}{3}y = 29$;

enfuite auffi, $y + \frac{3}{4}x = 29$.

La premiere équation donne $x = 29 - \frac{2}{3}y$, & la feconde donne $x = \frac{116 - 4y}{3}$; ainfi $29 - \frac{2}{3}y = \frac{116 - 4y}{3}$. On tire de cette équation $y = 14\frac{1}{2}$; donc $x = 19\frac{1}{3}$.

Réponfe. Le premier Débiteur a $19\frac{1}{3}$ piftoles, & le fecond a $14\frac{1}{2}$ piftoles.

619.

Sixieme queftion. Trois freres ont acheté une vigne pour cent louis. Le cadet dit

qu'il pourroit la payer feul, fi le fecond
lui donnoit la moitié de l'argent qu'il a;
le fecond dit que fi l'aîné lui donnoit le
tiers feulement de fon argent, il payeroit
la vigne feul; enfin l'aîné ne demande que
le quart de l'argent du cadet, pour payer
feul la vigne. Combien chacun avoit-il
d'argent? Que le premier ait eu x louis;
le fecond, y louis; le troifieme, z louis;
on aura les trois équations fuivantes:

I.) $x + \frac{1}{2}y = 100$. II.) $y + \frac{1}{3}z = 100$. III.) z
$+ \frac{1}{4}x = 100$; deux defquelles feulement
donnent la valeur de x, favoir I.) $x = 100$
$- \frac{1}{2}y$, III.) $x = 400 - 4z$. Ainfi on a l'é-
quation:

$100 - \frac{1}{2}y = 400 - 4z$, ou $4z - \frac{1}{2}y = 300$,
qu'il faudra combiner avec la feconde,
afin de déterminer y & z. Or la feconde
équation étoit $y + \frac{1}{3}z = 100$; on en tire
donc $y = 100 - \frac{1}{3}z$; & l'équation trouvée
en dernier lieu étant $4z - \frac{1}{2}y = 300$, on
a $y = 8z - 600$. Par conféquent la derniere
équation eft:

$100 - \frac{1}{3}z = 8z - 600$; ainsi $8\frac{1}{3}z = 700$, ou $\frac{25}{3}z = 700$, & $z = 84$. Donc $y = 100 - 28 = 72$, & $x = 64$.

Réponse. Le cadet avoit 64 louis, le puîné avoit 72 louis, & l'aîné avoit 84 louis.

620.

Comme dans cet exemple chaque équation ne renferme que deux inconnues, on peut parvenir d'une façon plus commode à la solution cherchée.

La premiere équation donne $y = 200 - 2x$; ainsi y est déterminé en x; & si on substitue cette valeur dans la seconde équation, on a $200 - 2x + \frac{1}{3}z = 100$; donc $\frac{1}{3}z = 2x - 100$, & $z = 6x - 300$.

Ainsi z est aussi déterminé en x; & si on introduit cette valeur dans la troisieme équation, on obtient $6x - 300 + \frac{1}{4}x = 100$, où x se trouve seul & qu'on réduit à $25x - 1600 = 0$, d'où l'on tire $x = 64$. Par conséquent $y = 200 - 128 = 72$, & $z = 384 - 300 = 84$.

621.

On peut fuivre le même procédé, lorfqu'on a un plus grand nombre d'équations.
Suppofons, par exemple, qu'on ait d'une
maniere générale: I.) $u + \frac{x}{a} = n$, II.) $x + \frac{y}{b}$
$= n$, III.) $y + \frac{z}{c} = n$, IV.) $z + \frac{u}{d} = n$; ou,
en chaffant les fractions: I.) $au + x = an$,
II.) $bx + y = bn$, III.) $cy + z = cn$, IV.) dz
$+ u = dn$.

Ici la premiere équation donne d'abord
$x = an - au$, & cette valeur étant fubftituée dans la feconde, on a $abn - abu + y$
$= bn$; ainfi $y = bn - abn + abu$; la fubftitution de cette valeur dans la troifieme
équation donne $bcn - abcn + abcu + z = cn$;
donc $z = cn - bcn + abcn - abcu$; fubftituant
enfin ceci dans la quatrieme équation, on a
$cdn - bcdn + abcdn - abcdu + u = dn$. Ainfi
$dn - cdn + bcdn - abcdn = -abcdu + u$,
ou bien $(abcd - 1) u = abcdn - bcdn + cdn$
$- dn$; d'où l'on tire $u = \frac{abcdn - bcdn + cdn - dn}{abcd - 1} = n$
$\frac{(abcd - bcd + cd - d)}{abcd - 1}$.

Par conséquent on aura

$$x = \frac{abcdn - acdn + adn - an}{abcd - 1} = n \cdot \frac{(abcd - acd + ad - a)}{abcd - 1}.$$

$$y = \frac{abcdn - abdn + abn - bn}{abcd - 1} = n \cdot \frac{(abcd - abd + ab - b)}{abcd - 1}.$$

$$z = \frac{abcdn - abcn + bcn - cn}{abcd - 1} = n \cdot \frac{(abcd - abc + bc - c)}{abcd - 1}.$$

$$u = \frac{abcdn - bcdn + cdn - dn}{abcd - 1} = n \cdot \frac{(abcd - bcd + cd - d)}{abcd - 1}.$$

622.

Septieme question. Un Capitaine a trois compagnies : l'une est de Suisses, l'autre est de Suabes, la troisieme est de Saxons. Il veut donner un assaut avec une partie de ces troupes, & il promet une récompense de 901 écus sur le pied suivant :

Que chaque Soldat de la compagnie qui montera à l'assaut, recevra 1 écu, & que le reste de l'argent sera distribué également aux deux autres compagnies.

Or il se trouve que si les Suisses donnent l'assaut, chaque Soldat des autres compagnies reçoit un demi-écu ; que si les Suabes vont à l'assaut, chacun des autres reçoit $\frac{1}{3}$ écu ; enfin, que si les Saxons donnent l'affaut, chacun des autres reçoit $\frac{1}{4}$ écu. On demande de combien d'hommes étoit cha-que compagnie ?

Suppofons le nombre des Suiffes $=x$, celui des Suabes $=y$, & celui des Saxons $=z$. Et faifons de plus $x+y+z=f$, parce qu'il eft facile de voir que c'eft le moyen d'abréger confidérablement le calcul. Si donc les Suiffes donnent l'affaut, leur nom-bre étant $=x$, celui des autres fera $f-x$; or ceux-là reçoivent 1 écu, & ceux-ci un demi-écu ; ainfi on aura

$$x+\tfrac{1}{2}f-\tfrac{1}{2}x=901.$$

On trouvera de la même maniere que fi les Suabes donnent l'affaut, on a

$$y+\tfrac{1}{3}f-\tfrac{1}{3}y=901.$$

Et enfin que, fi ce font les Saxons qui montent à l'affaut, on aura

$$z+\tfrac{1}{4}f-\tfrac{1}{4}z=901.$$

Chacune de ces trois équations fuffira pour déterminer une des inconnues x, y & z;

car

car la premiere donne $x = 1802 - ſ$,

la feconde donne $2y = 2703 - ſ$,

la troifieme donne $3z = 3604 - ſ$.

Or fi l'on prend maintenant les valeurs de $6x$, $6y$ & $6z$, & qu'on écrive ces valeurs l'une fous l'autre, on aura

$$6x = 10812 - 6ſ,$$
$$6y = 8109 - 3ſ,$$
$$6z = 7208 - 2ſ,$$

& ajoutant: $6ſ = 26129 - 11ſ$, ou $17ſ = 26129$; ainfi $ſ = 1532$; c'eft le nombre total des Soldats, au moyen duquel on trouve

$x = 1802 - 1537 = 265$;

$2y = 2703 - 1537 = 1166$, ou $y = 583$;

$3x = 3604 - 1537 = 2067$, ou $z = 689$.

Réponfe. La compagnie des Suiffes eft de 265 hommes; celle des Suabes, de 583 hommes; & celle des Saxons, de 689 hommes.

✿

CHAPITRE V.

De la résolution des Equations pures du second degré.

623.

ON dit qu'une équation est du second degré, quand elle renferme le quarré ou la seconde puissance de l'inconnue, sans qu'on y trouve des puissances plus élevées de cette inconnue. Une équation qui renfermeroit aussi la troisieme puissance de l'inconnue, appartiendroit déjà aux équations cubiques, & sa résolution demanderoit des regles particulieres.

624.

Il n'y a donc que trois especes de termes dans une équation du second degré. En premier lieu les termes où l'inconnue ne se trouve pas du tout, ou qui ne sont composés que de nombres connus.

En fecond lieu, les termes dans lefquels on rencontre feulement la premiere puiffance de la quantité inconnue.

En troifieme lieu, les termes qui contiennent le quarré de la quantité inconnue.

Ainfi x fignifiant une quantité inconnue, & les lettres a, b, c, d, &c. repréfentant des nombres connus, les termes de la premiere efpece feront de la forme a, les termes de la feconde efpece auront la forme bx, & les termes de la troifieme efpece auront la forme cxx.

625.

On a déjà vu fuffifamment que deux ou plufieurs termes d'une même efpece peuvent fe réunir enfemble, & être confidérés comme un feul terme.

Par exemple, on peut confidérer comme un feul terme la formule $axx - bxx + cxx$, en la repréfentant par $(a - b + c)xx$; puifqu'en effet $a - b + c$ eft une quantité connue.

K k ij

Et quand même de tels termes fe trouveroient des deux côtés du figne =, on a vu comment on doit les porter d'un même côté, & les réduire enfuite à un feul terme. Soit, par exemple, l'équation

$$2xx - 3x + 4 = 5xx - 8x + 11 ;$$

on fouftrait d'abord $2xx$, & il vient

$$-3x + 4 = 3xx - 8x + 11 ;$$

ajoutant enfuite $8x$, on obtient

$$5x + 4 = 3xx + 11 ;$$

fouftrayant enfin 11, il refte $3xx = 5x - 7$.

626.

On peut auffi tranfporter tous les termes d'un même côté du figne =, de façon qu'il ne refte que o dans l'autre membre ; le principal eft de faire attention que quand on tranfporte des termes d'un côté à l'autre, il faut en changer les fignes.

C'eft ainfi que l'équation ci-deffus prendra cette forme, $3xx - 5x + 7 = 0$, & c'eft auffi pourquoi on peut repréfenter toute équation du fecond degré généralement par cette formule,

$$axx \pm bx \pm e = 0,$$

dans laquelle le signe $\pm$ se prononce *plus ou moins*, & indique que de tels termes peuvent être tantôt positifs & tantôt négatifs.

627.

Quelle forme qu'ait primitivement une équation du second degré, on peut toujours la réduire à cette formule de trois termes: qu'on soit parvenu, par exemple, à l'équation

$$\frac{ax+b}{cx+d} = \frac{ex+f}{gx+h},$$

il faudra, avant toute chose, chasser les fractions: multipliant pour cet effet d'abord par $cx+d$, on a $ax+b = \frac{cexx+cfx+edx+fd}{gx+h}$, ensuite par $gx+h$, on a

$$agxx+bgx+ahx+bh = cexx+cfx+edx+fd,$$

ce qui est une équation du second degré, & qu'on réduit aux trois termes suivans, que nous transposerons en les rangeant de la maniere qui est le plus en usage:

$$o = agxx + bgx + bh,$$
$$- cexx + ahx - fd,$$
$$- cfx,$$
$$- edx.$$

On peut repréfenter auffi cette équation de la maniere fuivante, qui eft même plus claire :

$$o = (ag - ce)xx + (bg + ah - cf - ed)x + bh - fd.$$

628.

Ces équations du fecond degré, où toutes les trois efpeces de termes fe trouvent, fe nomment *completes*, & leur réfolution eft auffi fujette à plus de difficultés ; c'eft pourquoi nous commencerons par confidérer celles où un de ces termes manque.

Or fi c'étoit le terme xx qui ne fe trouvât pas dans l'équation, elle ne feroit pas du fecond degré, mais elle appartiendroit à celles dont nous avons traité ; que fi c'étoit le terme qui ne contient que des nombres connus, qui manquât, l'équation auroit cette forme, $axx + bx = o$, laquelle étant divifible par x, fe réduit à $ax \pm b = 0$, qui eft pareillement une équation du premier degré, & n'appartient pas ici.

629.

Mais lorfque c'eft le terme moyen, lequel contient la premiere puiffance de x, qui manque, l'équation revêt cette forme, $axx \pm c = 0$, ou $axx = \mp c$; le figne de c pouvant être foit pofitif, foit négatif.

Nous appellerons une telle équation, une équation du fecond degré *pure*, par la raifon que fa réfolution ne fouffre aucune difficulté. En effet, on n'a qu'à divifer par a, on obtient $xx = \frac{c}{a}$; & prenant de part & d'autre la racine quarrée, on trouve $x = \sqrt{\frac{c}{a}}$; au moyen de quoi l'équation eft réfolue.

630.

Mais nous avons à préfent trois cas à confidérer ici. Le premier, quand $\frac{c}{a}$ eft un nombre quarré, dont on puiffe par conféquent affigner réellement la racine, on obtient dans ce cas pour la valeur de x un nombre rationnel, lequel peut être ou entier ou rompu. Par exemple, l'équation $xx=144$, donne $x=12$; & celle-ci, $xx=\frac{9}{16}$, donne $x=\frac{3}{4}$.

Le fecond cas a lieu, quand $\frac{c}{a}$ n'eft pas un quarré, dans lequel cas par conféquent il faut fe contenter du figne $\sqrt{}$. Si, par exemple, $xx=12$, on a $x=\sqrt{12}$, dont la valeur peut fe déterminer par approximation, comme nous l'avons fait voir plus haut.

Le troifieme cas enfin eft celui où $\frac{a}{c}$ devient un nombre négatif; alors la valeur de x eft tout-à-fait impoffible & imaginaire, & ce réfultat prouve que la queftion qui a conduit à une telle équation, eft impoffible d'elle-même.

631.

Nous obferverons encore, avant que d'aller plus loin, que toutes les fois qu'il eft queftion d'extraire la racine quarrée d'un nombre, cette racine a toujours deux valeurs, dont l'une eft pofitive & l'autre négative. Nous avons déjà fait remarquer cela plus haut. Qu'on ait l'équation $xx=49$, la valeur de x ne fera pas feulement $+7$, mais auffi -7, ce qu'on indique par $x=\pm7$. Ainfi toutes ces queftions admettent une folution double ; mais on remarquera cependant que dans plufieurs cas, dans ceux, par exemple, où il s'agit d'un certain nombre d'hommes, l'on comprend bien que la valeur négative ne fauroit avoir lieu.

632.

Dans le cas précédent même, où c'eft la quantité connue qui manque, les équations, $axx=bx$, ne laiffent pas d'admettre deux valeurs de x, quoiqu'on n'en trouve qu'une feule, fi l'on divife par x. Car fi l'on a, par exemple, l'équation $xx=3x$, où il s'agit d'affigner pour x une valeur telle, que xx devienne égal à $3x$, cela fe fait en fuppofant $x = 3$, valeur qu'on trouve en divifant l'équation par x; mais outre cette valeur il en eft encore une autre qui fatisfait également, c'eft $x = 0$; car alors $xx = 0$, & $3x = 0$. Toutes les équations du fecond degré en général admettent deux réfolutions, tandis qu'une feule folution peut avoir lieu pour les équations du premier degré.

Nous allons maintenant éclaircir par quelques exemples ce que nous avons dit fur les équations du fecond degré pures.

633.

Premiere queftion. On cherche un nombre dont la moitié, multipliée par le tiers, faffe 24 ?

Soit ce nombre $= x$: il faut que $\frac{1}{2}x$, multiplié par $\frac{1}{3}x$, donne 24; on aura donc l'équation $\frac{1}{6}xx = 24$.

Multipliant par 6, on a $xx = 144$; & l'extraction de la racine donne $x = \pm 12$.

On met $\pm$; car si $x = +12$, on a $\frac{1}{2} x = 6$, & $\frac{1}{3} x = 4$, & le produit de ces deux nombres est 24; & si $x = -12$, on a $\frac{1}{2} x = -6$, & $\frac{1}{3} x = -4$, dont le produit est également 24.

634.

Seconde question. On cherche un nombre tel, qu'en y ajoutant 5, & en en retranchant 5, le produit de la somme par la différence soit $= 96$.

Soit ce nombre x, il faudra que $x+5$, multiplié par $x-5$, donne 96; d'où résulte l'équation $xx - 25 = 96$.

Ajoutant 25, on a $xx = 121$; & extrayant la racine, il vient $x = 11$. Ainsi $x+5 = 16$, & $x-5 = 6$; or en effet $6.16 = 96$.

635.

Troisieme question. On cherche un nombre tel, qu'en l'ajoutant à 10, & en le retranchant de 10, la somme multipliée par le reste ou par la différence, donne 51.

Que x soit ce nombre; il faut que $10+x$, multiplié par $10-x$, fasse 51, & qu'ainsi $100-xx=51$. Ajoutant xx, & souftrayant 51, on a $xx=49$, dont la racine quarrée donne $x=7$.

636.

Quatrieme queftion. Trois Joueurs qui ont fait une partie, se retirent; le premier avec autant de fois 7 écus, que le second a de fois trois écus; & le second avec autant de fois 17 écus, que le troisieme a de fois 5 écus; & si on multiplie l'argent du premier par l'argent du second, & l'argent du second par l'argent du troisieme, & enfin l'argent du troisieme par l'argent du premier, la somme de ces trois produits est $3830\frac{2}{3}$. Combien d'argent ont-ils chacun?

Suppofons que le premier Joueur ait x écus; & puifqu'il a autant de fois 7 écus, que le second a de fois 3 écus, cela fignifie que son argent est à celui du second, en raifon de $7:3$.

On fera donc $7 : 3 = x$, à l'argent du second Joueur, qui est donc $\frac{3}{7} x$.

De plus, comme l'argent du second Joueur est à celui du troisieme en raison de $17 : 5$, on dira $17 : 5 = \frac{3}{7} x$ à l'argent du troisieme Joueur, ou à $\frac{15}{119} x$.

Multipliant à présent x, ou l'argent du premier Joueur, par $\frac{3}{7} x$, l'argent du second, on a le produit $\frac{3}{7} xx$.

Après cela, $\frac{3}{7} x$, l'argent du second, multiplié par l'argent du troisieme, ou par $\frac{15}{119} x$, donne $\frac{45}{833} xx$. Enfin l'argent du troisieme, ou $\frac{15}{119} x$, multiplié par x, ou l'argent du premier, donne $\frac{15}{119} xx$. La somme de ces trois produits est $\frac{3}{7} xx + \frac{45}{833} xx + \frac{15}{119} xx$; & en réduisant au même dénominateur, on la trouve $= \frac{507}{833} xx$, ce qui doit équivaloir au nombre $3830\frac{2}{3}$.

On a donc $\frac{507}{833} xx = 3830\frac{2}{3}$.

Ainsi $\frac{1521}{833} xx = 11492$, & $1521 xx$ étant égal à 9572836, divisant par 1521, on a $xx = \frac{9572836}{1521}$; & en prenant la racine, on trouve $x = \frac{3094}{39}$. Cette fraction est encore réductible à de moindres termes, en divisant par 13 ; ainsi $x = \frac{238}{3} = 79\frac{1}{3}$; & on conclut de-là que $\frac{3}{7}x = 34$, & que $\frac{15}{119}$ $x = 10$.

Réponse. Le premier Joueur a $79\frac{1}{3}$ écus, le second a 34 écus, & le troisieme se retire avec 10 écus.

Remarque. Ce calcul peut se faire encore d'une maniere plus facile ; savoir, en prenant les facteurs des nombres qui s'y présentent, & en faisant attention principalement aux quarrés de ces facteurs.

On voit que $507 = 3.169$, & que 169 est le quarré de 13 ; ensuite, que $833 = 7$ .119, & que $119 = 7.17$. Or on a $\frac{3.169}{17.49}$ $xx = 3830\frac{2}{3}$, & si on multiplie par 3, on a $\frac{9.169}{17.49} xx = 11492$. Qu'on résolve aussi ce nombre en ses facteurs ; on voit d'abord que le premier est 4, c'est-à-dire, que $11492 = 4.2873$; de plus 2873 est divisible par

17, de forte que $2873 = 17.169$. Par conféquent notre équation aura la forme fui-
vante: $\frac{9.169}{17.49} = 4.17.169$, laquelle, divifée
par 169, fe réduit à $\frac{9}{17.49} xx = 4.17$; multipliant de plus par 17.49, & divifant par
9, on a $xx = \frac{4.289.49}{9}$, où tous les facteurs
font des quarrés; d'où il fuit qu'on a, fans
autre calcul, la racine $x = \frac{2.17.7}{3} = \frac{238}{3}$,
comme ci-devant.

637.

Cinquieme queftion. Quelques Négocians
établiffent un Facteur à Archangel. Chacun
d'eux contribue pour le commerce qu'ils
ont en vue, dix fois autant d'écus qu'ils font
d'Affociés. Le profit du Facteur eft fixé à
deux fois autant d'écus qu'il y a d'Affociés
pour 100 écus. Et fi l'on multiplie la $\frac{1}{100}$
partie de fon gain total par $2\frac{2}{9}$, on trouve
le nombre des Affociés. On demande quel
eft ce nombre?

Soit ce nombre $= x$; & puifque chaque

Affocié a fourni $10x$, le capital entier eft $= 10xx$. Or avec chaque centaine d'écus le Facteur gagne $2x$, fon profit fera donc $\frac{1}{5}x^3$ avec le capital $10xx$. La $\frac{1}{100}$ partie de ce gain eft $\frac{1}{500}x^3$; multipliant par $2\frac{2}{9}$, ou par $\frac{20}{9}$, on a $\frac{20}{4500}x^3$, ou $\frac{1}{225}x^3$, & c'eft ce qui doit être égal au nombre des Affociés x.

On a donc l'équation $\frac{1}{225}x^3 = x$, ou $x^3 = 225x$; elle paroît d'abord être du troifieme degré; mais comme on peut divifer par x, elle fe réduit à l'équation du fecond degré $xx = 225$, d'où l'on tire $x = 15$.

Réponfe. Il y a quinze Affociés, & chacun a contribué 150 écus.

CHAPITRE VI.

De la réfolution des Equations mixtes du fecond degré.

638.

ON dit d'une équation du fecond degré, qu'elle eft *mixte* ou complette, lorfqu'on y rencontre trois efpeces de termes, favoir celle qui contient le quarré de la quantité inconnue, comme *axx*; celle où l'incônnue fe trouve feulement élevée à la premiere puiffance, comme *bx*; enfin l'efpece de termes qui n'eft compofée que de quantités connues. Et puifqu'on peut réunir deux ou plufieurs termes d'une même efpece en un feul, & qu'on peut porter tous les termes d'un même côté du figne =, la forme de l'équation mixte du fecond degré fera celle-ci :

$$axx \mp bx \mp c = 0.$$

Nous montrerons dans ce Chapitre comment on doit tirer la valeur de x de ces fortes d'équations ; on verra qu'il y a deux routes pour y parvenir.

639.

Une équation de l'espece dont il s'agit, peut fe réduire, par le moyen de la divi-fion, à une forme telle, que le premier terme ne contienne purement que le quarré xx de l'inconnue x. On laiffera le fecond terme du même côté où eft x, & le terme connu on le portera de l'autre côté du figne $=$. Notre équation prendra de cette maniere la forme $xx \pm px = \pm q$, où p & q fignifient des nombres connus quelconques, pofitifs ou négatifs ; & tout fe réduit à préfent à déterminer la vraie valeur de x. Nous commencerons par remarquer que fi $xx \pm px$ étoit un quarré effectif, la réfolution n'auroit aucune difficulté, parce qu'il ne s'agiroit que de prendre des deux côtés la racine quarrée.

640.

Mais il est clair que $xx + px$ ne sauroit être un quarré, puisque nous avons vu plus haut que si une racine est de deux termes, par exemple $x + n$, son quarré contient toujours trois termes, savoir, outre le quarré de chaque partie, encore le double du produit des deux parties; c'est-à-dire, que le quarré de $x + n$ est $xx + 2nx + nn$. Or nous avons déjà d'un côté $xx + px$, nous pouvons donc regarder xx comme le quarré de la premiere partie de la racine, & il faut en ce cas que px représente le double du produit de la premiere partie x de la racine par la seconde partie; par conséquent cette seconde partie doit être $\frac{1}{2}p$, & en effet le quarré de $x + \frac{1}{2}p$ se trouve être $xx + px + \frac{1}{4}pp$.

641.

Or $xx + px + \frac{1}{4}pp$ étant un quarré réel qui a pour racine $x + \frac{1}{2}p$, si nous reprenons notre équation $xx + px = q$, nous n'avons qu'à ajouter de part & d'autre $\frac{1}{4}pp$, ce qui nous donne $xx + px + \frac{1}{4}pp = q + \frac{1}{4}pp$, où le premier membre est effective-ment un quarré, & où l'autre membre ne renferme que des quantités connues. Si donc nous prenons des deux côtés la racine quar-rée, nous trouvons $x + \frac{1}{2}p = \sqrt{(\frac{1}{4}pp + q)}$; & souftrayant $\frac{1}{2}p$, nous obtenons $x = -\frac{1}{2}p + \sqrt{\frac{1}{4}pp + q}$; & comme toute racine quarrée peut être prise soit affirmativement, soit négativement, nous aurons pour x deux valeurs exprimées de cette maniere:

$$x = -\frac{1}{2}p \pm \sqrt{\frac{1}{4}pp + q}.$$

642.

Voilà la formule qui contient la regle, d'après laquelle toutes les équations du se-cond degré peuvent être résolues, & il sera bon d'en imprimer la substance dans la mé-moire, afin qu'on n'ait pas besoin de ré-péter à chaque fois toute l'opération que nous venons de faire. On pourra toujours ordonner l'équation, de façon que le quarré pur xx se trouve d'un seul côté, & qu'ainsi l'équation ci-dessus ait la forme $xx = -px +q$, où l'on voit alors sur le champ que $x = -\frac{1}{2}p \pm \sqrt{\frac{1}{4}pp+q}$.

643.

La regle générale que nous déduisons de-là pour résoudre l'équation $xx = -px +q$, consiste donc en ceci :

Que la quantité inconnue x est égale à la moitié du nombre qui multiplie x dans l'autre membre de l'équation, *plus* ou *moins* la racine quarrée du quarré du nombre que l'on vient de dire, & de la quantité connue qui forme le troisieme terme de l'équation.

C'est ainsi que si on avoit l'équation $xx = 6x + 7$, on diroit aussi-tôt que $x = 3 \pm \sqrt{9+7} = 3 \pm 4$, d'où résultent ces deux valeurs de x, I.) $x = 7$; II.) $x = -1$. Pareillement l'équation $xx = 10x - 9$, don-

neroit $x = 5 \pm \sqrt{25 - 9} = 5 \pm 4$, c'eſt-à-
dire que les deux valeurs de x ſont 9 & 1.

644.

On ſe mettra encore mieux au fait de
cette regle en diſtinguant les cas ſuivans:
I.) ſi p eſt un nombre pair; II.) ſi p eſt un
nombre impair; & III.) ſi p eſt un nombre
rompu.

Soit I.) p un nombre pair, & l'équation
telle que, $xx = 2px + q$, on aura $x = p$
$\pm \sqrt{pp + q}$.

Soit II.) p un nombre impair, & l'équa-
tion $xx = px + q$, on aura $x = \frac{1}{2}p \pm \sqrt{\frac{1}{4}pp + q}$;
& puiſque $\frac{1}{4}pp + q = \frac{pp + 4q}{4}$, on pourra extraire la racine quarrée de ce dénomina-
teur, & écrire $x = \frac{1}{2}p \pm \frac{\sqrt{pp + 4q}}{2} = \frac{p \pm \sqrt{pp + 4q}}{2}$.

Enfin III.) Soit p une fraction, on pourra
réſoudre l'équation de la maniere qui ſuit:
Que l'équation en queſtion ſoit celle-ci,
$axx = bx + c$, ou $xx = \frac{bx}{a} + \frac{c}{a}$, on aura,
par la regle, $x = \frac{b}{2a} \pm \sqrt{\frac{bb}{4aa} + \frac{c}{a}}$. Or $\frac{bb}{4aa}$

$+\frac{c}{a}=\frac{bb+4ac}{4aa}$, où le dénominateur est un quarré ; ainsi $x=\frac{b\pm\sqrt{bb+4ac}}{2a}$.

645.

L'autre voie qui conduit à la résolution des équations du second degré mixtes, est de les transformer en des équations pures. Cela se fait en substituant, par exemp. dans l'équation $xx=px+q$, à la place de l'inconnue x, une autre inconnue y, telle que $x=y+\frac{1}{2}p$; au moyen de quoi, quand on a déterminé y, on trouve aussi-tôt la valeur de x.

Si nous faisons cette substitution de y $+\frac{1}{2}p$ à la place de x, nous avons $xx=yy$ $+py+\frac{1}{4}pp$, & $px=py+\frac{1}{2}pp$; par conséquent notre équation se change en celle-ci: $yy+py+\frac{1}{4}pp=py+\frac{1}{2}pp+q$, qui se réduit, en soustrayant py, d'abord à yy $+\frac{1}{4}pp=\frac{1}{2}pp+q$; & ensuite, en soustrayant $\frac{1}{4}pp$, à $yy=\frac{1}{4}pp+q$. Ceci est une équation du second degré pure, qui donne aussi-tôt $y = \pm \sqrt{\frac{1}{4}pp + q}$. Or puifque $x = y + \frac{1}{2}p$,

on a $x = \frac{1}{2}p \pm \sqrt{\frac{1}{4}pp + q}$, ainfi que nous l'avons trouvé ci-deffus. Il ne nous refte donc qu'à éclaircir cette regle par quelques exemples.

646.

Premiere queftion. J'ai deux nombres; l'un furpaffe l'autre de 6, & leur produit eft 91. Quels font ces nombres?

Si le plus petit eft x , l'autre eft $x + 6$, & leur produit $91 = xx + 6x$.

Souftrayant $6x$, il refte $xx = 91 - 6x$, & la regle donne $x = -3 \pm \sqrt{9 + 91} = -3 \pm 10$; ainfi $x = 7$, & $x = -13$.

Rép. La queftion admet deux folutions:

Suivant l'une , le plus petit nombre x eft $= 7$, & le plus grand $x + 6 = 13$.

Suivant l'autre, le plus petit nombre $x = -13$, & le plus grand $x + 6 = -7$.

647.

Seconde queftion. Trouver un nombre tel que, fi de fon quarré je retranche 9, il me vienne un nombre qui foit d'autant d'unités plus grand que 100, que le nombre cherché eft plus petit que 23.

Soit le nombre cherché $= x$; je vois que $xx - 9$ furpaffe 100 de $xx - 109$. Et puifque x eft au deffous de 23 de $23 - x$, j'aurai cette équation: $xx - 109 = 23 - x$.

Donc $xx = -x + 132$, &, par la regle, $x = -\frac{1}{2} \pm \sqrt{\frac{1}{4} + 132}$, $= -\frac{1}{2} \pm \sqrt{\frac{529}{4}} = -\frac{1}{2} \pm \frac{23}{2}$. Ainfi $x = 11$ & $x = -12$.

Réponfe. Lorfqu'on ne demande qu'un nombre pofitif, ce nombre cherché eft 11, dont le quarré moins 9 eft 112, & par conféquent de 12 plus grand que 100, de même que 11 eft de 12 plus petit que 23.

648.

Troifieme queftion. Trouver un nombre tel, que fi on multiplie fa moitié par fon tiers, & qu'au produit on ajoute la moitié du nombre qu'on cherche, le réfultat foit 30.

Qu'on suppose ce nombre $=x$, sa moi-
tié, multipliée par son tiers, fera $\frac{1}{6}xx$; il
faut donc que $\frac{1}{6}xx+\frac{1}{2}x=30$. Multipliant
par 6, on a $xx+3x=180$, ou $xx=-3x$
$+180$, ce qui donne $x=-\frac{3}{2}\pm\sqrt{\frac{9}{4}+180}$
$=-\frac{3}{2}\pm\frac{27}{2}$.

Par conféquent x eft ou $=12$, ou égal
-15.

649.

Quatrieme queftion. Trouver deux nombres qui foient en proportion double, &
tels que fi on ajoute leur fomme à leur
produit, on obtienne 90.

Soit l'un des nombres $=x$, & le plus
grand $=2x$, leur produit fera $=2xx$, &
fi on y ajoute $3x$ ou leur fomme, la nouvelle fomme doit faire 90. Ainfi $2xx+3x$
$=90$; $2xx=90-3x$; $xx=-\frac{3}{2}x+45$,
d'où l'on tire $x=-\frac{3}{4}\pm\sqrt{\frac{9}{16}+45}=-\frac{3}{4}\pm\frac{27}{4}$.

Par conféquent $x=6$, ou $x=-7\frac{1}{2}$.

650.

Cinquieme queſtion. Un Maquignon qui a acheté un cheval pour un certain nombre d'écus, le revend pour 119 écus, & il gagne autant pour cent écus, que le cheval lui a coûté. On demande ce qu'il en avoit payé?

Suppoſons que le cheval ait coûté x écus; comme le Maquignon y gagne x pour cent, on dira 100 donnent le profit x: que donne x? *Réponſe*, $\frac{xx}{100}$. Puis donc qu'il a gagné $\frac{xx}{100}$ & que le cheval lui coûte x écus d'achat, il faut qu'il l'ait vendu pour $x + \frac{xx}{100}$; donc $x + \frac{xx}{100} = 119$. Souſtrayant x, on a $\frac{xx}{100} = -x + 119$; & multipliant par 100, il vient $xx = -100x + 11900$. Appliquant maintenant la regle, on trouve $x = -50 \pm \sqrt{2500 + 11900} = -50 \pm \sqrt{14400} = -50 \pm 120$.

Réponſe. Le cheval a coûté 70 écus, & puiſque le Maquignon a gagné 70 pour cent en le revendant, le profit doit avoir été de 49 écus. Le cheval doit, par confé. quent, avoir été revendu en effet pour 70 $+$ 49, c'eft-à-dire pour 119 écus.

651.

Sixieme queftion. Quelqu'un achete un certain nombre de pieces de drap; il paye pour la premiere 2 écus; pour la feconde, 4 écus; pour la troifieme, 6 écus, & de même toujours 2 écus de plus pour les fui-vantes; & toutes les pieces enfemble lui coûtent 110 écus. Combien y avoit-il de pieces?

Soit le nombre cherché $= x$; & voici le plan de ce que l'Acheteur a payé pour les différentes pieces:

pour la 1, 2, 3, 4, 5 x
il paye 2, 4, 6, 8, 10 $2x$ écus.

Il s'agit par conféquent de fommer la progreffion arithmétique $2+4+6+8+10$ $+\ldots\ldots 2x$, qui eft de x termes, afin d'en déduire le prix de toutes les pieces de drap prifes enfemble. La regle que nous avons donnée plus haut pour cette opération, exige qu'on ajoute le dernier terme & le premier. La fomme eft $2x+2$; qu'on multiplie cette fomme par le nombre des termes x, le produit eft $2xx+2x$; qu'on divife enfin par la différence 2, le quotient eft $xx+x$, c'eft la fomme de la progreffion; ainfi l'on a $xx+x=110$; donc xx

$$=-x+110, \& x=-\tfrac{1}{2}+\sqrt{\tfrac{1}{4}+110}$$
$$=-\tfrac{1}{2}+\sqrt{\tfrac{441}{4}}=-\tfrac{1}{2}+\tfrac{21}{2}=10.$$

Réponfe. Le nombre des pieces de drap achetées eft 10.

652.

Septieme queftion. Quelqu'un a acheté plufieurs pieces de drap pour 180 écus. S'il avoit reçu pour la même fomme 3 pieces de plus, il auroit eu la piece à meilleur marché de 3 écus. Combien a-t-il acheté de pieces?

Faifons le nombre cherché $=x$; chaque piece aura coûté réellement $\frac{180}{x}$ écus. Or fi

l'Acheteur avoit eu $x+3$ pieces pour 180
écus, la piece lui feroit revenue à $\frac{180}{x+3}$ écus;
& puifque ce prix eft moindre de 3 écus
que le prix réel, il faut que nous ayons
l'équation,

$$\frac{180}{x+3}=\frac{180}{x}-3.$$

Multipliant par x, nous avons $\frac{180x}{x+3}=180$
$-3x$; divifant par 3, l'on a $\frac{60x}{x+3}=60-x$;
multipliant par $x+3$, nous aurons $60x$
$=180+57x-xx$; ajoutant xx, l'on aura
$xx+60x=180+57x$; fouftrayant $60x$,
nous aurons $xx=-3x+180$.

La regle donne par conféquent

$$x=-\tfrac{3}{2}+\sqrt{\tfrac{9}{4}+180}, \text{ ou } x=-\tfrac{3}{2}+\tfrac{27}{2}$$
$$=12.$$

Réponfe. On a acheté pour 180 écus 12
pieces de drap à 15 écus la piece, & fi
on eût obtenu 3 pieces de plus, favoir 15
pieces pour 180 écus, la piece ne feroit
revenue qu'à 12 écus, c'eft-à-dire, à 3 écus
de moins.

653.

Huitieme queſtion. Deux Marchands entrent en ſociété avec un fonds de 100 écus ;
l'un laiſſe ſon argent dans la ſociété pendant
trois mois, l'autre laiſſe le ſien pendant deux
mois, & chacun retire 99 écus de capital &
d'intérêts. On demande quelle part chacun
avoit fourni au fonds ?

Suppoſons que le premier Aſſocié ait
contribué x écus, l'autre aura contribué
100—x. Or celui-là retirant 99 écus, ſon
profit eſt 99 — x, qu'il aura acquis en trois
mois avec le capital x ; & puiſque le ſecond
retire pareillement 99 écus, ſon profit eſt
x—1, qu'il aura acquis en deux mois de
temps avec le capital 100 — x ; & il eſt
clair que le profit de ce ſecond Aſſocié eût
été $\frac{3x-3}{2}$, s'il avoit reſté trois mois dans la
ſociété. Maintenant, comme les profits
acquis dans le même temps ſont propor-
tionnels aux capitaux, nous avons évidemment $x : 99 — x = 100 — x : \frac{3x-3}{2}$.

L'égalité du produit des extrêmes & de celui des moyens, donne l'équation

$$\frac{3xx - 3x}{2} = 9900 - 199x + xx;$$

multipliant par 2, nous aurons $3xx - 3x = 19800 - 398x + 2xx$; fouftrayant $2xx$, l'on aura $xx - 3x = 19800 - 398x$; ajoutant $3x$, nous aurons $xx = 19800 - 395x$.

Donc par la regle

$$x = -\frac{395}{2} + \sqrt{\frac{156025}{4} + \frac{79200}{4}} = -\frac{395}{2} + \frac{485}{2}$$

$$= \frac{90}{2} = 45.$$

Réponſe. Le premier Affocié a contribué 45 écus, & l'autre 55 écus. Le premier ayant gagné en trois mois 54 écus, auroit gagné en un mois 18 écus ; & le ſecond ayant gagné en deux mois 44 écus, auroit gagné en un mois 22 écus : or ces deux profits s'accordent ; car, ſi avec 45 écus on gagne 18 écus dans un mois de temps, on gagnera dans le même temps 22 écus avec 55 écus.

654.

Neuvieme queſtion. Deux Payſannes portent enſemble 100 œufs au marché ; l'une
en porte plus que l'autre, & cependant le
produit eſt le même pour l'une & pour
l'autre. La premiere dit à la feconde : Si
j'avois eu tes œufs, j'aurois retiré 15 fous.
L'autre lui répond : Si j'avois eu les tiens,
j'aurois retiré $6\frac{2}{3}$ fous. Combien d'œufs
chacune a-t-elle portés au marché ?

Que la premiere ait eu x œufs, la feconde en aura eu $100 - x$.

Puis donc que celle-là eût vendu 100
$-x$ œufs pour 15 fous, on fera la regle
de trois fuivante :

$$100 - x : 15 = x \dots \text{à } \tfrac{15x}{100-x} \text{ fous.}$$

De même, puifque la feconde eût vendu
x œufs pour $6\frac{2}{3}$ fous, on trouvera combien $100 - x$ œufs lui euffent rendu, en
difant

$$x : \tfrac{20}{3} = 100 - x \dots \text{à } \tfrac{2000-20x}{3x}.$$

Tome I.   M m

Or les deux Payſannes ont retiré autant d'argent l'une que l'autre ; nous avons par conſéquent l'équation, $\frac{15x}{100-x} = \frac{2000-20x}{3x}$, qui ſe réduit à celle-ci,

$$25\,xx = 200000 - 4000\,x;$$

& enfin à celle-ci,

$$xx = -160\,x + 8000;$$

d'où l'on tire

$$x = -80 + \sqrt{6400 + 8000} = -80 + 120$$
$$= 40.$$

Réponſe. La premiere Payſanne avoit 40 œufs, la ſeconde en avoit 60, & chacune a retiré 10 ſous.

655.

Dixieme queſtion. Deux Marchands vendent chacun d'une certaine étoffe ; le ſecond en vend 3 aunes de plus que le premier, & ils tirent enſemble 35 écus. Le premier dit au ſecond : J'aurois retiré de votre étoffe 24 écus ; l'autre répond, & moi j'aurois retiré de la vôtre 12 écus & demi. Combien d'aunes avoient-ils chacun?

Suppofons que le premier ait eu x aunes, le fecond aura eu $x + 3$ aunes. Or puifque le premier eût vendu $x + 3$ aunes pour 24 écus, il faut qu'il ait rétiré $\frac{24x}{x+3}$ écus de fes x aunes. Et quant au fecond, puifqu'il eût débité x aunes pour $12\frac{1}{2}$ écus, il faut qu'il ait vendu fes $x + 3$ aunes pour $\frac{25x+75}{2x}$; ainfi la fomme totale qu'ils ont retirée eft $\frac{24x}{x+3}$ $+ \frac{25x+75}{2x} = 35$ écus.

Cette équation fe réduit à $xx = 20x$ -75, d'où l'on tire $x = 10 \pm \sqrt{100 - 75}$ $= 10 \pm 5$.

Réponfe. La queftion a deux folutions: fuivant la premiere, le premier Marchand avoit 15 aunes, & le fecond en avoit 18 ; & puifque celui-là eût vendu 18 aunes pour 24 écus, il aura vendu fes 15 aunes pour 20 écus; le fecond, qui eût vendu 15 aunes pour 12 écus & demi, aura vendu fes 18 aunes 15 écus ; donc en effet ils ont tiré 35 écus de leur marchandife.

Suivant la feconde folution, le premier

Marchand avoit 5 aunes, & l'autre 8 aunes; ainfi, puifque le premier eût débité 8 aunes pour 24 écus, il aura retiré 15 écus de fes 5 aunes; & le fecond, puifqu'il eût vendu 5 aunes pour 12 écus & demi, fes 18 aunes lui auront rendu 20 écus. La fomme eft encore 35 écus.

CHAPITRE VII.

De l'extraction des Racines des nombres polygones.

656.

Nous avons fait voir plus haut comment on doit déterminer les nombres polygones; or ce que nous avons nommé alors *un côté*, s'appelle auffi *une racine*. Si donc on indique la racine par *x*, on trouvera ce qui fuit pour tous les nombres polygones:

le III gone, ou le triangle, eft $\frac{xx+x}{2}$,

le IV gone, ou le quarré, xx,

le V gone — — — — — $\frac{3xx-x}{2}$,

le VI gone — — — — — $2xx-x$,

le VII gone — — — — — $\frac{5xx-3x}{2}$,

le VIII gone — — — — — $3xx-2x$,

le IX gone — — — — — $\frac{7xx-5x}{2}$,

le X gone — — — — — $4xx-3x$,

le n gone — — — — — $\frac{(n-2)xx-(n-4)x}{2}$.

657.

Nous avons fait voir fuffifamment plus haut, qu'il eft facile, par le moyen de ces formules, de trouver, pour une racine donnée quelconque, un nombre polygone cherché. Mais lorfqu'il s'agit de trouver réciproquement le côté, ou la racine d'un polygone dont on connoît le nombre des côtés, l'opération eft plus difficile & demande toujours la réfolution d'une équation du second degré. Cela fait que cet article mérite d'être traité ici séparément. Nous le ferons par ordre, en commençant par les nombres triangulaires, & en passant de-là à ceux d'un plus grand nombre d'angles.

658.

Soit donc 91 le nombre triangulaire donné, & duquel on cherche le côté ou la racine.

Si nous faisons cette racine $=x$, il faut que $\frac{xx+x}{2}$ soit $=91$; que $xx+x=181$, & $xx=-x+182$, & par conséquent que $x=-\frac{1}{2}+\sqrt{\frac{1}{4}+182}=-\frac{1}{2}+\sqrt{\frac{729}{4}}=-\frac{1}{2}+\frac{27}{2}=13$. Nous en concluons que la racine trigonale cherchée est 13 ; car le triangle de 13 est 91.

659.

Mais soit en général a le nombre trigonal donné, & qu'on en cherche la racine.

Si on la fait $=x$, on a $\frac{xx+x}{2}=a$, ou xx $+x=2a$; donc $xx=-x+2a$, & par la regle, $x=-\frac{1}{2}+\sqrt{\frac{1}{4}+2a}$, ou $x=$ $-\frac{1+\sqrt{8a+1}}{2}$.

Ce réfultat donne la regle qui fuit: Pour trouver une racine trigonale, il faut multiplier par 8 le nombre trigonal donné, ajouter 1 au produit, extraire la racine de la fomme, fouftraire 1 de cette racine, & divifer enfin le refte par 2.

660.

On voit par-là que tous les nombres trigonaux ont la propriété, que fi on les multiplie par 8, & qu'on ajoute l'unité au produit, la fomme eft toujours un quarré: la petite table qui fuit en donne quelques exemples.

Triangles : 1, 3, 6, 10, 15, 21, 28, 36, 45, 55 &c.
8 fois + 1 : 9, 25, 49, 81, 121, 169, 225, 289, 361, 441 &c.

On remarquera que fi le nombre donné a ne fatisfait pas à cette condition, c'eft ſigne que ce n'eſt pas un nombre trigonal réel, ou qu'on ne peut en indiquer une racine rationnelle.

661.

Qu'on cherche, ſuivant cette regle, la racine trigonale de 210, on aura $a = 210$ & $8a + 1 = 1681$, dont la racine quarrée eſt 41; d'où l'on voit que le nombre 210 eſt réellement triangulaire, & que ſa racine eſt $= \frac{41-1}{2} = 20$. Mais ſi on donnoit pour trigonal le nombre 4, & qu'on propoſât d'en aſſigner la racine, elle ſe trouveroit $= \frac{\sqrt{33}}{2} - \frac{1}{2}$, & par conſéquent irrationnelle; cependant on trouve réellement le triangle de cette racine $\frac{\sqrt{33}}{2} - \frac{1}{2}$, de la maniere qui ſuit:

Puiſque $x = \frac{\sqrt{33}-1}{2}$, on a $xx = \frac{17 - \sqrt{33}}{2}$, & en y ajoutant x, la ſomme eſt $xx + x = \frac{16}{2} = 8$, & par conſéquent le triangle, ou le nombre trigonal $\frac{xx+x}{2} = 4$.

662.

Les nombres tétragones étant la même chofe que les quarrés, ils ne caufent aucune difficulté. Car fuppofons le nombre tétragone donné $= a$, & fa racine cherchée $= x$, nous aurons $xx = a$, & par conféquent $x = \sqrt{a}$; de forte que la racine quarrée & la racine tétragone font la même chofe.

663.

Paffons donc aux nombres pentagones. Soit 22 un nombre de cette efpece, & x fa racine ; il faudra que $\frac{3xx-x}{2} = 22$, ou $3xx - x = 44$, ou $xx = \frac{1}{3}x + \frac{44}{3}$. On tire de-là $x = \frac{1}{6} + \sqrt{\frac{1}{36} + \frac{44}{3}}$, ou $x = \frac{1 + \sqrt{529}}{6}$ $= \frac{1}{6} + \frac{23}{6} = 4$.

Donc 4 eft la racine pentagone du nombre 22.

664.

Qu'on propofe maintenant la queftion: étant donné le pentagone a, trouver fa racine.

Soit cette racine $=x$, on aura l'équation $\frac{3xx-x}{2}=a$, ou $3xx-x=2a$, ou $xx=$
$x+\frac{2a}{3}$; au moyen de quoi on trouve x
$=\frac{1}{6}+\sqrt{\frac{1}{36}+\frac{2a}{3}}$, c'eſt-à-d. $x=\frac{1+\sqrt{24a+1}}{6}$
Lors donc que a eſt un pentagone effectif,
il faut que $24a+1$ ſoit un quarré.

Que 330 ſoit, par exemple, le penta-
gone donné, la racine ſera $x=\frac{1+\sqrt{7921}}{6}$
$=\frac{1+89}{6}=15$.

665.

Soit à préſent a un nombre hexagone
donné, & qu'on en cherche la racine.

Si on la ſuppoſe $=x$, on aura $2xx-x$
$=a$, ou $xx=\frac{1}{2}x+\frac{1}{2}a$; d'où l'on tire x
$=\frac{1}{4}+\sqrt{\frac{1}{16}+\frac{1}{2}a}=\frac{1+\sqrt{8a+1}}{4}$. Ainſi pour
que a ſoit réellement un hexagone, il faut
que $8a+1$ devienne un quarré; d'où l'on
voit que tous les nombres hexagones ſont
compris dans les trigonaux; mais il n'en
eſt pas de même des racines.

Soit, par exemple, le nombre hexagone

1225, fa racine fera $x = \frac{1 + \sqrt{9801}}{4} = \frac{1 + 99}{4}$ $= 25$.

666.

Suppofons a un nombre heptagone, duquel il foit queftion de trouver le côté ou la racine.

Soit cette racine $= x$, on aura $\frac{5xx - 3x}{2}$ $= a$, ou $xx = \frac{3}{5}x + \frac{2}{5}a$, ce qui donne $x = \frac{3}{10} + \sqrt{\frac{9}{100} + \frac{2}{5}a} = \frac{3 + \sqrt{40a + 9}}{10}$. Tous les nombres heptagones ont par conféquent la propriété, que fi on les multiplie par 40 & qu'on ajoute 9 au produit, la fomme eft toujours un quarré.

Soit, par exemple, le heptagone 2059; on trouvera fa racine $= x = \frac{3 + \sqrt{82369}}{10} = \frac{3 + 287}{10}$ $= 29$.

667.

Qu'on entende par a un nombre octogone, duquel on veuille trouver la racine x.

On aura $3xx - 2x = a$, ou $xx = \frac{2}{3}x + \frac{1}{3}a$, d'où réfulte $x = \frac{1}{3} + \sqrt{\frac{1}{9} + \frac{1}{3}}a = \frac{1+\sqrt{3a+1}}{3}$

Tous les nombres octogones font tels, par conféquent, que fi on les multiplie par 3 & qu'on ajoute l'unité au produit, la fomme eft conftamment un quarré.

Soit, par exemple, 3816 un octogone; fa racine fera $x = \frac{1+\sqrt{11449}}{3} = \frac{1+107}{3} = 36.$

668.

Soit enfin a un nombre n gone donné, dont il s'agiffe de déterminer la racine ; on aura cette équation :

$\frac{(n-2)xx - (n-4)x}{2} = a$, ou $(n-2)xx - (n-4)$

$x = 2a$, par conféquent $xx = \frac{(n-4)x}{n-2} + \frac{2a}{n-2}$;

on en tire

$$x = \frac{n-4}{2(n-2)} + \sqrt{\frac{(n-4)^2}{4(n-2)^2} + \frac{2a}{n-2}}, \text{ ou}$$

$$x = \frac{n-4}{2(n-2)} + \sqrt{\frac{(n-4)^2}{4(n-2)^2} + \frac{8(n-2)a}{4(n-2)^2}}, \text{ ou}$$

$$x = \frac{n-4 + \sqrt{8(n-2)a + (n-4)^2}}{2(n-2)}.$$

Cette formule renferme une regle générale pour trouver toutes les racines polygones poffibles de nombres donnés.

Par ex. foit donné le nombre XXIV gone 009 ; puifque a eft ici $= 3009$ & $n = 24$, n a $n - 2 = 22$ & $n - 4 = 20$; donc la acine ou $x = \dfrac{20 + \sqrt{52984 + 400}}{44} = \dfrac{20 + 728}{44} = 17.$

CHAPITRE VIII.

De l'extraction des Racines quarrées des Binomes.

669.

ON nomme en Algebre *un binome* (*), ne quantité compofée de deux parties qui ont, ou toutes affectées du figne de la ra- ine quarrée, ou dont l'une au moins ren- erme ce figne.

C'eft par cette raifon que $3 + \sqrt{5}$ eft

(*) Quoique dans l'Algebre on nomme en général *inome* une quantité compofée de deux termes, M. *Euler* jugé à propos d'appeller ainfi en particulier les expref- fions que les Analyftes françois défignent par *quantités n partie commenfurables,* & *en partie incommenfurables.*

un binome, & pareillement $\sqrt{8} + \sqrt{3}$ & il eſt indifférent que ces deux termes ſoient joints par le ſigne $+$ ou par le ſigne $-$. C'eſt pourquoi $3 - \sqrt{5}$ eſt auſſi bien un binome que $3 + \sqrt{5}$.

670.

La principale raiſon pour laquelle ces binomes méritent attention, c'eſt que dans la réſolution des équations du ſecond degré, c'eſt toujours à des quantités de cette forme qu'on parvient, lorſque la réſolution ne peut ſe faire. Par exemple, l'équation $xx = 6x - 4$ donne $x = 3 + \sqrt{5}$.

On ſent bien, par conſéquent, que ces formules doivent ſe préſenter fréquemment dans les calculs algébriques; auſſi avons-nous eu ſoin plus haut de faire voir comment on doit les traiter dans les opérations ordinaires de l'Addition, de la Souſtraction, de la Multiplication & de la Diviſion; mais ce n'eſt qu'à préſent que nous ſommes en état de montrer comment on

loit en extraire les racines quarrées, c'eſt-
-dire, autant que cette extraction eſt poſ-
lble; car, quand elle ne l'eſt pas, on ſe
ontente de donner un nouveau ſigne radical à la quantité. La racine quarrée de
$3 + \sqrt{2}$ eſt $\sqrt{3 + \sqrt{2}}$.

671.

Il faut obſerver d'abord que les quarrés
de tels binomes ſont auſſi des binomes pareils, dans leſquels même un des termes
eſt toujours rationnel.

Car, qu'on prenne le quarré de $a + \sqrt{b}$,
on trouvera $(aa + b) + 2a\sqrt{b}$. Si donc il
ſ'agiſſoit réciproquement de prendre la racine de la formule $(aa + b) + 2a\sqrt{b}$, on la
trouveroit $= a + \sqrt{b}$, & il eſt, ſans contredit, bien plus facile de s'en faire une
idée de cette maniere, que ſi on avoit ſimplement mis encore le ſigne $\sqrt{}$ devant cette
formule. De même, ſi on prend le quarré
de $\sqrt{a} + \sqrt{b}$, on trouve $(a + b) + 2\sqrt{ab}$;
donc réciproquement la racine quarrée de

$(a+b)+2\sqrt{ab}$ fera $\sqrt{a}+\sqrt{b}$, laquelle fera pareillement plus facile à faifir, que fi on fe contentoit de mettre le figne $\sqrt{}$ devant la quantité.

672.

Il s'agit donc principalement de déter-miner un caractere qui puiffe faire recon-noître dans tous les cas fi une telle racine quarrée a lieu ou non. Nous commence-rons, dans ce deffein, par une formule fa-cile, en cherchant fi on peut affigner, dans le fens que nous avons dit, la racine quarrée du binome $5+2\sqrt{6}$.

Suppofons donc que cette racine foit $\sqrt{x}$ $+\sqrt{y}$; le quarré en eft $(x+y)+2\sqrt{xy}$, & il doit être égal à la formule $5+2\sqrt{6}$. Par conféquent la partie rationnelle $x+y$ doit être égale à 5, & la partie irration-nelle $2\sqrt{xy}$ doit être égale à $2\sqrt{6}$. Cette derniere égalité donne $\sqrt{xy}=\sqrt{6}$, & xy $=6$. Or puifque $x+y=5$, on a $y=5$ $-x$, & cette valeur fubftituée dans l'équa-tion

ion $xy=6$, produira $5x+xx=6$, ou xx $=5x-6$. Donc $x=\frac{5}{2}+\sqrt{\frac{25}{4}-\frac{24}{4}}=\frac{5}{2}$ $+\frac{1}{2}=3$. Ainsi $x=3$ & $y=2$, d'où nous concluons que la racine quarrée de $5+2\sqrt{6}$ est $\sqrt{3}+\sqrt{2}$.

673.

Comme nous avons trouvé ici les deux équations, I.) $x+y=5$, & II.) $xy=6$, nous allons indiquer une voie particuliere pour en tirer les valeurs de x & de y.

Puisque $x+y=5$, qu'on prenne les quarrés $xx+2xy+yy=25$; faisant attention maintenant que $xx-2xy+yy$ est le quarré de $x-y$, qu'on souftraie de xx $+2xy+yy=25$ l'équation $xy=6$ prise quatre fois, ou $4xy=24$, afin d'avoir xx $-2xy+yy=1$; car prenant à préfent les racines, on a $x-y=1$; & $x+y$ étant $=5$, on trouvera aisément $x=3$ & $y=2$. Donc la racine quarrée de $5+2\sqrt{6}$ est $\sqrt{3}+\sqrt{2}$.

674.

Confidérons le binome général $a + \sqrt{b}$, & fuppofons fa racine quarrée $= \sqrt{x} + \sqrt{y}$, nou aurons l'équation $(x+y) + 2\sqrt{xy} = a + \sqrt{b}$; ainfi $x + y = a$, & $2\sqrt{xy} = \sqrt{b}$, ou $4xy = b$; fouftrayant ce quarré du quarré de l'équation $x + y = a$, ou de $xx + 2xy + yy = aa$, il refte $xx - 2xy + yy = aa - b$, dont la racine quarrée eft $x - y = \sqrt{aa - b}$. Or $x + y = a$; nous avons donc $x = \frac{a + \sqrt{aa - b}}{2}$ & $y = \frac{a - \sqrt{aa - b}}{2}$, & par conféquent la racine quarrée cherchée de $a + \sqrt{b}$ eft $\sqrt{\frac{a + \sqrt{aa - b}}{2}} + \sqrt{\frac{a - \sqrt{aa - b}}{2}}$.

675.

Nous conviendrons que cette formule eft plus compliquée que fi on eût mis fimplement le figne radical $\sqrt{}$ devant le binome donné $a + \sqrt{b}$, & qu'on eût écrit $\sqrt{a + \sqrt{b}}$. Mais confidérons que ladite formule peut fe fimplifier beaucoup, lorfque

es nombres a & b font tels que $aa-b$
evient un quarré, puifqu'alors le figne $\sqrt{}$
ui eft fous le figne $\sqrt{}$ fe trouve éliminé.
Nous voyons en même temps qu'on ne
peut extraire commodément la racine quar-
ée du binome $a+\sqrt{b}$, que lorfque aa
$-b=cc$; car dans ce cas la racine quarrée
cherchée eft $\sqrt{\frac{a+c}{2}}+\sqrt{\frac{a-c}{2}}$; & que fi aa
$-b$ n'eft pas un quarré parfait, on ne peut
indiquer plus convenablement la racine
quarrée de $a+\sqrt{b}$, qu'en mettant le figne
radical $\sqrt{}$ devant cette quantité.

676.

La condition donc qui eft requife pour
qu'on puiffe exprimer d'une façon plus
commode la racine quarrée d'un binome
$a+\sqrt{b}$, c'eft que $aa-b$ foit un quarré;
& fi on indique ce quarré par cc, on aura
pour la racine quarrée en queftion $\sqrt{\frac{a+c}{2}}$
$+\sqrt{\frac{a-c}{2}}$. Il faut remarquer de plus que la
racine quarrée de $a-\sqrt{b}$ fera $\sqrt{\frac{a+c}{2}}-\sqrt{\frac{a-c}{2}}$;

car, en prenant le quarré de cette formule,
on trouve $a - 2\sqrt{\frac{aa-cc}{4}}$; or puifque $cc = aa$
$-b$, & par conféquent $aa - cc = b$, le
même quarré fe trouve $= a - 2\sqrt{\frac{b}{4}} = a$
$- \frac{2\sqrt{b}}{2} = a - \sqrt{b}$.

677.

Lors donc qu'il s'agit d'extraire la racine quarrée d'un binome tel que $a \pm \sqrt{b}$,
la regle eft de fouftraire du quarré aa de
la partie rationnelle le quarré b de la partie irrationnelle, de prendre la racine quarrée du refte, & en nommant cette racine
c, d'écrire pour la racine cherchée $\sqrt{\frac{a+c}{2}}$
$\pm \sqrt{\frac{a-c}{2}}$.

678.

Qu'on cherche la racine quarrée de 2
$+ \sqrt{3}$, on a $a = 2$ & $b = 3$; donc $aa - b$
$= cc = 1$, & $c = 1$; ainfi la racine cherchée
$= \sqrt{\frac{3}{2}} + \sqrt{\frac{1}{2}}$.

Qu'il s'agiffe de trouver la racine quarrée
du binome $11 + 6\sqrt{2}$, on aura $a = 11$,

& $\sqrt{b} = 6\sqrt{2}$; par conséquent $b = 36.2 = 72$, & $aa - b = 49$; ce qui donne $c = 7$; & il résulte de-là que la racine quarrée de $11 + 6\sqrt{2}$ est $\sqrt{9} + \sqrt{2}$, ou $3 + \sqrt{2}$.

Qu'on cherche la racine quarrée de $11 + 2\sqrt{30}$: ici $a = 11$ & $\sqrt{b} = 2\sqrt{30}$; par conséquent $b = 4.30 = 120$, & $aa - b = 1$, & $c = 1$; donc la racine cherchée $= \sqrt{6} - \sqrt{5}$.

679.

Cette regle a lieu également, lors même que le binome renferme des quantités imaginaires ou impossibles.

Soit proposé, par exemple, le binome $1 + 4\sqrt{-3}$, on aura $a = 1$ & $\sqrt{b} = 4\sqrt{-3}$, c'est-à-dire, $b = -48$ & $aa - b = 49$. Donc $c = 7$, & par conséquent la racine quarrée qu'on cherche $= \sqrt{4} + \sqrt{-3} = 2 + \sqrt{-3}$.

Autre exemple. Soit donné $-\frac{1}{2} + \frac{1}{2}\sqrt{-3}$, nous avons $a = -\frac{1}{2}$; $\sqrt{b} = \frac{1}{2}\sqrt{-3}$, & $b = \frac{1}{4}. - 3 = -\frac{3}{4}$. Donc $aa - b = \frac{1}{4} + \frac{3}{4}$

$=1$, & $c=1$; & le résultat cherché (

$$\sqrt{\tfrac{1}{4}} + \sqrt{-\tfrac{3}{4}} = \tfrac{1}{2} + \tfrac{\sqrt{-3}}{2}, \text{ ou } \tfrac{1}{2} + \tfrac{1}{2}\sqrt{-}$$

Un autre exemple remarquable est celu où il s'agit de trouver la racine quarrée d $2\sqrt{-1}$. Comme il n'y a point ici de parti rationnelle, on aura $a=0$; or $\sqrt{b}=2\sqrt{}$ -1 & $b=-4$, donc $aa - b = 4$ & $c=2$ par conséquent la racine quarrée qu'on cherche est $\sqrt{1} + \sqrt{-1} = 1 + \sqrt{-1}$, & en effet le quarré de cette quantité est $+2\sqrt{-1} - 1 = 2\sqrt{-1}$.

680.

Supposons encore qu'il se présentât une équation telle que $xx = a \pm \sqrt{b}$, & que a $-b$ fût $= cc$; on en concluroit la valeu de $x = \sqrt{\tfrac{a+c}{2}} \pm \sqrt{\tfrac{a-c}{2}}$, ce qui peut être d'usage en bien des cas.

Soit, par exemple, $xx = 17 + 12\sqrt{2}$ on aura $x = 3 + \sqrt{8} = 3 + 2\sqrt{2}$.

681.

Ce cas a lieu principalement dans la ré solution de quelques équations du quatrième degré, par exemple, de $x^4 = 2axx + d.$ Car fi l'on fuppofe $xx = y$, on a $x^4 = yy$, ce qui réduit l'équation donnée à $yy = 2ay + d$, & d'où l'on tire $y = a \pm \sqrt{aa+d}$. On a donc $xx = a \pm \sqrt{aa+d}$, & par conféquent encore une extraction de racine à faire. Or, puifqu'ici $\sqrt{b} = \sqrt{aa+d}$, on aura $b = aa + d$, & $aa - b = -d$. Si donc $-d$ eft un quarré comme cc, c'eft-à-dire que $d = -cc$, on pourra affigner la racine demandée.

Suppofons qu'effectivement $d = -cc$, ou bien que l'équation du quatrieme degré propofée foit $x^4 = 2axx - cc$, nous trouverons donc $x = \sqrt{\frac{a+c}{2}} \pm \sqrt{\frac{a-c}{2}}$.

682.

Nous rendrons plus fenfible, par quelques exemples, ce que nous venons de dire.

1°. On cherche deux nombres dont le produit foit 105, & dont les quarrés faffent enfemble 274.

Indiquons ces deux nombres par x & y nous aurons les deux équations, I.) xy $=105$, & II.) $xx + yy = 274$.

La premiere donne $y = \frac{105}{x}$, & cette valeur de y étant fubftituée dans la feconde équation, nous avons $xx + \frac{105^2}{xx} = 274$.

Donc $x^4 + 105^2 = 274xx$, ou $x^4 = 274xx$ -105^2.

Si nous comparons maintenant cette équation avec celle de l'article précédent, nous avons $2a = 274$, & $-cc = -105^2$; par conféquent $c = 105$, & $a = 137$. Nous trouvons par conféquent

$$x = \sqrt{\frac{137+105}{2}} \pm \sqrt{\frac{137-105}{2}} = 11 \pm 4.$$

Il s'enfuit de-là que x eft, ou $= 15$, ou $= 7$. Dans le premier cas $y = 7$, dans le fecond cas $y = 15$. Donc les deux nombres cherchés font 15 & 7.

683.

Il fera bon cependant de remarquer que ce calcul peut fe faire beaucoup plus facilement d'une autre maniere. Car puifque

$xx+2xy+yy$ & $xx-2xy+yy$ font des quarrés, & que nous connoiſſons les valeurs de $xx+yy$ & de xy, nous n'avons qu'à prendre le double de cette derniere quantité, l'ajouter à la premiere & l'en fouſtraire, comme on va voir: $xx+yy=274$. Si on y ajoute $2xy=210$, on a $xx+2xy+yy=484$, ce qui donne $x+y=22$.

Souſtrayant à préſent $2xy$, il reſte $xx-2xy+yy=64$, d'où l'on tire $x-y=8$.

Ainſi $2x=30$ & $2y=14$, & par conſéquent $x=15$ & $y=7$.

La queſtion générale qui ſuit, ſe réſout par la même méthode.

2°. On cherche deux nombres, dont le produit ſoit $=m$, & la ſomme des quarrés $=n$.

Si ces nombres ſont, l'un $=x$, l'autre $=y$, on a les deux équations ſuivantes: I.) $xy=m$, II.) $xx+yy=n$. Or $2xy=2m$ étant ajouté à $xx+yy=n$, on a $xx+2xy+yy=n+2m$, & par conſéquent $x+y=\sqrt{n+2m}$.

Mais souftrayant $2xy$, il refte $\overline{xx-2xy+yy}=n-2m$, d'où l'on tire $x-y=\sqrt{n-2m}$; on aura donc $x=\frac{1}{2}\sqrt{n+2m}+\frac{1}{2}\sqrt{n-2m}$, & $y=\frac{1}{2}\sqrt{n+2m}-\frac{1}{2}\sqrt{n-2m}$.

684.

3°. On cherche deux nombres tels que leur produit $=35$, & la différence de leurs quarrés $=24$.

Soit le plus grand des deux nombres $=x$ & le plus petit $=y$, on aura les deux équations $xy=35$, & $xx-yy=24$; & les mêmes avantages n'ayant pas lieu ici, on procédera par la voie ordinaire. La premiere équation donne $y=\frac{35}{x}$, &, en fubftituant cette valeur de y dans la feconde, on a $xx-\frac{1225}{xx}=24$. Multipliant par xx, on a $x^4-1225=24xx$, & $x^4=24xx+1225$. Or le fecond membre de cette équation étant affecté du figne $+$, on ne pourra pas faire ufage de la formule donnée ci-deffus, parce que cc étant $=-1225$, c deviendroit imaginaire.

Qu'on fasse donc $xx = z$, on aura zz $= 24z + 1225$, d'où l'on tire $z = 12$ $\pm \sqrt{144 + 1225}$, ou $z = 12 \pm 37$; par conséquent $xx = 12 \pm 37$, c'est-à-d. ou $= 49$ ou $= -25$.

Si on adopte la premiere valeur, on a $x = 7$ & $y = 5$.

Si on adopte la feconde valeur, on a $x = \sqrt{-25}$ & $y = \frac{35}{\sqrt{-25}} = \sqrt{\frac{1225}{-25}} = \sqrt{-49}$.

685.

Nous terminerons ce Chapitre par la queftion fuivante.

4°. On cherche deux nombres tels qu'il y ait égalité entre leur fomme, leur produit & la différence de leurs quarrés.

Soit x le plus grand des deux nombres, & y le plus petit; il faudra que les trois formules qui fuivent foient égales entre elles: I.) la fomme $x + y$; II.) le produit xy; III.) la différence des quarrés $xx - yy$. Si l'on compare la premiere avec la feconde, on a $x + y = xy$, ce qui donnera une valeur de x; car on aura $y = xy - x$ $= x(y-1)$, & $x = \frac{y}{y-1}$. Par conséquent $x + y = \frac{yy}{y-1}$, & $xy = \frac{yy}{y-1}$, c'est-à-dire que la somme est en effet égale au produit; & c'est à quoi doit être égale aussi la différence des quarrés. Or on a $xx - yy$ $= \frac{yy}{yy-2y+1} - yy = \frac{-y^4 + 2y^3}{yy-2y+1}$; faisant donc ceci égal à la quantité trouvée $\frac{yy}{y-1}$, on a $\frac{yy}{y-1}$ $= \frac{-y^4 + 2y^3}{yy-2y+1}$; divisant par yy, il vient $\frac{1}{y-1}$ $= \frac{-yy+2y}{yy-2y+1}$; multipliant par $(y-1)^2$, on a $y - 1 = -yy + 2y$; par conséquent $yy = y$ $+ 1$. Cela donne $y = \frac{1}{2} \pm \sqrt{\frac{1}{4} + 1} = \frac{1}{2}$ $\pm \sqrt{\frac{5}{2}}$ ou $y = \frac{1 + \sqrt{5}}{2}$, & on aura donc x $= \frac{1 + \sqrt{5}}{\sqrt{5} - 1}$.

Pour chasser la quantité sourde du dénominateur, on multipliera les deux termes par $\sqrt{5} + 1$, & on obtiendra $x = \frac{6 + 2\sqrt{5}}{4}$ $= \frac{3 + \sqrt{5}}{2}$.

Réponse. Le plus grand des nombres cherchés, ou x, $= \frac{3 + \sqrt{5}}{2}$; & le plus petit, y, $= \frac{1 + \sqrt{5}}{2}$. Ainsi leur somme $x + y = 2$

$+\sqrt{5}$; leur produit $xy=2+\sqrt{5}$; & puif-
que $xx=\frac{7+3\sqrt{5}}{2}$, & $yy=\frac{3+\sqrt{5}}{2}$, on a auffi
la différence des quarrés $xx-yy=2$
$+\sqrt{5}$.

686.

Comme cette folution étoit affez longue, il fera bon de faire remarquer qu'on peut l'abréger. Qu'on commence par faire la fomme $x+y$ égale à la différence des quarrés $xx-yy$, on aura $x+y=xx-yy$; & divifant par $x+y$, à caufe de $xx-yy$ $=(x+y)(x-y)$, on trouve $1=x-y$ & $x=y+1$. Par conféquent $x+y=2y$ $+1$, & $xx-yy=2y+1$; de plus le produit xy ou $yy+y$ devant être égal à la même quantité, on a $yy+y=2y+1$, ou $yy=y+1$, ce qui donne, comme ci-deffus, $y=\frac{1+\sqrt{5}}{2}$.

687.

5°. La queftion précédente nous conduit à confidérer encore celle-ci : Trouver deux nombres tels, qu'il y ait égalité entre leur fomme, leur produit & la fomme de leurs quarrés.

Nommons x & y les nombres cherchés; il faut qu'il y ait égalité entre I.) $x+y$, II.) xy, & III.) $xx+yy$.

Comparant la premiere & la feconde formule, nous avons $x+y=xy$, d'où nous tirons $x=\frac{y}{y-1}$; par conféquent xy ou $x+y$ $=\frac{yy}{y-1}$. Or la même quantité équivaut à $xx+yy$, ainfi nous avons $\frac{yy}{yy-2y+1}+yy$ $=\frac{yy}{y-1}$. Multipliant par $yy-2y+1$, le produit eft $y^4-2y^3+2yy=y^3-yy$, ou $y^4=3y^3-3yy$; & en divifant par yy, nous avons $yy=3y-3$; ce qui donne $y=\frac{3}{2}\pm\sqrt{\frac{9}{4}-3}=\frac{3+\sqrt{-3}}{2}$; par conféquent $y-1=\frac{1+\sqrt{-3}}{2}$, d'où réfulte $x=\frac{3+\sqrt{-3}}{1+\sqrt{-3}}$; & en multipliant les deux termes par $1-\sqrt{-3}$, le réfultat eft $x=\frac{6-2\sqrt{-3}}{4}$ ou $\frac{3-\sqrt{-3}}{2}$.

Réponfe. Donc les deux nombres cherchés font $x=\frac{3-\sqrt{-3}}{2}$, & $y=\frac{3+\sqrt{-3}}{2}$, leur fomme eft $x+y=3$, leur produit $xy=3$;

enfin, puifque $xx = \frac{3-3\sqrt{-3}}{3}$ & $yy = \frac{3+3\sqrt{-3}}{2}$,
la fomme des quarrés $xx + yy = 3$.

688.

On peut abréger confidérablement ce calcul par un artifice particulier , qui eft applicable auffi dans d'autres cas. Il confifte à exprimer les nombres cherchés par la fomme & par la différence de deux lettres , au lieu de les indiquer par des lettres fimples.

Qu'on fuppofe , dans notre derniere queftion, l'un des nombres cherchés $= p + q$, & l'autre $= p - q$, leur fomme fera $2p$, leur produit fera $pp - qq$, & la fomme de leurs quarrés fera $= 2pp + 2qq$, & ces trois quantités doivent être égales entr'elles. Egalant d'abord la premiere à la feconde, on a $2p = pp - qq$, ce qui donne $qq = pp - 2p$. Subftituant cette valeur de qq dans la troifieme quantité , & comparant le réfultat $4pp - 4p$ avec la premiere , on a $2p = 4pp - 4p$, d'où l'on tire $p = \frac{3}{2}$.

Par conséquent $qq = -\frac{3}{4}$, & $q = \frac{\sqrt{-3}}{2}$; de forte que les nombres que nous cherchons font $p + q = \frac{3 + \sqrt{-3}}{2}$, & $p - q = \frac{3 - \sqrt{-3}}{2}$, comme nous les avons trouvés ci-deffus.

CHAPITRE IX.

De la nature des Equations du second degré

689.

ON a vu fuffifamment par ce qui précede, que les équations du fecond degré font réfolubles de deux manieres, & cette propriété mérite à tous égards d'être examinée, parce que la nature des équations d'un degré fupérieur ne peut que recevoir par-là beaucoup de jour. Nous remonterons donc avec plus d'attention aux caufes qui font que toute équation du fecond degré admet une double folution ; elles renferment indubitablement une propriété effentielle de ces équations.

690.

690.

Il eſt vrai que nous avons déjà vu que cette double ſolution provient de ce que la racine quarrée d'un nombre quelconque peut être priſe, ſoit poſitive, ſoit négative; cependant, comme ce principe ne s'appliqueroit pas aiſément à des équations de dimenſions plus hautes, il ſera bon de développer clairement la même propriété encore d'une autre maniere. Nous prendrons pour exemple l'équation du ſecond degré, $xx = 12x - 35$, & nous donnerons une nouvelle raiſon, par laquelle cette équation eſt réſoluble de deux façons, en admettant pour x les deux valeurs 5 & 7 qui lui ſatisfont également.

691.

Il eſt plus convenable pour notre but, de commencer par tranſpoſer les termes de l'équation, de maniere qu'un des membres devienne 0 ; cette équation prend par

Tome I. O o

conséquent la forme $xx - 12x + 35 = 0$, & il s'agit à préfent de trouver un nombre tel que, fi on le fubftitue à x, la formule $xx - 12x + 35$ fe réduife effectivement à rien; il fera queftion après cela de montrer pourquoi cela peut fe faire de deux manieres.

692.

Or le tout confifte ici à faire voir avec clarté, qu'une quantité de la forme $xx - 12x + 35$ peut être envifagée comme le produit de deux facteurs; ainfi en effet la formule dont nous parlons eft compofée des deux facteurs $(x-5).(x-7)$. Car puifque cette quantité doit fe réduire à o, il faut auffi que le produit $(x-5).(x-7) = 0$; mais un produit, de quelque nombre de facteurs qu'il foit compofé, devient $= 0$, lors même qu'un feul de ces facteurs fe réduit à o; c'eft un principe fondamental auquel il faut faire attention, fur-tout quand il s'agit d'équations de plufieurs degrés.

693.

On comprend donc aisément, que le produit $(x-5).(x-7)$ peut devenir o de deux façons : l'une, quand le premier facteur $x-5=0$; l'autre, quand le second facteur $x-7=0$. Dans le premier cas $x=5$, dans l'autre cas $x=7$. La raison est donc très-claire, pourquoi une telle équation $xx-12x+35=0$, admet deux solutions ; c'est-à-dire, pourquoi on peut assigner pour x deux valeurs qui satisfont également à l'équation. Cette raison fondamentale consiste en ce que la formule $xx-12x+35$ peut être représentée par le produit de deux facteurs.

694.

Les mêmes circonstances se retrouvent dans toutes les équations du second degré. Car, après avoir porté tous les termes d'un même côté, on ne manque jamais de parvenir à une équation de la forme $xx-ax$

$+b=0$, & cette formule peut toujours être regardée pareillement comme le produit de deux facteurs, que nous repréfenterons par $(x-p)x-q$, fans nous embarraffer quels nombres font les valeurs de p & de q. Or ce produit devant être $=0$ par la nature de notre équation, il eft clair que cela peut arriver de deux manieres: en premier lieu, lorfque $x=p$; & en fecond lieu, lorfque $x=q$; & ce font-là les deux valeurs de x qui fatisfont à l'équation.

695.

Voyons maintenant de quelle nature doivent être ces deux facteurs, pour que la multiplication de l'un par l'autre reproduife exactement notre formule $xx-ax+b$. Nous trouvons, en les multipliant réellement, $xx-(p+q)x+pq$; or cette quantité doit être la même chofe que $xx-ax+b$, il faut donc évidemment que $p+q=a$, & $pq=b$. Ainfi nous apprenons cette propriété bien remarquable, que dans toute équation de la forme $xx - ax + b = 0$, les deux valeurs de x font telles que leur fomme eft égale à a, & leur produit égal à b; d'où il fuit que, dès qu'on connoît l'une des valeurs, on trouve auffi l'autre facilement.

696.

Nous venons de confidérer le cas où les deux valeurs de x font pofitives, & qui exige que le fecond terme de l'équation ait le figne —, & que le troifieme terme ait le figne +. Confidérons donc auffi les cas dans lefquels foit l'une ou toutes les deux valeurs de x deviennent négatives. Le premier de ces cas a lieu, lorfque les deux facteurs de l'équation donnent un produit de cette forme $(x-p)(x+q)$; car alors les deux valeurs de x font $x=p$ & $x=-q$; l'équation elle-même devient $xx + (q-p) x - pq = 0$; le fecond terme a le figne +, quand q eft plus grand que p, & le figne —, quand q eft plus petit que p; enfin le troifieme terme eft toujours négatif.

Le fecond cas, où les deux valeurs de x font négatives, a lieu, lorfque les deux facteurs font $(x+p).(x+q)$; car on a $x=-p$ & $x=-q$; l'équation elle-même devient $xx+(p+q)x+pq=0$, où le fecond comme le troifieme terme font affectés du figne $+$.

697.

Les fignes du fecond & du troifieme terme nous font connoître par conféquent la qualité des racines d'une équation quelconque du fecond degré. Soit l'équation $xx....ax....b=0$: fi le fecond & le troifieme terme ont le figne $+$, les deux valeurs de x font négatives; fi le fecond terme a le figne $-$, & que le troifieme terme ait $+$, les deux valeurs font pofitives; enfin, fi le troifieme terme affecte de même le figne $-$, une des valeurs en queftion eft pofitive. Mais dans tous les cas au refte le fecond terme contient la fomme des deux valeurs, & le troifieme terme contient leur produit.

698.

On trouvera très-facile, après ce qui a été dit, de former des équations du second degré qui renferment deux valeurs données à volonté. On demande, par exemple, une équation telle que l'une des valeurs de x foit 7, & que l'autre foit — 3. Qu'on forme d'abord les équations simples $x = 7$ & $x = -3$; enfuite de-là celles-ci, $x - 7 = 0$ & $x + 3 = 0$, on aura de cette maniere les facteurs de l'équation cherchée, laquelle devient par conféquent $xx - 4x - 21 = 0$. Auffi en appliquant ici la regle donnée plus haut, trouve-t-on les deux valeurs de x fuppofées; car fi $xx = 4x + 21$, on a $x = 2 \pm \sqrt{25} = 2 \pm 5$, c'eft-à-dire $x = 7$, ou $x = -3$.

699.

Il peut arriver auffi que les valeurs de x deviennent égales: qu'on cherche, par exemple, une équation où ces deux valeurs foient $= 5$, les deux facteurs feront $(x - 5)$

$(x-5)$, & l'équation cherchée fera xx $-10x+25=0$. Dans cette équation x paroît n'avoir qu'une valeur; mais c'est que x se trouve doublement $=5$, comme la solution ordinaire le fait voir pareillement; car on a $xx=10x-25$; donc $x=5\pm\sqrt{0}$ $=5\pm0$, c'est-à-dire que x est de deux façons $=5$.

700.

Un cas remarquable sur-tout, & qui arrive quelquefois, c'est celui où les deux valeurs de x deviennent imaginaires ou impossibles; car il est tout-à-fait impossible alors d'assigner pour x une valeur telle qu'elle satisfasse à l'équation. Qu'on se propose, par exemple, de partager le nombre 10 en deux parties, telles que leur produit soit 30; si on nomme x une de ces parties, l'autre sera $=10-x$, & leur produit sera $10x-xx=30$; donc $xx=10x$ -30, & $x=5\pm\sqrt{-5}$, ce qui est un nombre imaginaire qui apprend que la question est impossible.

701.

Il eſt donc très-important de trouver un ſigne auquel on puiſſe reconnoître ſur le champ ſi une équation du ſecond degré eſt poſſible, ou ſi elle ne l'eſt pas.

Reprenons l'équation générale $xx - ax + b = 0$, nous aurons $xx = ax - b$, & $x = \frac{1}{2}a \pm \sqrt{\frac{1}{4}aa - b}$. On voit par-là que ſi b eſt plus grand que $\frac{1}{4}aa$, ou $4b$ plus grand que aa, les deux valeurs de x deviennent toujours imaginaires, vu qu'il s'agiroit d'extraire la racine quarrée d'une quantité négative; & au contraire, que ſi b eſt plus petit que $\frac{1}{4}aa$, ou même plus petit que o, c'eſt-à-dire que ce ſoit un nombre négatif, les deux valeurs ſeront poſſibles ou réelles. Au reſte, qu'elles ſoient réelles ou qu'elles ſoient imaginaires, il n'en eſt pas moins vrai qu'on pourra toujours les exprimer, & qu'elles ont auſſi toujours la propriété que leur ſomme eſt $= a$, & leur produit $= b$. Dans l'équation $xx - 6x + 10 = 0$;

par exemple, la fomme des deux valeurs de x doit être $=6$, & le produit de ces deux valeurs doit être $=10$; or on trouve,

I.) $x=3+\sqrt{-1}$, & II.) $x=3-\sqrt{-1}$,

quantités dont la fomme $=6$, & le produit $=10$.

702.

Le caractere que nous venons de trouver peut s'exprimer d'une maniere encore plus générale, & de façon à pouvoir même être appliqué aux équations de cette forme, $fxx \pm gx + h = 0$; car cette équation donne

$$xx = \mp \frac{gx}{f} - \frac{h}{f}, \quad \& \quad x = \mp \frac{g}{2f} \pm \sqrt{\frac{gg}{4ff} - \frac{h}{f}}, \quad \text{ou}$$

$$x = \frac{\mp g \pm \sqrt{gg - 4hf}}{2f};$$

d'où l'on infere que les deux valeurs font imaginaires, & par conféquent l'équation impoffible, quand $4fh$ eft plus grand que gg; c'eft-à-dire, lorfque dans l'équation $fxx - gx + h = 0$, le quadruple du produit du premier & du dernier terme furpaffe le quarré du fecond terme; car ce produit du premier & du dernier terme, pris quatre fois, eft $4fhxx$, & le quarré du terme moyen eſt $ggxx$; or ſi $4fhxx$ eſt plus grand que $ggxx$, $4fh$ eſt auſſi plus grand que gg, & dans ce cas l'équation eſt évidemment impoſſible. Dans tous les autres cas l'équation eſt poſſible, & on peut aſſigner deux valeurs réelles pour x; il eſt vrai que ſouvent elles deviennent ir-rationnelles ; mais nous avons vu plus haut que dans ces cas on ne laiſſe pas de pouvoir les connoître en approchant autant qu'on veut ; au lieu qu'aucune approximation ne ſauroit avoir lieu pour les expreſſions ima-ginaires, telles que $\sqrt{-5}$; car 100 eſt auſſi éloigné d'être la valeur de cette ra-cine, que l'eſt 1 ou un autre nombre quel-conque.

703.

Nous avons encore à faire remarquer qu'une formule quelconque du ſecond de-gré, $xx \pm ax \pm b$, eſt toujours néceſſaire-ment réſoluble en deux facteurs, tels que $(x \pm p)(x \pm q)$. Car ſi l'on prenoit trois facteurs pareils à ceux-là, on parviendroit à une quantité du troisieme degré, & en ne prenant qu'un seul facteur pareil, on ne passeroit pas le premier degré.

C'est donc un point qui est au-dessus de toute contestation, que toute équation du second degré renferme nécessairement deux valeurs de x, & qu'il ne peut y en avoir moins ou davantage.

704.

Nous avons déjà vu que quand on a trouvé les deux facteurs, on connoît aussi les deux valeurs de x, vu que chaque facteur donne une de ces valeurs, quand on le suppose $= 0$. L'inverse a lieu pareillement, c'est-à-dire que dès qu'on a trouvé une valeur de x, on connoît aussi un des facteurs de l'équation ; car si $x = p$ indique une des valeurs de x dans une équation quelconque du second degré, $x - p$ est un des facteurs de cette équation ; c'est-à-dire que tous les termes ayant été portés du même côté, l'équation eſt diviſible par $x-p$, & qui plus eſt, le quotient exprime l'autre faƈteur.

705.

Soit donnée, pour éclaircir mieux ce que nous venons de dire, l'équation $xx+4x-21=0$, de laquelle nous ſavons que $x=3$ eſt une des valeurs de x, parce que $3 \cdot 3 + 4 \cdot 3 - 21 = 0$; cela nous fait juger que $x-3$ eſt un des faƈteurs de cette équation, ou que $xx+4x-21$ eſt diviſible par $x-3$, & en effet la diviſion ſuivante le fait voir.

$$x-3) \; xx+4x-21 \; (x+7$$
$$\underline{xx-3x}$$
$$7x-21$$
$$\underline{7x-21}$$
$$0.$$

Ainſi l'autre faƈteur eſt $x+7$, & notre équation ſe repréſente par le produit $(x-3)(x+7)=0$; d'où s'enſuivent immédiatement les deux valeurs de x, le premier faƈteur donnant $x=3$, & l'autre faƈteur donnant $x=-7$.

C H A P I T R E X.

Des Equations pures du troisieme degré.

706.

ON dit d'une équation du troisieme degré, qu'elle est *pure*, lorsque le cube de
la quantité inconnue est égal à une quantité connue, sans que ni le quarré de l'inconnue ni l'inconnue même se trouvent dans
l'équation.

$x^3 = 125$, ou plus généralement $x^3 = a$,
$x^3 = \frac{a}{b}$, sont des équations de ce genre.

707.

Il est clair comment on doit tirer la valeur de x d'une telle équation, vu qu'on
n'a besoin que d'extraire dés deux côtés la
racine cubique. L'équation $x^3 = 125$ donne
$x = 5$, l'équation $x^3 = a$ donne $x = \sqrt[3]{a}$,
& l'équation $x^3 = \frac{a}{b}$ donne $x = \sqrt[3]{\frac{a}{b}}$, ou x

$= \frac{\sqrt[3]{a}}{\sqrt[3]{b}}$. Il fuffit donc qu'on ait appris à extraire la racine cubique d'un nombre pro-
pofé, pour qu'on foit en état de réfoudre
de femblables équations.

708.

On n'obtient de cette matiere qu'une
feule valeur pour x; cependant toute équation du fecond degré ayant deux valeurs,
on eft fondé à foupçonner qu'une équation
du troifieme degré a pareillement plus d'une
valeur; il vaudra donc la peine d'approfondir la chofe, & en cas qu'on trouve
qu'une telle équation doit avoir plufieurs
valeurs pour x, de déterminer ces valeurs.

709.

Confidérons, par exemple, l'équation
$x^3 = 8$, dans la vue d'en conclure tous
les nombres dont le cube eft 8. Comme
$x = 2$ eft fans contredit un tel nombre, il
faut, d'après le Chapitre précédent, que
la formule $x^3 - 8 = 0$, foit néceffairement

divifible par $x-2$. Faifons donc cette divifion :

$$x-2)\ x^3-8\quad (xx+2x+4$$
$$\underline{x^3-2xx}$$
$$2xx-8$$
$$\underline{2xx-4x}$$
$$4x-8$$
$$\underline{4x-8}$$
$$o.$$

Il s'enfuit que notre équation $x^3-8=o$
peut fe repréfenter par ces facteurs-ci :

$$(x-2)(xx+2x+4)=o.$$

710.

Or la queftion eft de favoir quel nombre
on doit fubftituer à la place de x, pour que
$x^3=8$, ou que $x^3-8=o$; & il eft clair
qu'on fatisfait à cette condition, en fuppofant $=o$ le produit que nous venons de trouver ; mais cela arrive non-feulement quand
le premier facteur $x-2=o$, d'où réfulte
$x=2$, mais auffi quand le fecond facteur

xx

$xx + 2x + 4 = 0$. Qu'on faſſe donc $xx + 2x + 4 = 0$, on aura $xx = -2x - 4$, & de-là $x = -1 \pm \sqrt{-3}$.

711.

Outre le cas donc où $x = 2$, qui ſatiſfait à l'équation $x^3 = 8$, nous avons encore pour x deux autres valeurs dont les cubes ſont pareillement 8, & qui ſont:

I.) $x = -1 + \sqrt{-3}$, & II.) $x = -1 - \sqrt{-3}$.

On n'en doutera plus, ſi on prend les cubes effectivement comme nous allons faire :

$$
\begin{array}{ll}
-1 + \sqrt{-3} & \quad -1 - \sqrt{-3} \\
-1 + \sqrt{-3} & \quad -1 - \sqrt{-3} \\
\hline
1 - \sqrt{-3} & \quad 1 + \sqrt{-3} \\
- \sqrt{-3} - 3 & \quad + \sqrt{-3} - 3 \\
\hline
-2 - 2\sqrt{-3} \text{ quarré} & \quad -2 + 2\sqrt{-3} \\
-1 + \sqrt{-3} & \quad -1 - \sqrt{-3} \\
\hline
2 + 2\sqrt{-3} & \quad 2 - 2\sqrt{-3} \\
-2\sqrt{-3} + 6 & \quad +2\sqrt{-3} + 6 \\
\hline
8 \quad \text{cube.} & \quad 8.
\end{array}
$$

Il est vrai que ces deux valeurs sont imaginaires ou impossibles ; mais elles méritent cependant qu'on y fasse attention.

712.

Ce que nous venons de voir a lieu en général pour toute équation cubique, telle que $x^3 = a$; on trouvera toujours outre la valeur $x = \sqrt[3]{a}$, encore deux autres valeurs. Qu'on suppose, pour abréger, $\sqrt[3]{a} = c$, de sorte que $a = c^3$, notre équation prendra cette forme, $x^3 - c^3 = 0$, qui sera divisible par $x - c$, comme la division effective le fait voir :

$$x - c) \, x^3 - c^3 \, (xx + cx + cc$$
$$\underline{x^3 - cxx}$$
$$cxx - c^3$$
$$\underline{cxx - ccx}$$
$$ccx - c^3$$
$$\underline{ccx - c^3}$$
$$0.$$

Par conséquent l'équation en question peut être représentée par le produit $(x-c)$ $(xx+cx+cc)=0$, qui est en effet $=0$, non-seulement lorsque $x-c=0$, ou $x=c$, mais aussi quand $xx+cx+cc=0$. Or cette formule contient deux autres valeurs de x; car elle donne $xx=-cx-cc$, & $x=-\frac{c}{2}$ $\pm\sqrt{\frac{cc}{4}-cc}$, ou $x=\frac{-c\pm\sqrt{-3cc}}{2}$, c'est-à-dire, $x=\frac{-c\pm c\sqrt{-3}}{2}=\frac{-1\pm\sqrt{-3}}{2}.c.$

713.

Or comme c avoit été mis à la place de $\sqrt[3]{a}$, nous en inférons que toute équation du troisieme degré, de la forme x^3 $=a$, fournit trois valeurs pour x exprimées de la maniere suivante :

$$I.)\ x=\sqrt[3]{a},\ II.)\ x=\frac{-1+\sqrt{-3}}{2}.\sqrt[3]{a};$$
$$III.)\ x=\frac{-1-\sqrt{-3}}{2}.\sqrt[3]{a}.$$

On voit par-là que chaque racine cubique a trois différentes valeurs ; mais qu'une seule est réelle ou possible, les deux autres étant impoffibles. Cela eft d'autant plus à remarquer, que toute racine quarrée a deux valeurs, & que nous verrons plus bas qu'une racine bi-quarrée a quatre valeurs diffé-rentes, qu'une racine cinquieme a cinq valeurs, & ainfi de fuite.

Il eft vrai que dans les calculs ordinaires on n'emploie que la premiere de ces trois valeurs, parce que les deux autres font imaginaires; c'eft ce que nous confirme-rons par quelques exemples.

714.

Premiere queftion. Trouver un nombre tel que fon quarré multiplié par fon quart produife 432.

Que x foit ce nombre, il faut que le produit de xx multiplié par $\frac{1}{4}x$ foit égal au nombre 432, c'eft-à-dire que $\frac{1}{4}x^3 = 432$, & que $x^3 = 1728$. Qu'on extraie la racine cubique, on aura $x = 12$.

Réponfe. Le nombre cherché eft 12; car fon quarré 144, multiplié par fon quart ou par 3, donne 432.

715.

Seconde queſtion. Je cherche un nombre tel, qu'en diviſant ſa quatrieme puiſſance par ſa moitié, & en ajoutant $14\frac{1}{4}$ au produit, il me vienne 100.

Je nommerai ce nombre x; ſa quatrieme puiſſance ſera x^4; diviſant par la moitié $\frac{1}{2}x$, j'ai $2x^3$, & il faut qu'en ajoutant $14\frac{1}{4}$, la ſomme ſoit 100; j'ai donc $2x^3 + 14\frac{1}{4}$ $=100$; ſouſtrayant $14\frac{1}{4}$, il reſte $2x^3 = \frac{343}{4}$; diviſant par 2, j'ai $x^3 = \frac{343}{8}$, & prenant la racine cubique, j'obtiens enfin $x = \frac{7}{2}$.

716.

Troiſieme queſtion. Quelques Capitaines ſe trouvent en campagne; chacun commande à trois fois autant de Cavaliers, & à vingt fois autant de Fantaſſins qu'ils ſont de Capitaines. Un Cavalier reçoit chaque mois pour ſa paye autant de florins qu'il y a de Capitaines, & chaque Fantaſſin reçoit la moitié de cette paye ; la dépenfe totale par mois eft de 13000 florins ; on demande combien il y a de Capitaines ?

Soit x le nombre cherché, chaque Capitaine aura fous lui $3x$ Cavaliers & $20x$ Fantaffins. Ainfi le nombre total des Cavaliers eft $3xx$, & celui des Fantaffins eft $20xx$. Or chaque Cavalier recevant par mois x florins, & chaque Fantaffin recevant $\frac{1}{2}x$ flor. la paye des Cavaliers, à chaque mois, fe monte à $3x^3$, & celle des Fantaffins eft $10x^3$; ils reçoivent donc tous enfemble $13x^3$ flor. & cette fomme doit équivaloir à 13000 florins ; on a donc $13x^3 = 13000$, ou $x^3 = 1000$, & $x = 10$, nombre cherché des Capitaines.

717.

Quatrieme queftion. Quelques Négocians entrent en fociété, & chacun contribue cent fois autant qu'il y a d'Affociés ; ils envoient un Facteur à Venife pour faire valoir ce capital ; ce Facteur gagne pour cent fequins deux fois autant de fequins qu'il y a d'Intéreffés, & il revient avec 2662 fequins de profit ; on demande le nombre des Affociés ?

Si ce nombre eft fuppofé $=x$, chacun des Négocians affociés aura fourni $100x$ fequins, & le capital entier aura été de $100xx$ fequins ; or le profit étant de $2x$ pour 100, le capital aura rapporté $2x^3$; ainfi il faut faire $2x^3 = 2662$, ou $x^3 = 1331$; cela donne $x = 11$, & c'eft le nombre des Affociés.

718.

Cinquieme queftion. Une Payfanne échange dès fromages contre des poules, à raifon de deux fromages pour trois poules ; ces poules pondent chacune $\frac{1}{3}$ autant d'œufs qu'il y a de poules ; la Payfanne vend au marché neuf œufs pour autant de fous que chaque poule a pondu d'œufs, & elle tire 72 fous ; on demande combien de fromages elle a échangé ?

Soit ce nombre des fromages $= x$, celui des poules que la Payſanne aura reçues en échange ſera $= \frac{3}{2} x$, & chaque poule pondant $\frac{1}{2} x$ œufs, le nombre des œufs ſera $= \frac{3}{4} xx$. Or neuf œufs ſe vendent pour $\frac{1}{2} x$ ſous, ainſi l'argent que $\frac{3}{4} xx$ œufs produiſent, eſt $\frac{1}{24} x^3$, & il faut que $\frac{1}{24} x^3 = 72$. Par conſéquent $x^3 = 24.72 = 8.3.8.9 = 8$ .8.27, & $x = 12$; c'eſt-à-dire que la Payſanne a échangé douze fromages contre dix-huit poules.

CHAPITRE XI.

De la réſolution des Equations complettes du troiſieme degré.

719.

Une équation du troiſieme degré eſt dite complette, lorſqu'elle renferme, outre le cube de l'inconnue, auſſi cette quantité inconnue elle-même, & le quarré de cette quantité ; de forte que la formule générale pour toutes ces équations, en portant tous les termes d'un même côté, eft

$$a x^3 \pm b x^2 \pm c x \pm d = 0.$$

C'eft à faire voir comment on doit tirer de telles équations les valeurs de x, qu'on nomme auffi les *racines* de l'équation, que nous deftinons ce Chapitre. Nous fuppoferons qu'on n'a aucun doute qu'une telle équation n'ait trois racines, après que nous avons fait voir dans le Chapitre précédent que cela eft vrai à l'égard des équations pures du même degré.

720.

Nous confidérerons d'abord l'équation $x^3 - 6 x x + 11 x - 6 = 0$; & de même qu'une équation du fecond degré peut être regardée comme étant le produit de deux facteurs, on peut repréfenter une équation du troifieme degré par le produit de trois facteurs qui font dans notre cas, $(x - 1)$ $(x - 2)(x - 3) = 0$; puifqu'en les multipliant effectivement on parvient à l'équation donnée ; car $(x—1) \cdot (x—2)$ donne $xx—3x+2$, & multipliant ceci par $x—3$ on trouve $x^3 —6xx+11x—6$, ce qui est en effet la formule prescrite, & qui doit être $= 0$. Or cela a lieu par conséquent, quand le produit $(x—1)(x—2)(x—3)$ se réduit à rien ; & comme il suffit pour cet effet qu'un seul de ces facteurs soit $=0$, trois différens cas peuvent donner ce résultat, savoir $x—1=0$, ou $x=1$; en second lieu, $x—2=0$, ou $x=2$; & en troifieme lieu, $x—3=0$, ou $x=3$.

On voit sur le champ aussi, que si on substituoit à la place de x un nombre quelconque, autre qu'un des trois ci-dessus, aucun des trois facteurs ne deviendroit $=0$, & par conséquent que le produit ne deviendroit pas o non plus ; ce qui prouve que notre équation ne peut avoir d'autre racine que ces trois racines-là.

721.

Si l'on pouvoit dans tout autre cas affigner de même les trois facteurs d'une telle
équation, on auroit immédiatement fes
trois racines. Confidérons donc d'une maniere plus générale ces trois facteurs, x
$-p$, $x-q$, $x-r$; fi nous cherchons leur
produit, le premier multiplié par le fecond
donne $xx-(p+q)x+pq$, & ce produit
multiplié par $x-r$ fait $x^3-(p+q+r)$
$xx+(pq+pr+qr)x-pqr$.

Or fi cette formule doit devenir $=0$,
cela peut arriver dans trois cas : le premier
eft celui où $x-p=0$, ou $x=p$; le fecond
a lieu quand $x-q=0$, ou $x=q$; le troifieme cas eft celui de $x-r=0$, ou de
$x=r$.

722.

Repréfentons maintenant la formule trouvée par l'équation $x^3-axx+bx-c=0$; il
eft clair que pour que fes trois racines foient

I.)$x=p$, II.)$x=q$, III.)$x=r$, il faut 1°.
que $a=p+q+r$, 2°. que $b=pq+pr+qr$,
& 3°. que $c=pqr$. Ainſi nous apprenons
par-là que le ſecond terme contient la ſomme des trois racines, que le troiſieme terme
contient la ſomme des produits des racines
priſes deux à deux, enfin que le quatrieme
terme eſt formé du produit de toutes les
trois racines multipliées les unes par les
autres.

Cette derniere propriété nous préſente
auſſi-tôt une vérité importante, qui eſt
qu'une équation du troiſieme degré ne peut
certainement avoir d'autres racines rationnelles que des diviſeurs du dernier terme;
car puiſque ce terme eſt le produit des trois
racines, il faut qu'il ſoit diviſible par chacune d'elles. On voit donc ſur le champ,
lorſqu'on veut chercher une racine par le
tâtonnement, de quels nombres on doit
faire l'eſſai (*).

(*) On verra dans la ſuite, que cette propriété eſt générale pour les équations d'un degré quelconque. A1

Si nous confidérons, pour nous expliquer mieux, l'équation $x^3 = x + 6$, ou x^3
$- x - 6 = 0$, comme cette équation ne
peut avoir d'autres racines rationnelles que
des nombres qui font facteurs du dernier
terme 6, nous n'avons befoin d'effayer que
les nombres 1, 2, 3, 6, & voici le détail
de ces effais :

I.) Si $x = 1$, on a $1 - 1 - 6 = -6$.
II.) Si $x = 2$, on a $8 - 2 - 6 = 0$.
III.) Si $x = 3$, on a $27 - 3 - 6 = 18$.
IV.) Si $x = 6$, on a $216 - 6 - 6 = 204$.

Nous voyons par-là que $x = 2$ eft une
dès racines de l'équation propofée, & fachant cela il nous eft facile de trouver les
deux autres ; car $x = 2$ étant une des racines, $x - 2$ eft un facteur de l'équation,
& on n'a donc qu'à chercher l'autre facteur
par la voie de la Divifion, ainfi que nous
allons le faire :

refte comme ce tâtonnement exige qu'on connoiffe tous
les divifeurs du dernier terme de l'équation, on peut
avoir recours pour cela aux tables indiquées à l'art. 66.

$$x-2) \ x^3 - x - 6 \ (xx+2x+3$$
$$\underline{x^3 - 2xx}$$
$$2xx - x - 6$$
$$\underline{2xx - 4x}$$
$$3x - 6$$
$$\underline{3x - 6}$$
$$0.$$

Puis donc que notre formule se représente par le produit $(x-2)(xx+2x+3)$,
elle deviendra $=0$, non-seulement quand
$x-2=0$, mais aussi quand $xx+2x$
$+3=0$. Or ce dernier facteur donne xx
$=-2x-3$, & par conséquent $x=-1$
$\pm\sqrt{-2}$. Ce font donc ici les deux autres
racines de notre équation, lesquelles sont,
comme on le voit, impossibles ou imaginaires.

723.

La méthode que nous venons d'indiquer,
n'est applicable immédiatement que lorsque
le premier terme x^3 est multiplié par 1,

& que les autres termes de l'équation ont pour coefficiens des nombres entiers. Quand cette condition n'a pas lieu, il faut commencer par une préparation qui consiste à transformer l'équation en une autre qui ait la condition requise, après quoi on fait l'essai que nous avons dit.

Soit donnée, par exemple, l'équation $x^3 - 3xx + \frac{11}{4}x - \frac{3}{4} = 0$; comme elle renferme des quarts, qu'on fasse $x = \frac{y}{2}$, on aura $\frac{y^3}{8} - \frac{3yy}{4} + \frac{11y}{8} - \frac{3}{4} = 0$, & en multipliant par 8, on obtiendra l'équation $y^3 - 6yy + 11y - 6 = 0$, dont les racines sont, comme nous l'avons vu plus haut, $y = 1$, $y = 2$, $y = 3$; d'où il s'ensuit que dans l'équation proposée on a I.) $x = \frac{1}{2}$, II.) $x = 1$, III.) $x = \frac{3}{2}$.

724.

Qu'on ait une équation, dont le premier terme ait pour coefficient un nombre entier autre que 1, & dont le dernier terme foit 1 ; par exemple, $6x^3 - 11xx + 6x - 1 = 0$; si on divise par 6, on aura $x^3 - \frac{11}{6}xx + x - \frac{1}{6} = 0$; on pourroit purger cette équation des fractions, par la regle que nous venons de donner, en supposant $x = \frac{y}{6}$; car on auroit $\frac{y^3}{216} - \frac{11yy}{216} + \frac{y}{6} - \frac{1}{6} = 0$; & en multipliant par 216, il viendroit $y^3 - 11yy + 36y - 36 = 0$. Mais comme il seroit trop long de faire l'essai avec tous les diviseurs du nombre 36, remarquons que puisque le dernier terme de l'équation primitive est 1, il vaut mieux supposer dans cette équation $x = \frac{1}{z}$; car on aura l'équation $\frac{6}{z^3} - \frac{11}{z^2} + \frac{6}{z} - 1 = 0$, qui multipliée par z^3 donne $6 - 11z + 6z^2 - z^3 = 0$, & en transposant tous les termes, $z^3 - 6zz + 11z - 6 = 0$. Les racines sont ici $(158) z = 1$, $z = 2$, $z = 3$; d'où il suit que dans notre équation $x = 1$, $x = \frac{1}{2}$, $x = \frac{1}{3}$.

725.

On aura obfervé dans les articles précédens, que pour que les racines foient toutes
des nombres pofitifs, il faut que les fignes
plus & *moins* fe fuivent alternativement ;
moyennant quoi l'équation prend cette
forme, $x^3 - axx + bx - c = 0$, dans laquelle les fignes changent autant de fois
qu'il y a de racines pofitives. Si toutes les
trois racines euffent été négatives, & qu'on
eût multiplié entr'eux les trois facteurs $x+p$,
$x + q$, $x + r$, tous les termes auroient eu
le figne *plus*, & la forme de l'équation
auroit été $x^3 + axx + bx + c = 0$, où on
voit les mêmes fignes fe fuivre *trois* fois,
c'eft-à-dire, le nombre des racines négatives.

On a donc conclu qu'autant de fois que
les fignes changent, autant l'équation a
de racines pofitives, & qu'autant de fois
que les mêmes fignes fe fuccedent, autant
l'équation a de racines négatives ; & cette

Tome I. Q q

remarque eſt très-importante , parce qu'on
fait par-là ſi c'eſt en *plus* ou en *moins* qu'on
doit prendre les diviſeurs du dernier terme,
quand on veut faire l'eſſai dont nous avons
parlé.

726.

Conſidérons , afin d'éclaircir par un
exemple ce que nous venons de dire,
l'équation $x^3 + xx - 34x + 56 = 0$, dans
laquelle les ſignes changent deux fois, &
où ce n'eſt qu'une fois que le même ſigne
revient. Nous concluons que l'équation a
deux racines poſitives & une racine négative, & comme ces racines doivent être
des diviſeurs du dernier terme 56 , il faut
qu'elles ſoient compriſes dans les nombres
$\pm 1, 2, 4, 7, 8, 14, 28, 56$.

Si nous faiſons maintenant $x = 2$, nous
avons $8 + 4 - 68 + 56 = 0$; d'où nous concluons que $x = 2$ eſt une racine poſitive,
& qu'ainſi $x - 2$ eſt un diviſeur de notre
équation, au moyen de quoi nous trouvons

facilement les deux autres racines ; car divisant effectivement par $x-2$, on a

$$x-2)\ x^3 + xx - 34x + 56 (xx + 3x - 28$$
$$\underline{x^3 - 2xx}$$
$$3xx - 34x + 56$$
$$\underline{3xx - 6x}$$
$$-28x + 56$$
$$\underline{-28x + 56}$$
$$0.$$

Et si on fait ce quotient $xx + 3x - 28$
$= 0$, on trouve les deux autres racines,
qui seront $x = -\frac{3}{2} \pm \sqrt{\frac{9}{4} + 28} = -\frac{3}{2} \pm \frac{11}{2}$,
c'est-à-dire $x = 4$ & $x = -7$; & tenant
compte de la racine trouvée ci-dessus,
$x = 2$, on voit clairement qu'en effet l'équation a deux racines positives & une négative. Nous donnerons encore quelques autres exemples pour rendre la chose encore
plus évidente.

727.

Premiere question. On a deux nombres,
leur différence est 12, leur produit mul-

tiplié par leur fomme fait 14560. Quels
font ces nombres ?

Soit x le plus petit des deux nombres,
le plus grand fera $x+12$, leur produit,
$=xx+12x$, multiplié par la fomme $2x$
$+12$, donne $2x^3+36xx+144x=14560$;
& divifant par 2, on a $x^3+18xx+72x$
$=7280$.

Or le dernier terme 7280 eft trop grand
pour qu'on puiffe entreprendre l'effai de
tous fes divifeurs, & nous remarquons qu'il
eft divifible par 8 ; c'eft pourquoi on fera
$x=2y$, parce qu'après la fubftitution la
nouvelle équation, $8y^3+72yy+144y$
$=7280$, étant divifée par 8, fe réduira
à celle-ci, $y^3+9yy+18y=910$, pour
laquelle on n'a befoin d'effayer que les divifeurs 1, 2, 5, 7, 10, 13, &c. du nombre 910. Or il eft évident que les premiers,
1, 2, 5, font trop petits ; en commençant
donc par la fuppofition de $y=7$, on trouve
auffi-tôt que c'eft là une des racines ; car
la fubftitution donne $343+441+126=910$.

Il fuit que $x = 14$, & on trouvera les deux autres racines en divifant $y^3 + 9yy + 18y -910$ par $y - 7$, ce que nous allons faire:

$$y-7)\,y^3 + \ 9yy+18y-910\,(yy+16y+130$$
$$\underline{y^3 - \ 7yy}$$
$$16yy+18y-910$$
$$\underline{16yy-112y}$$
$$\underline{130y-910}$$
$$130y-910$$
$$\overline{0.}$$

Suppofant maintenant ce quotient $yy +16y+130=0$, on aura $yy=-16y -130$, & de-là $y=-8\pm\sqrt{-66}$: preuve que les deux autres racines font impoffibles.

Réponfe. Les deux nombres cherchés font 14 & 26 ; leur produit 364, multiplié par leur fomme 40, donne 14560.

728.

Seconde queftion. Trouver deux nombres, dont la différence foit 18, & qui foient tels, que fi on multiplie enfemble leur fomme & la différence de leurs cubes, on obtienne le nombre 275184.

Soit x le moins grand des deux nombres, $x+18$ fera le plus grand ; le cube du premier fera $= x^3$, & le cube du fecond $= x^3 +54xx+972x+5832$; la différence des cubes $= 54xx+972x+5832 = 54(xx +18x+108)$, multipliée par la fomme $2x+18$ ou $2(x+9)$, donne le produit $108(x^3+27xx+270x+972) = 275184$. Divifant par 108, on a $x^3+27xx+270x +972 = 2548$, ou $x^3+27xx+270x = 1576$. Les divifeurs de 1576 font 1, 2, 4, 8, &c. les premiers 1, 2 font trop petits; mais fi on effaie $x=4$, on trouve que ce nombre fatisfait à l'équation.

Il refte donc à la divifer par $x-4$, afin de trouver les deux autres racines. Cette divifion donne le quotient $xx+31x+394$; en faifant donc $xx = -31x - 394$, on trouvera $x = -\frac{31}{2} \pm \sqrt{\frac{961}{4} - \frac{1576}{4}}$, c'eft-à-dire deux racines imaginaires.

Réponfe. Les nombres cherchés font 4 & 22.

729.

Troisieme question. Je cherche deux nombres dont la différence $=720$, & tels que fi je multiplie le plus petit par la racine quarrée du plus grand, il me vienne 20736.

Si le plus petit eft x, le plus grand fera $x+720$, & il faut que $x\sqrt{x+720}=20736$ $=8.8.4.81$. Quarrant les deux membres, j'ai $xx(x+720)=x^3+720xx=8^2.8^2.4^2.81^2$. Je fais $x=8y$; cette fuppofition me donne $8^3y^3+720.8^2y^2=8^2.8^2.4^2.81^2$; & divifant par 8^3, j'ai $y^3+90yy=8.4^2.81^2$. Je fuppofe de plus $y=2z$, & j'ai $8z^3+4.90zz=8.4^2.81^2$, ou, en divifant par 8, $z^3+45zz=4^2.81^2$.

Je fais encore $z=9u$, pour avoir $9^3u^3+45.9^2uu=4^2.9^4$, parce qu'en divifant à préfent par 9^3, l'équation fe réduit à $u^3+5uu=4^2.9$, ou $uu(u+5)=16.9=144$. Je n'ai pas de peine à voir ici que $u=4$; car dans ce cas $uu=16$ & $u+5=9$. Puis donc que $u=4$, j'ai $z=36$, $y=72$ &

$x = 576$, c'eſt le plus petit des deux nombres cherchés; ainſi le plus grand eſt 1296,
& en effet la racine quarrée de celui-ci,
ou 36, multipliée par l'autre nombre 576,
donne 20736.

730.

Remarque. Cette queſtion admettoit une
ſolution plus ſimple; car puiſque la racine
quarrée du plus grand nombre, multipliée
par le plus petit nombre, doit donner un
produit égal à un nombre donné, il faut
que le plus grand des deux nombres ſoit
un quarré. Si donc, par cette conſidération,
nous le ſuppoſons $= xx$, l'autre nombre
ſera $xx - 720$. Celui-ci étant multiplié par
la racine quarrée du plus grand, ou par x,
nous avons $x^3 - 720x = 20736 = 64.27$
$.12$. Faiſons $x = 4y$, nous aurons $64y^3$
$- 720.4y = 64.27.12$, ou bien $y^3 - 45y$
$= 27.12$. Suppoſant de plus $y = 3z$, nous
trouvons $27z^3 - 135z = 27.12$, ou en diviſant par 27, $z^3 - 5z = 12$, ou $z^3 - 5z$

−12=0. Les diviſeurs de 12 ſont 1, 2, 3, 4, 6, 12; les deux premiers ſont trop petits; mais la ſuppoſition de $z=3$ donne préciſément $27-15-12=0$. Par conſéquent $z=3$, $y=9$ & $x=36$; d'où nous concluons que le plus grand des deux nombres cherchés, ou xx, $=1296$, & que le plus petit, ou $xx-720$, $=576$, comme ci-deſſus.

731.

Quatrieme queſtion. On a deux nombres, dont la différence eſt 12; le produit de cette différence par la ſomme des cubes, eſt 102144: quels ſont ces deux nombres?

Nommant x le plus petit de ces deux nombres, le plus grand eſt $x+12$, le cube du premier eſt x^3, & le cube du ſecond eſt $x^3+36xx+432x+1728$; le produit de la ſomme de ces cubes par la différence 12, eſt

$$12(2x^3+36xx+432x+1728)=102144;$$

diviſant ſucceſſivement par 12 & par 2, on a

$x^3 + 18xx + 216x + 864 = 4256$, ou

$x^3 + 18xx + 216x = 3392 = 8.8.53$.

Qu'on suppose $x = 2y$, qu'on substitue & qu'on divise par 8, on aura

$y^3 + 9yy + 54y = 8.53 = 424$.

Les diviseurs du dernier membre sont 1, 2, 4, 8, 53, &c. 1 & 2 sont trop petits; mais si l'on fait $y = 4$, on trouve $64 + 144 + 216 = 424$. De sorte que $y = 4$ & $x = 8$; d'où l'on conclut que les deux nombres cherchés sont 8 & 20.

732.

Cinquieme question. Quelques personnes forment une société & établissent un fonds, auquel chacune contribue dix fois autant d'écus qu'elles sont de personnes; elles gagnent sur chaque centieme d'écus 6 écus au-delà du nombre d'écus égal à leur nombre; le profit total est de 392 écus; on demande combien ils sont d'Associés?

Soit x le nombre cherché; chaque Associé aura fourni $10x$ écus, & tous enfemble $10xx$ écus; & puifqu'ils gagnent $x+6$ pour cent, ils auront gagné avec le capital entier, $\frac{x^3+6xx}{10}$, ce qu'il faut égaler à 392.

On a donc $x^3+6xx=3920$, & en faifant $x=2y$ & divifant par 8, $y^3+3yy=490$. Les divifeurs du fecond membre font 1, 2, 5, 7, 10, &c. les trois premiers font trop petits; mais en fuppofant $y=7$, on a $343+147=490$; de forte que $y=7$, & $x=14$.

Réponfe. Il y avoit quatorze Affociés, & chacun d'eux a mis 140 écus dans la maffe commune.

733.

Sixieme queftion. Quelques Négocians ont en commun un capital de 8240 écus; chacun y ajoute quarante fois autant d'écus qu'ils font d'Affociés; ils gagnent avec la fomme totale autant de fois pour cent qu'ils font d'Affociés; en partageant le profit, il fe trouve qu'après que chacun a pris dix fois autant d'écus qu'ils font d'Aſſociés, il reſte 224 écus. On demande quel étoit donc le nombre de ces Aſſociés ?

Si ce nombre eſt x, chacun aura ajouté $40x$ écus au capital 8240 écus ; par con-ſéquent tous enſemble auront ajouté $40xx$, ce qui a rendu le capital $= 40xx + 8240$; ils gagnent avec cette ſomme x écus pour cent ; ainſi le gain total eſt $\frac{40x^3}{100} + \frac{8240x}{100}$ $= \frac{4}{10}x^3 + \frac{824}{10}x = \frac{2}{5}x^3 + \frac{412}{5}x$. C'eſt de cette ſomme que chacun préleve $10x$, & par conſéquent tous enſemble $10xx$, en laiſſant un reſte de 224 écus ; il faut donc que le profit ait été $10xx + 224$, & qu'on ait l'équation $\frac{2x^3}{5} + \frac{412x}{5} = 10xx + 224$.

Multipliant par 5 & diviſant par 2, on a $x^3 + 206x = 25xx + 560$, ou $x^3 - 25xx + 206x - 560 = 0$: la premiere forme ſera cependant plus commode pour eſſayer. Les diviſeurs du dernier terme ſont 1, 2, 4, 5, 7, 8, 10, 14, 16 &c. & il faut les prendre poſitifs, parce que dans la ſeconde forme de l'équation les fignes varient trois fois, ce qui donne à connoître avec certitude que toutes les trois racines font pofitives.

Or fi l'on effaye d'abord $x=1$ & $x=2$, il eft évident que le premier membre deviendroit plus petit que le fecond. Nous ferons donc l'effai des autres divifeurs.

Quand $x=4$, on a $64+824=400+560$, ce qui ne fatisfait point.

Quand $x=5$, on a $125+1030=625+560$, ce qui ne fatisfait pas non plus.

Quand $x=7$, on a $343+1442=1225+560$, ce qui fatisfait à l'équation ; de forte que $x=7$ en eft une racine. Cherchons donc à préfent les deux autres, en divifant par $x-7$ la feconde forme de notre équation.

$$x-7)\; x^3 - 25xx + 206x - 560\; (xx - 18x + 80$$
$$\underline{x^3 - 7xx}$$
$$-18xx + 206x$$
$$\underline{-18xx + 126x}$$
$$80x - 560$$
$$\underline{80x - 560}$$
$$0.$$

Egalant le quotient à zéro, nous avons
$xx-18x+80=0$ ou $xx=18x-80$, ce
qui donne $x=9\pm1$, de forte que les deux
autres racines font $x=8$ & $x=10$.

Réponfe. Trois réponfes ont lieu pour la
queftion propofée : fuivant la premiere le
nombre des Négocians eft 7 , fuivant la
feconde il eft 8 , & fuivant la troifieme il
eft 10 ; le tableau fuivant préfente la preuve
de toutes :

	I.	II.	III.
Nombre des Négocians	7	8	10
Chacun fournit $40x$ – – –	280	320	400
Tous enfemble ajoutent $40xx$	1960	2560	4000
L'ancien capital étoit – –	8240	8240	8240
Le capital entier eft $40xx$ +8240 – – – – – – –	10200	10800	12240
Ils gagnent avec ce capital autant pour cent qu'ils font d'Affociés – – – –	714	864	1224
Chacun en ôte $10x$ – – – –	70	80	100
Ainfi tous enfemble prennent $10xx$ – – – – –	490	640	1000
Donc il refte – – – – – –	224	224	224

CHAPITRE XII.

De la Regle de CARDAN *ou de* SCIPION FERREO.

734.

LORSQU'ON a chaffé les fractions d'une équation du troifieme degré, fuivánt la maniere enfeignée, & qu'aucun des divifeurs du dernier terme ne fe trouve être une racine de l'équation, c'eft une marque certaine, non-feulement que l'équation n'a pas de racine en nombres entiers, mais qu'une racine fractionnaire même ne peut avoir lieu; c'eft ce que nous allons prouver.

Soit l'équation $x^3 - axx + bx - c = 0$, où a, b, c fignifient des nombres entiers; fi on vouloit fuppofer, par exemple, $x = \frac{3}{2}$, on auroit $\frac{27}{8} - \frac{9}{4}a + \frac{3}{2}b - c$; or le premier terme a feul ici 8 pour dénominateur; tous les autres font, ou des nombres entiers, ou divifés feulement par 4 ou par 2, &

ne peuvent par conféquent faire o avec le premier terme : la même chofe a lieu pour toute autre fraction.

735.

Comme donc dans ces cas les racines de l'équation ne font ni des nombres entiers, ni des fractions, elles font irrationnelles, ou même, ce qui arrive fouvent, imaginaires. Or la maniere de les exprimer alors & de déterminer les fignes radicaux qui les affectent, fait un point très-important, & qui mérite d'être expliqué ici avec foin. On attribue cette méthode, qu'on nomme *la regle de Cardan*, à *Cardan*, ou plutôt à *Scipion Ferreo*, qui ont vécu il y a quelques fiecles (*).

736.

Il faut, pour entrer dans l'efprit de cette regle, confidérer d'abord avec attention la

(*) L'hiftoire de cette regle, découverte dans le même temps par *Tartaléa*, fe lit avec autant d'intérêt que de fruit dans l'*Hiftoire des Mathématiques*, par M. *de Montucla*

nature

nature d'un cube, dont la racine eſt un binome.

Soit $a+b$ cette racine, le cube en eſt $x^3+3aab+3abb+b^3$, & nous voyons qu'il eſt compoſé des cubes des deux termes du binome, & outre cela de deux termes moyens, $3aab+3abb$, qui ont le facteur commun $3ab$, lequel multiplie l'autre facteur $a+b$; c'eſt-à-dire que ces deux termes contiennent le triple produit des deux termes du binome, multiplié par la ſomme de ces termes.

737.

Qu'on ſuppoſe maintenant $x=a+b$, & qu'on prenne de part & d'autre le cube, on a $x^3=a^3+b^3+3ab(a+b)$. Or puiſque $a+b=x$, on aura l'équation du troiſieme degré, $x^3=a^3+b^3+3abx$ ou $x^3=3abx+a^3+b^3$, dont nous ſavons qu'une des racines eſt $x=a+b$. Toutes les fois donc qu'il ſe préſente une telle équation, nous pouvons en aſſigner une racine.

Soit, par exemple, $a = 2$ & $b = 3$, on aura l'équation $x^3 = 18x + 35$, que nous favons avec certitude avoir $x = 5$ pour racine.

738.

Que de plus on fuppofe à préfent $a^3 = p$ & $b^3 = q$, on aura $a = \sqrt[3]{p}$ & $b = \sqrt[3]{q}$, par conféquent $ab = \sqrt[3]{pq}$; lors donc que l'on rencontre une équation du troifieme degré de la forme $x^3 = 3x\sqrt[3]{pq} + p + q$, on fait qu'une des racines eft $\sqrt[3]{p} + \sqrt[3]{q}$.

Or on peut toujours déterminer p & q, de maniere que tant $3\sqrt[3]{pq}$ que $p + q$ foient des quantités égales à un nombre donné; ainfi on eft toujours en état de réfoudre une équation du troifieme degré, de l'efpece dont nous parlons.

739.

Soit propofée en général l'équation $x^3 = fx + g$; il s'agira ici de comparer f avec

$3\sqrt[3]{pq}$, & g avec $p+q$; c'eft-à-dire qu'il faudra déterminer p & q de maniere que $3\sqrt[3]{pq}$ devienne égal à f, & que $p+q$ devienne égal à g ; car nous favons alors qu'une des racines de notre équation fera $x=\sqrt[3]{p}+\sqrt[3]{q}$.

740.

Nous avons donc à réfoudre ces deux équations, I.) $3\sqrt[3]{pq}=f$, & II.) $p+q=g$. La premiere donne $\sqrt[3]{pq}=\frac{f}{3}$, & $pq=\frac{f^3}{27}$ $=\frac{1}{27}f^3$, & $4pq=\frac{4}{27}f^3$. La feconde équation étant quarrée, donne $pp+2pq+qq$ $=gg$; fi l'on en fouftrait $4pq=\frac{4}{27}f^3$, on a $pp-2pq+qq=gg-\frac{4}{27}f^3$, & prenant la racine quarrée de part & d'autre, on a $p-q=\sqrt{gg-\frac{4}{27}f^3}$. Or puifque $p+q$ $=g$, on a $2p=g+\sqrt{gg-\frac{4}{27}f^3}$, & $2q$ $=g-\sqrt{gg-\frac{4}{27}f^3}$, par conféquent $p=$ $\frac{g+\sqrt{gg-\frac{4}{27}f^3}}{2}$, & $q=\frac{g-\sqrt{gg-\frac{4}{27}f^3}}{2}$.

741.

Toutes les fois donc qu'on a une équation du troisieme degré de la forme x^3
$=fx+g$, quels que soient les nombres
f & g, on a toujours pour une des racines

$$x = \sqrt[3]{\frac{g+\sqrt{gg-\frac{4}{27}f^3}}{2}} + \sqrt[3]{\frac{g-\sqrt{gg-\frac{4}{27}f^3}}{2}};$$

c'est-à-dire une quantité irrationnelle, qui
renferme non-seulement le signe radical
quarré, mais aussi le signe de la racine cubique; & c'est cette formule qu'on nomme
proprement la *regle de Cardan*.

742.

Appliquons-la à quelques exemples,
pour en mieux faire comprendre l'usage.

Soit $x^3 =6x+9$, on aura $f=6$ & $g=9$;
ainsi $gg=81$, $f^3=216$, & $\frac{4}{27}f^3 = 32$;
puis $gg-\frac{4}{27}f^3=49$, & $\sqrt{gg-\frac{4}{27}f^3}=7$.
Donc une des racines de l'équation donnée

est $x=\sqrt[3]{\frac{9+7}{2}}+\sqrt[3]{\frac{9-7}{2}}=\sqrt[3]{\frac{16}{2}}+\sqrt[3]{\frac{2}{2}}=\sqrt[3]{8}$

$+\sqrt[3]{1}=2+1=3.$

743.

Soit proposée cette autre équation x^{I} $=3x+2$; on aura $f=3$ & $g=2$; par conséquent $gg=4$, $f^3=27$, & $\frac{4}{27}f^3=4$; ce qui nous donne $\sqrt{gg-\frac{4}{27}f^3}=0$; d'où il s'enfuit qu'une des racines eft $x=\sqrt[3]{\frac{2+0}{2}}$ $+\sqrt[3]{\frac{2-0}{2}}=1+1=2.$

744.

Il arrive fouvent cependant que, quoiqu'une telle équation ait une racine rationnelle, on ne peut trouver cette racine par la regle dont nous nous occupons.

Soit donnée l'équation $x^3=6x+40$, où $x=4$ eft une des racines. Nous avons ici $f=6$ & $g=40$, de plus $gg=1600$ & $\frac{4}{27}$ $f^3=32$; ainfi $gg-\frac{4}{27}f^3=1568$, & $\sqrt{gg-\frac{4}{27}f^3}=\sqrt{1568}=\sqrt{4.4.49.2}$ $=28\sqrt{2}$; par conféquent une des racines $x=\sqrt[3]{\frac{40+28\sqrt{2}}{2}}+\sqrt[3]{\frac{40-28\sqrt{2}}{2}}$, ou

$$x = \sqrt[3]{20 + 14\sqrt{2}} + \sqrt[3]{20 - 14\sqrt{2}}\,;\ \&$$

cette quantité eſt réellement $= 4$, quoiqu'à la premiere infpection on ne s'en doute
pas. En effet le cube de $2 + \sqrt{2}$ étant 20
$+ 14\sqrt{2}$, on a réciproquement la racine
cubique de $20 + 14\sqrt{2}$ égale à $2 + \sqrt{2}$;
de même $\sqrt[3]{20 - 14\sqrt{2}} = 2 - \sqrt{2}$; donc
notre racine $x = 2 + \sqrt{2} + 2 - \sqrt{2} = 4$ (*).

745.

On pourroit objecter à cette regle,
qu'elle ne s'étend pas à toutes les équations
du troiſieme degré, parce que le quarré
de x ne s'y rencontre point, c'eſt-à-dire

(*) On n'a pas pour l'extraction de la racine cubique
de ces binomes, des regles générales comme pour l'extraction de la racine quarrée; celles que différens Auteurs
ont données ramenent toujours à une équation mixte du
troiſieme degré femblable à la propoſée. Au refte, quand
l'extraction de la racine cubique eſt poſſible, la fomme
des deux radicaux qui repréſentent la racine de l'équation, devient toujours rationnelle, de forte qu'on peut
la trouver immédiatement par la méthode indiquée à
l'article 722.

que le fecond terme manque dans l'équation. Mais nous remarquerons que toute
équation complette peut fe transformer en
une autre où le fecond terme manque,
après quoi l'on peut par conféquent appliquer la regle.

Soit, pour le prouver, l'équation complette $x^3 - 6xx + 11x - 6 = 0$. Si l'on prend
ici le tiers du coefficient 6 du fecond terme,
& qu'on faffe $x - 2 = y$, on aura
$x = y + 2$, $xx = yy + 4y + 4$, &
$x^3 = y^3 + 6yy + 12y + 8$; par conféquent

$$
\begin{aligned}
x^3 &= y^3 + 6yy + 12y + 8 \\
-6xx &= \quad\;\; -6yy - 24y - 24 \\
+11x &= \quad\qquad\qquad +11y + 22 \\
- 6 &= \qquad\qquad\qquad\qquad - 6 \\
\hline
x^3 - 6xx + 11x - 6 &= y^3 \qquad\qquad - y.
\end{aligned}
$$

On a donc l'équation $y^3 - y = 0$, dont
la réfolution eft manifefte, puifqu'on voit
fur le champ qu'elle eft le produit des facteurs $y(yy - 1) = y(y + 1)(y - 1) = 0$.

Si l'on fait maintenant chacun de ces
facteurs $= 0$, on a

I. $\begin{cases} y = 0, \\ x = 2, \end{cases}$ II. $\begin{cases} y = -1, \\ x = 1, \end{cases}$ III. $\begin{cases} y = 1, \\ x = 3, \end{cases}$

c'eſt-à-dire, les trois racines trouvées déjà plus haut.

746.

Soit donnée à préſent l'équation générale du troiſieme degré, $x^3 + axx + bx + c = 0$, de laquelle il s'agiſſe d'éliminer le ſecond terme.

On ajoutera pour cet effet à x le tiers du coefficient du ſecond terme, en conſervant le même ſigne, & on écrira pour cette ſomme une nouvelle lettre, par exemple, y; de ſorte qu'on aura $x + \frac{1}{3}a = y$, & $x = y - \frac{1}{3}a$, d'où réſulte le calcul ſuivant:

$$x = y - \frac{1}{3}a, \quad xx = yy - \frac{2}{3}ay + \frac{1}{9}aa,$$

$$\& \quad x^3 = y^3 - ayy + \frac{1}{3}aay - \frac{1}{27}a^3;$$

par conſéquent

$$\begin{aligned} x^3 &= y^3 - ayy + \tfrac{1}{3}aay - \tfrac{1}{27}a^3 \\ axx &= \quad\quad + ayy - \tfrac{2}{3}aay + \tfrac{1}{9}a^3 \\ bx &= \quad\quad\quad\quad\quad + by - \tfrac{1}{3}ab \\ c &= \quad\quad\quad\quad\quad\quad\quad\quad + c \\ \hline \end{aligned}$$

$$y^3 - (\tfrac{1}{3}aa - b)y + \tfrac{2}{27}a^3 - \tfrac{1}{3}ab + c = 0;$$

équation dans laquelle le second terme manque.

747.

Nous fommes en état, moyennant cette transformation, de trouver les racines de toutes les équations du troifieme degré; l'exemple qui fuit en fournira une preuve.

L'équation propofée eft $x^3 - 6xx + 13x - 12 = 0$.

Il s'agit d'abord de chaffer le second terme; on fera pour cet effet $x - 2 = y$, & on aura $x = y + 2$, $xx = yy + 4y + 4$, & $x^3 = y^3 + 6yy + 12y + 8$; donc

$$x^3 = y^3 + 6yy + 12y + 8$$
$$-6xx = -6yy - 24y - 24$$
$$+13x = +13y + 26$$
$$-12 = -12$$
$$\overline{\qquad\qquad}$$
$$y^3 + y - 2 = 0$$

ou $y^3 = -y + 2$.

Si on compare cette équation avec la formule $x^3 = fx + g$, on a $f = -1$, $g = 2$;

donc $gg = 4$, & $\frac{4}{27}f^3 = -\frac{4}{27}$; de plus gg $-\frac{4}{27}f^3 = 4 + \frac{4}{27} = \frac{112}{27}$, & $\sqrt{gg - \frac{4}{27}f^2}$ $= \sqrt{\frac{112}{27}} = \frac{4\sqrt{21}}{9}$; par conséquent

$$y = \sqrt[3]{\left(\frac{2+4\sqrt{21}}{9}\atop 2\right)} + \sqrt[3]{\left(\frac{2-4\sqrt{21}}{9}\atop 2\right)}, \text{ ou}$$

$$y = \sqrt[3]{1 + \frac{2\sqrt{21}}{9}} + \sqrt[3]{1 - \frac{2\sqrt{21}}{9}} = \sqrt[3]{\frac{9+2\sqrt{21}}{9}}$$

$$+ \sqrt[3]{\frac{9-2\sqrt{21}}{9}} = \sqrt[3]{\frac{27+6\sqrt{21}}{27}} + \sqrt[3]{\frac{27-6\sqrt{21}}{27}} = \frac{1}{3}$$

$$\sqrt[3]{27+6\sqrt{21}} + \frac{1}{3}\sqrt[3]{27-6\sqrt{21}}; \text{ \& il}$$

reste à substituer cette valeur dans $x = y$ $+ 2$.

748.

Nous sommes parvenus dans la solution de cet exemple, à une quantité doublement irrationnelle; mais il ne faut pas en conclure sur le champ que la racine est irrationnelle, parce qu'il pourroit arriver par un heureux hasard, que les binomes $27 \pm 6\sqrt{21}$ fussent des cubes effectifs; & c'est aussi ce qui a lieu ici; car le cube de $\frac{3+\sqrt{21}}{2}$ étant $\frac{216+48\sqrt{21}}{8} = 27 + 6\sqrt{21}$, il suit que la racine cubique de $27 + 6\sqrt{21}$ est $\frac{3+\sqrt{21}}{2}$, & que la racine cubique de $27 - 6\sqrt{21}$ est $\frac{3-\sqrt{21}}{2}$. Cela fait donc que la valeur trouvée pour y, devient $y = \frac{1}{3}\left(\frac{3+\sqrt{21}}{2}\right) + \frac{1}{3}\left(\frac{3-\sqrt{21}}{2}\right) = \frac{1}{2} + \frac{1}{2} = 1$. Or puisque $y = 1$, nous avons $x = 3$ pour une des racines de l'équation proposée, & les deux autres se trouveront en divisant l'équation par $x - 3$.

$$x-3) \; x^3 - 6xx + 13x - 12 \; (xx - 3x + 4$$
$$\underline{x^3 - 3xx}$$
$$-3xx + 13x - 12$$
$$\underline{-3xx + 9x}$$
$$4x - 12$$
$$\underline{4x - 12}$$

O.

Et en égalant à o le quotient $xx - 3x + 4$;
l'on a $xx = 3x - 4$, & $x = \frac{3}{2} \pm \sqrt{\frac{9}{4} - \frac{16}{4}}$
$= \frac{3}{2} \pm \sqrt{-\frac{7}{4}} = \frac{3 \pm \sqrt{-7}}{2}$. Ce font les deux racines en queſtion, mais elles font imagi-
naires.

749.

C'eſt par haſard, comme nous l'avons
remarqué, qu'on a pu, dans l'exemple
précédent, extraire la racine cubique des
binomes trouvés, & ce cas n'a lieu que
lorſque l'équation a une racine rationnelle,
& que par conféquent on emploie avec
plus de facilité, pour trouver cette racine,
les regles du Chapitre précédent. Mais
quand aucune racine rationnelle n'a lieu,
il n'eſt pas poſſible au contraire d'exprimer
autrement la racine qu'on trouve, qu'en
ſuivant la regle de *Cardan*; de forte qu'il
eſt impoſſible alors d'appliquer des réductions. Par exemple, dans l'équation x^3
$= 6x + 4$, on a $f = 6$ & $g = 4$; de forte

que $x = \sqrt[3]{2 + 2\sqrt{-1}} + \sqrt[3]{2 - 2\sqrt{-1}}$,
ce qui ne peut s'exprimer d'une maniere différente (*).

(*) On a dans cet exemple $\frac{4}{27} f^3$ plus petit que gg; ce qui eſt le cas très-connu ſous le nom du *cas irréductible du troiſieme degré*, & qui eſt d'autant plus remarquable, qu'alors toutes les trois racines ſont toujours réelles. On ne peut dans ce cas faire uſage de la formule de *Cardan*, qu'en y appliquant des méthodes d'approximation, par exemple, en la transformant en une ſérie infinie. M. *Lambert* a donné dans l'ouvrage cité à l'article 40, des tables particulieres qui ſervent à trouver facilement les valeurs numériques des racines des équations du troiſieme degré, tant dans le cas irréductible que dans les autres cas. On peut auſſi employer pour cet uſage les tables ordinaires des ſinus. Voyez l'*Aſtronomie ſphérique* de M. *Mauduit*, imprimée à Paris en 1765.

Au reſte il ne faut pas chercher dans cet Ouvrage de M. *Euler*, tout ce qu'il y avoit à dire ſur les réſolutions, ſoit directes, ſoit approchées, des équations. Il avoit à traiter encore trop d'objets curieux & importans, pour s'appeſantir ſur ces matieres; mais qu'on conſulte l'*Hiſtoire des Mathématiques*, l'*Algebre* de M. *Clairaut*, le *Cours de Mathématiques* de M. *Beʒout*, & les derniers volumes des Mémoires des Académies des Sciences de Paris & de Berlin, on y trouvera à peu près tout ce qu'on ſait aujourd'hui ſur la réſolution des équations.

CHAPITRE XIII.

De la réfolution des Equations du quatrieme degré.

750.

Lorsque la plus haute puiffance de la quantité x monte au quatrieme degré , on a des *équations du quatrieme degré*, & la formule générale en eft

$$x^4 + ax^3 + bxx + cx + d = 0.$$

Nous confidérerons en premier lieu les équations du quatrieme degré *pures*, dont la formule eft fimplement $x^4 = f$, & dont on trouve auffi-tôt la racine en prenant de part & d'autre la racine bi-quarrée, puif-qu'on obtient $x = \sqrt[4]{f}$.

751.

Comme x^4 eft le quarré de xx, on fe facilite beaucoup le calcul en commençant par extraire la racine quarrée ; car on aura alors $xx = \sqrt{f}$: & prenant enfuite de nouveau la racine quarrée, on a $x = \sqrt{\sqrt{f}}$; de forte que $\sqrt[4]{f}$ n'est autre chofe que la racine quarrée de la racine quarrée de f.

Si on avoit, par exemple, l'équation $x^4 = 2401$, on auroit d'abord $xx = 49$, & après cela $x = 7$.

752.

Il est vrai que voilà feulement une racine, & cependant puisqu'on trouve toujours trois racines cubiques, il n'est pas douteux que quatre racines ne doivent avoir lieu ici ; mais remarquons que la méthode indiquée ne laiffe pas de donner en effet ces quatre racines. Car dans l'exemple ci-deffus on a non-feulement $x = 49$, mais auffi $x = -49$; or la premiere valeur donne les deux racines $x = 7$ & $x = -7$, & la feconde valeur donne $x = \sqrt{-49} = 7\sqrt{-1}$, & $x = -\sqrt{-49} = -7\sqrt{-1}$. Et voilà les quatre racines quarré-quarrées de 2401. Il en feroit de même à l'égard d'autres nombres.

753.

Après ces équations pures viennent dans l'ordre celles où le second & le quatrieme terme manquent, & qui ont la forme $x^4 + fxx + g = 0$. Elles font réfolubles, fuivant la regle, pour les équations du fecond degré; car fi l'on fait $xx = y$, on a $yy + fy + g = 0$, ou $yy = -fy - g$, d'où l'on tire

$$y = -\tfrac{1}{2}f \pm \sqrt{\tfrac{1}{4}ff - g} = -\frac{f \pm \sqrt{ff - 4g}}{2};$$

or $xx = y$; ainfi $x = \pm \sqrt{\frac{-f \pm \sqrt{ff - 4g}}{2}}$, où les fignes doubles $\pm$ indiquent toutes les quatre racines.

754.

Mais fi l'équation contient tous les termes poffibles, on peut toujours la regarder comme le produit de quatre facteurs. En effet fi l'on multiplie entr'eux ces quatre facteurs, $(x-p)(x-q)(x-r)(x-f)$, on trouve le produit $x^4 - (p+q+r+f) x^3 + (pq+pr+pf+qr+qf+rf) xx - (pq^r$
$+$

$+pqf+prf+qrf$) $x+pqrf$, & cette formule
ne peut devenir égale à o , que lorfqu'un
de ces quatre facteurs eft $=$o. Or cela
peut arriver en quatre manieres : I.) quand
$x=p$, II.) quand $x=q$, III.) quand $x=r$,
IV.) quand $x=f$; & ce font-là par conféquent les quatre racines de l'équation.

755.

Si nous confidérons cette formule avec
quelque attention , nous remarquons, dans
le fecond terme , la fomme des quatre racines, multipliée par $-x^3$; dans le troifieme terme , la fomme de tous les produits
poffibles de deux racines, multipliée par
xx ; dans le quatrieme terme , la fomme
des produits des racines multipliées trois
à trois , multipliée par $-x$; enfin dans le
cinquieme terme , le produit de toutes les
quatre racines multipliées enfemble.

756.

Comme le dernier terme contient le
produit de toutes les racines , il eft clair

Tome I.   S s

qu'une telle équation du quatrieme degré
ne peut avoir une racine rationnelle qui
ne ſoit en même temps un diviſeur du dernier terme. Ce principe fournit donc un
moyen facile de déterminer toutes les racines rationnelles, lorſqu'il y en a; puiſqu'on n'a qu'à ſubſtituer ſucceſſivement à
x tous les diviſeurs du dernier terme, juſqu'à ce qu'on en trouve un qui ſatisfaſſe à
l'équation; car ayant trouvé une telle racine, par exemple, $x = p$, on n'a qu'à diviſer l'équation par $x - p$, après avoir porté
tous les termes du même côté, & ſuppoſer
enſuite le quotient $= o$; on obtiendra une
équation du troiſieme degré, qu'on pourra
réſoudre par les regles données ci-deſſus.

757.

Or il eſt abſolument néceſſaire pour cela
que tous les termes conſiſtent en des nombres entiers, & que le premier n'ait que
l'unité pour coefficient; toutes les fois donc
que quelques termes renferment des frac-

tions, il faudra commencer par éliminer ces fractions, & c'est ce qu'on peut toujours faire en substituant, au lieu de x, la quantité y, divisée par un nombre qui renferme tous les dénominateurs de ces fractions.

Par exemple, si l'on a l'équation $x^4 - \frac{1}{2} x^3 + \frac{1}{3} xx + \frac{3}{4} x + \frac{1}{18} = 0$, comme on y rencontre des fractions qui ont pour dénominateurs 2, 3 & des puissances de ces nombres, on supposera $x = \frac{y}{6}$, & on aura

$$\frac{y^4}{6^4} - \frac{\frac{1}{2} y^3}{6^3} + \frac{\frac{1}{3} y\, y}{6^2} - \frac{\frac{3}{4} y}{6} + \frac{1}{18} = 0,$$ équation, qui multipliée par 6^4 devient $y^4 - 3y^3 + 12yy - 162y + 72 = 0.$

Si l'on vouloit chercher maintenant si cette équation a des racines rationnelles, il faudroit écrire à la place de y successivement les diviseurs de 72, afin de voir dans quels cas la formule se réduiroit réellement à 0.

758.

Mais comme les racines peuvent être aussi bien positives que négatives, il faudroit avec chaque diviseur faire deux essais, l'un en supposant ce diviseur positif, l'autre en le regardant comme négatif; cependant une nouvelle remarque en dispense souvent (*). Toutes les fois que les signes $+$ & $-$ se suivent réguliérement, l'équation a autant de racines positives, qu'il y a de changemens dans les signes; & autant de fois que les mêmes signes reviennent sans interruption, autant l'équation a de racines négatives. Or notre exemple contient quatre changemens de signes & aucune succession; ainsi toutes les racines sont positives, & on n'a pas besoin de prendre aucun des diviseurs du dernier terme en moins.

(*) Cette regle est générale pour les équations de tous les degrés, pourvu qu'il n'y ait point de racines imaginaires ; les François l'attribuent à *Descartes*, les Anglois à *Harriot ;* mais M. l'Abbé *de Gua* est le premier qui en ait donné une démonstration générale. Voyez les *Mém. de l'Académie des Sciences de Paris,* pour 1741.

759.

Soit donnée l'équation $x^4 + 2x^3 - 7xx - 8x + 12 = 0$.

Nous voyons ici deux changemens de signes, mais aussi deux successions; d'où nous concluons avec certitude, que cette équation contient deux racines positives & autant de racines négatives, qui doivent toutes être des diviseurs du nombre 12. Or ces diviseurs sont 1, 2, 3, 4, 6, 12; qu'on essaye donc d'abord $x = +1$, on parviendra réellement à 0; donc une des racines est $x = 1$.

Si l'on fait ensuite $x = -1$, on trouve $+1 - 2 - 7 + 8 + 12 = 21 - 9 = 12$; ainsi $x = -1$ n'est pas une des racines. Qu'on fasse après cela $x = 2$, on trouve de nouveau la formule $= 0$, & par conséquent, pour une des racines, $x = 2$; mais $y = -2$ au contraire ne se trouve pas être une racine. Lorsqu'on fait ensuite $x = 3$, on a $81 + 54 - 63 - 24 + 12 = 60$, c'est-à-dire que cette fuppofition ne fatisfait pas ; au lieu que $x = -3$, donnant $81 - 54 - 63 + 24 + 12 = 0$, eft évidemment une des racines qu'on cherche. Enfin, quand on aura effayé $x = -4$, on verra pareillement l'équation fe réduire à zéro ; de forte donc que toutes les quatre racines font rationnelles, & ont les valeurs fuivantes : I.) $x = 1$, II.) $x = 2$, III.) $x = -3$, IV.) $x = -4$; & conformément à la regle donnée ci-deffus, deux de ces racines font pofitives, & les deux autres font négatives.

760.

Mais aucune racine ne pouvant être déterminée par cette voie, lorfque les racines font toutes irrationnelles, il a fallu fonger à des expédiens pour exprimer les racines dans ce cas. On y a réuffi au point qu'on a découvert deux routes différentes pour parvenir à la connoiffance de femblables racines, quelle que foit la nature de l'équation du quatrieme degré.

Il fera bon, avant que d'expliquer ces méthodes générales, que nous donnions les folutions de quelques cas particuliers, lefquelles peuvent fouvent s'appliquer très-utilement.

761.

Lorfque l'équation eft de nature, que les coefficiens des termes fe fuivent de la même maniere, tant dans l'ordre direct des termes, que dans l'ordre rétrograde, comme il arrive dans l'équation fuivante (*):

$$x^4 + mx^3 + nxx + mx + 1 = 0,$$

ou dans cette autre équation qui eft plus générale :

(*) On peut nommer ces équations *réciproques*, parce qu'elles ne changent point en y mettant $\frac{1}{x}$ à la place de *x*. Il fuit de cette propriété que fi *a*, par exemple, eft une des racines, $\frac{1}{a}$ en fera une auffi ; c'eft la raifon pourquoi ces fortes d'équations peuvent fe réduire à d'autres équations, dont le degré eft plus petit de la moitié. M. de *Moivre* donne dans fes *Mifcellanea analytica*, p. 71, des formules générales pour la réduction de ces fortes d'équations, de quelque degré qu'elles foient.

S s iv

$$x^4 + max^3 + naaxx + ma^3 x + a^4 = 0.$$

On peut toujours regarder une telle formule comme le produit de deux facteurs,
qui font des formules du fecond degré, &
qu'on réfout facilement. En effet, qu'on
repréfente cette derniere équation par le
produit $(xx + pax + aa)(xx + qax + aa)$
$= 0$, où il s'agiffe de déterminer p & q
de maniere qu'on obtienne l'équation fuf-
dite, on trouvera, en effectuant la multiplication, $x^4 + (p + q) a x^3 + (pq + 2)$
$aaxx + (p + q) a^3 x + a^4 = 0$; & pour
que cette équation foit la même que la
précédente, il faut 1°. que $p + q = m$,
2°. que $pq + 2 = n$, & par conféquent
que $pq = n - 2$.

Maintenant, quarrant la premiere de ces
égalités, on a $pp + 2pq + qq = mm$; fi on
fouftrait de ceci la feconde, prife quatre
fois, ou $4pq = 4n - 8$, il refte $pp - 2pq$
$+ qq = mm - 4n + 8$; & prenant la racine
quarrée, on trouve $p - q = \sqrt{mm - 4n + 8}$.
Or $p + q = m$, on aura donc par l'addition,

$2p = m + \sqrt{mm - 4n + 8}$, ou $p = \frac{m + \sqrt{mm-4n+8}}{2}$;

& par la fouftraction, $2q = m - \sqrt{mm - 4n + 8}$ ou $q = \frac{m - \sqrt{mm-4n+8}}{2}$. Ayant donc trouvé p & q, on n'a plus qu'à fuppofer chaque facteur $= 0$; afin de déterminer les valeurs de x: le premier donne $xx + pax + aa = 0$, ou $xx = -pax - aa$, d'où l'on tire $x = -\frac{pa}{2} \pm \sqrt{\frac{ppaa}{4} - aa}$, ou $x = -\frac{pa}{2} \pm \frac{1}{2} a\sqrt{pp - 4}$; le fecond facteur donne $x = -\frac{qa}{2} \pm \frac{1}{2} a\sqrt{qq - 4}$; & ce font-là les quatre racines de l'équation propofée.

762.

Pour rendre cet article plus clair, foit donnée l'équation $x^4 - 4x^3 - 3xx - 4x + 1 = 0$. Nous avons ici $a = 1$, $m = -4$, $n = -3$; par conféquent $mm - 4n + 8 = 36$, & la racine quarrée de cette quantité $= 6$; donc $p = -\frac{4+6}{2} = 1$, & $q = -\frac{4-6}{2} = -5$; de-là réfultent les quatre racines I.) & II.) $x = -\frac{1}{2} \pm \frac{1}{2}\sqrt{-3} = -\frac{1 \pm \sqrt{-3}}{2}$; & III.)

& IV.) $x = \frac{5}{2} + \frac{1}{2} \sqrt{21} = \frac{5 \pm \sqrt{21}}{2}$, c'eſt-à-d.

que les quatre racines de l'équation propoſée ſont :

I.) $x = \frac{-1 + \sqrt{-3}}{2}$,   III.) $x = \frac{5 + \sqrt{21}}{2}$,

II.) $x = \frac{-1 - \sqrt{-3}}{2}$,   IV.) $x = \frac{5 - \sqrt{21}}{2}$.

Les deux premieres de ces racines ſont
imaginaires ou impoſſibles ; mais les deux
dernieres ſont poſſibles ; puiſqu'on peut
indiquer $\sqrt{21}$ auſſi exactement qu'on le
ſouhaite, en exprimant cette racine par
des fractions décimales. En effet, 21 étant
autant que 21,00000000, on n'a qu'à tirer
la racine quarrée, comme il ſuit :

$$
\begin{array}{r}
21|00|00|00|00|00|4,5825 \\
16 \\
\overline{85|500} \\
|425 \\
\overline{908|7500} \\
|7264 \\
\overline{9162|23600} \\
|18324 \\
\overline{91645|527600} \\
|458225 \\
\overline{69375 \cdot}
\end{array}
$$

Puis donc que $\sqrt{21} = 4,5825$, la troifieme racine approche d'affez près x
$= 4,7912$, & la quatrieme, $x = 0,2087$;
& il eût été facile de déterminer ces racines avec encore plus de précifion.

Remarquons que la quatrieme racine
étant à très-peu près $\frac{2}{10}$ ou $\frac{1}{5}$, cette valeur
fatisfera déjà affez exactement à l'équation;
en effet, fi l'on fait $x = \frac{1}{5}$, on trouve $\frac{1}{625}$
$- \frac{4}{125} - \frac{3}{25} - \frac{4}{5} + 1 = \frac{31}{625}$; on auroit dû trouver 0, mais la différence, comme on voit,
n'eft pas grande.

763.

Le fecond cas où une réfolution femblable a lieu, eft le même que le premier
quant aux coefficiens, mais il en differe
dans les fignes; car nous fuppoferons que
le fecond & le quatrieme termes ayent des
fignes différens; une telle équation eft
donc, par exemple:

$$x^4 + max^3 + naaxx - ma^3 x + a^4 = 0,$$

qui peut être représentée par le produit;

$$(xx + pax - aa)(xx + qax - aa) = 0.$$

Car la multiplication réelle de ces facteurs donne

$$x^4 + (p+q)ax^3 + (pq - 2)aaxx - (p+q)$$
$$a^3 x + a^4,$$

quantité qui est égale à la formule proposée, si on suppose en premier lieu $p + q = m$, & en second lieu $pq - 2 = n$, ou $pq = n + 2$; parce que de cette façon les quatriemes termes deviennent égaux d'eux-mêmes. Qu'on quarre, comme ci-dessus, la premiere équation, on aura $pp + 2pq + qq = mm$; qu'on souftraye de celle-ci la seconde prise quatre fois, ou $4pq = 4n + 8$, il restera $pp - 2pq + qq = mm - 4n - 8$; la racine quarrée est $p - q = \sqrt{mm - 4n - 8}$, & de-là on obtient $p = \frac{m + \sqrt{mm - 4n - 8}}{2}$ & $q = \frac{m - \sqrt{mm - 4n - 8}}{2}$. Ayant donc trouvé p & q, on connoîtra par le premier facteur les deux racines $x = -\frac{1}{2}pa \pm \frac{1}{2}a\sqrt{pp + 4}$, & par le second facteur les deux racines $x = -\frac{1}{2} qa \pm \frac{1}{2} a\sqrt{qq+4}$, c'est-à-dire qu'on aura les quatre racines de l'équation proposée.

764.

Soit donnée l'équation $x^4 - 3.2 x^3 + 3$ $.8x + 16 = 0$, nous avons $a = 2$ & $m = -3$, & $n = 0$; ainsi $\sqrt{mm - 4n - 8} = 1$, & par conséquent

$$p = \frac{-3+1}{2} = -1, \quad \& \quad q = \frac{-3-1}{2} = -2.$$

Donc les deux premieres racines font $x = 1 \pm \sqrt{5}$, & les deux dernieres font $x = 2 \pm \sqrt{8}$; moyennant quoi les quatre racines cherchées feront : I.) $x = 1 + \sqrt{5}$, II.) $x = 1 - \sqrt{5}$, III.) $x = 2 + \sqrt{8}$, IV.) $x = 2 - \sqrt{8}$. Par conséquent les quatre facteurs de notre équation feront $(x - 1 - \sqrt{5})$ $(x - 1 + \sqrt{5})(x - 2 - \sqrt{8})(x - 2 + \sqrt{8})$, & leur multiplication effective produit réellement cette équation; car les deux premiers étant multipliés entr'eux, donnent $xx - 2x - 4$, & les deux autres donnent

$xx - 4x - 4$; or ces deux produits multi-pliés pareillement l'un par l'autre, font x^4 $-6x^3 + 24x + 16$, ce qui eſt préciſément l'équation propoſée.

CHAPITRE XIV.

De la Regle de BOMBELLI, *pour réduire la réſolution des Equations du quatrieme degré à celle des Equations du troiſieme degré.*

765.

Nous avons fait voir plus haut, comment on réſout, par la regle de *Cardan*, les équations du troiſieme degré ; ainſi tout conſiſte principalement, pour les équations du quatrieme, à en réduire la réſolution à celle des équations du troiſieme degré. C'eſt qu'il n'eſt pas poſſible de ré-ſoudre généralement les équations du quatrieme degré ſans le ſecours de celles du troisieme, vu qu'ayant même déterminé une des racines, les autres ne laissent pas de dépendre d'une équation du troisieme degré. Et on peut conclure de-là qu'aussi les équations de dimensions plus hautes, présupposent la résolution de toutes les équations de degrés inférieurs.

766.

Or il y a déjà quelques siecles qu'un Italien, nommé *Bombelli*, a donné une regle pour cela, que nous nous proposons d'expliquer dans ce Chapitre (*).

Soit donnée l'équation générale du quatrieme degré, $x^4 + a x^3 + b x x + c x + d = 0$, où les lettres a, b, c, d signifient tous les nombres imaginables. Qu'on suppose maintenant que cette équation soit la même que celle-ci, $(x x + \frac{1}{2} a x + p)^2 - (q x + r)^2 = 0$, où il s'agisse de déter-

---

(*) Cette méthode appartient plutôt à *Louis Ferrari*. On la nomme improprement la *regle de Bombelli*, ainsi qu'on attribue à *Cardan* la méthode imaginée par *Scipion Ferreo*.

miner les lettres p, q & r, de maniere qu'on obtienne l'équation proposée. Si on range la nouvelle équation, on aura

$$x^4 + ax^3 + \tfrac{1}{4}aaxx + apx + pp$$
$$+ 2pxx - 2qrx - rr$$
$$- qqxx.$$

Or les deux premiers termes font ici déjà les mêmes que dans l'équation donnée ; le troisieme terme exige qu'on fasse $\tfrac{1}{4}aa + 2p - qq = b$, ce qui donne $qq = \tfrac{1}{4}aa + 2p - b$; le quatrieme terme indique qu'on doit faire $ap - 2qr = c$, ou $2qr = ap - c$; enfin on a pour le dernier terme $pp - rr = d$, ou $rr = pp - d$. Voilà donc trois équations qui doivent donner les valeurs de p, q & r.

767.

La maniere la plus facile d'en tirer ces valeurs est la suivante : qu'on prenne la premiere équation quatre fois, on aura $4qq = aa + 8p - 4b$; cette équation multipliée par la derniere, $rr = pp - d$, donne

$$4qqrr$$

$$4qqrr = 8p^3 + (aa - 4b)pp - 8dp - d$$
$$(aa - 4b).$$

Si de plus on quarre la seconde équation, on aura $4qqrr = aapp - 2acp + cc$. Ainsi nous avons pour $4qqrr$ deux valeurs qu'on peut égaler entr'elles, ce qui fournit l'équation $8p^3 + (aa - 4b)pp - 8dp - d(aa - 4b) = aapp - 2acp + cc$, ou, en portant tous les termes d'un même côté, $8p^3 - 4bpp + (2ac - 8d)p - aad + 4bd - cc = 0$, équation du troisieme degré, qui donnera toujours la valeur de p par les regles exposées plus haut.

768.

Ayant donc déterminé les trois valeurs de p par les données a, b, c, d, ce qui ne demande que d'avoir trouvé une seule de ces valeurs, on aura aussi les valeurs des deux autres lettres q & r ; car la premiere équation donnera $q = \sqrt{\frac{1}{4}aa + 2p - b}$, & la seconde donne $r = \frac{ap - c}{2q}$. Or ces trois valeurs étant déterminées pour chaque cas donné, voici comment on pourra trouver enfin les quatre racines de l'équation proposée :

Cette équation ayant été réduite à la forme $(xx + \frac{1}{2}axp)^2 - (qx+r)^2 = 0$, on aura $(xx + \frac{1}{2}ax + p)^2 = (qx+r)^2$, & en tirant la racine, $xx + \frac{1}{2}ax + p = qx + r$, ou bien $xx + \frac{1}{2}ax + p = -qx - r$. La premiere équation donne $xx = (q - \frac{1}{2}a) x - p + r$, d'où l'on peut avoir deux racines ; & la seconde équation, à laquelle on peut donner la forme $xx = -(q + \frac{1}{2}a) x - p - r$, fournira les deux autres racines.

769.

Eclairciffons cette regle par un exemple, & fuppofons donnée l'équation $x^4 - 10x^3 + 35xx - 50x + 24 = 0$. Si nous la comparons avec notre formule générale, nous avons $a = -10$, $b = 35$, $c = -50$, $d = 24$, & par conféquent l'équation qui doit donner la valeur de p eft $8p^3 - 140pp + 808p$

$-1540 = 0$, ou $2p^3 - 35pp + 202p - 385$
$= 0$. Les diviseurs du dernier terme sont
1, 5, 7, 11, &c. Le premier 1 ne satisfait pas ; mais en faisant $p = 5$, on trouve
$250 - 875 + 1010 - 385 = 0$, en sorte que
$p = 5$. Si on suppose de plus $p = 7$, on
trouve $686 - 1715 + 1414 - 385 = 0$,
marque que $p = 7$ est la seconde racine.
Il reste à trouver la troisieme racine : qu'on
divise donc l'équation par 2, pour avoir
$p^3 - \frac{35}{2} pp + 101p - \frac{385}{2} = 0$, & qu'on considere que le coefficient du second terme,
ou $\frac{35}{2}$, étant la somme de toutes les trois
racines, & les deux premieres faisant ensemble 12, la troisieme doit nécessairement être $\frac{11}{2}$.

Nous connoissons par conséquent les
trois racines en question. Mais remarquons
qu'une seule eût suffi, parce que chacune
donne également les quatre racines de
notre équation du quatrieme degré.

770.

Pour le prouver, soit d'abord $p=5$; nous aurons $q=\sqrt{25+10-35}=0$, & $r=-\frac{50+50}{0}=\frac{0}{0}$. Or rien n'étant déterminé par-là, prenons la troisieme équation $rr=pp-d=25-24=1$, de sorte que $r=1$; nos deux équations du second degré seront:

I.) $xx=5x-4$, II.) $xx=5x-6$.

La premiere donne les deux racines $x=\frac{5}{2}\pm\sqrt{\frac{9}{4}}$, ou $x=\frac{5\pm3}{2}$, c'est-à-dire $x=4$ & $x=1$.

La seconde équation donne $x=\frac{5}{2}\pm\sqrt{\frac{1}{4}}=\frac{5\pm1}{2}$, c'est-à-dire, $x=3$ & $x=2$.

Mais supposons maintenant $p=7$, nous aurons $q=\sqrt{25+14-35}=2$ & $r=-\frac{70+50}{4}=-5$, d'où résultent les deux équations du second degré, I.) $xx=7x-12$, II.) $xx=5x-2$; la premiere donne $x=\frac{7}{2}\pm\sqrt{\frac{1}{4}}$, ou $x=\frac{7\pm1}{2}$, ainsi $x=4$ & $x=3$; la seconde fournit la racine $x=\frac{3}{2}\pm\sqrt{\frac{1}{4}}=\frac{3\pm1}{2}$, & par conséquent $x=2$, &

$x=1$; de forte que par cette feconde fuppofition on trouve les mêmes quatre racines que par la premiere.

Enfin les mêmes racines fe trouvent, par
la troifieme valeur de p, $=\frac{11}{2}$. Car on a
dans ce cas $q=\sqrt{25+11-35}=1$, &
$r=-\frac{55+50}{2}=-\frac{5}{2}$; & par-là les deux équations du fecond degré,

I.) $xx=6x-8$, II.) $xx=4x-3$.
On tire de la premiere, $x=3\pm\sqrt{1}$, c'eſt-
à-dire, $x=4$ & $x=2$; & de la feconde,
$x=2\pm\sqrt{1}$, c'eſt-à-dire, $x=3$ & $x=1$,
ce qui forme encore les quatre racines trouvées ci-devant.

771.

Soit propofée cette autre équation, x^4
$-16x-12=0$, dans laquelle $a=0$,
$b=0$, $c=-16$, $d=-12$. Notre équation du troifieme degré fera, $8p^3+96p$
$-256=0$, ou $p^3+12p-32=0$, & on
peut rendre cette équation encore plus fimple, en faifant $p=2t$; car on a alors $8t^3$

$+24t-32=0$, ou $t^3+3t-4=0$. Les diviſeurs du dernier terme ſont 1, 2, 4. Une des racines ſe trouve être $t=1$; donc $p=2$, $q=\sqrt{4}=2$, & $r=\frac{16}{4}=4$. Par conſéquent les deux équations du ſecond degré ſont $xx=2x+2$, & $xx=-2x-6$, & elles fourniſſent les racines $x=1\pm\sqrt{3}$ & $x=-1\pm\sqrt{-5}$.

772.

Nous tâcherons de rendre encore plus familiere la réſolution dont nous parlons, en la répétant toute entiere dans l'exemple ſuivant :

On a l'équation $x^4-6x^3+12xx-12x+4=0$, qui doit être contenue dans la formule $(xx-3x+p)^2-(qx+r)^2=0$, dans la premiere partie de laquelle on a mis $-3x$, parce que -3 eſt la moitié du coefficient -6 du ſecond terme de l'équation propoſée. Cette formule étant développée, donne $x^4-6x^3+(2p+9-qq)xx-(6p+2qr)x+pp-rr=0$, à comparer avec notre équation, & il en résulte les égalités suivantes :

I.) $2p+9-qq=12$, II.) $6p+2qr=12$, III.) $pp-rr=4$. La premiere donne, $qq=2p-3$; la seconde, $2qr=12-6p$, ou $qr=6-3p$; la troisieme, $rr=pp-4$. Multipliant rr par qq, on a $qqrr=2p^3-3pp-8p+12$; & d'un autre côté, si on quarre la valeur de qr, on a $qqrr=36-36p+9pp$; ainsi nous avons l'équation $2p^3-3pp-8p+12=9pp-36p+36$, ou $2p^3-12pp+28p-24=0$, ou $p^3-6pp+14p-12=0$, dont une des racines est $p=2$; & il s'enfuit que $qq=1$, $q=1$ & $qr=r=0$. Donc notre équation sera $(xx-3x+2)^2=xx$, & la racine quarrée en sera $xx-3x+2=\pm x$. Si on adopte le signe supérieur, on a $xx=4x-2$; & en admettant le signe inférieur, on obtient $xx=2x-2$, d'où se tirent les quatre racines $x=2\pm\sqrt{2}$, & $x=1\pm\sqrt{-1}$.

CHAPITRE XV.

D'une nouvelle méthode de réfoudre les Equations du quatrieme degré.

773.

Nous avons vu comment, par la regle de *Bombelli*, on réfout les équations du quatrieme degré par le moyen d'une équation du troifieme degré ; mais on a trouvé, depuis l'invention de cette regle, une autre voie pour parvenir à cette réfolution ; & comme cette méthode eft tout-à-fait différente de la premiere, elle mérite d'être expliquée féparément (*).

774.

On fuppofe que la racine d'une équation du quatrieme degré a la forme $x = \sqrt{p}$

(*) La méthode dont il va être queftion, appartient à M. *Euler* lui-même. Il l'a expofée dans le fixieme volume des anciens Commentaires de Pétersbourg.

$+\sqrt{q}+\sqrt{r}$, où les lettres p, q, r signifient les racines d'une équation du troisieme
degré, $z^3-fzz+gz-h=0$; en sorte que
$p+q+r=f$, $pq+pr+qr=g$, & $pqr=h$.
Cela posé, on quarre la formule adoptée,
$x=\sqrt{p}+\sqrt{q}+\sqrt{r}$, & on a $xx=p+q$
$+r+2\sqrt{pq}+2\sqrt{pr}+2\sqrt{qr}$; & puisque
$p+q+r=f$, on a $xx-f=2\sqrt{pq}+2\sqrt{pr}$
$+2\sqrt{qr}$; on prend de nouveau les quarrés,
& on trouve $x^4-2fxx+ff=4pq+4pr$
$+4qr+8\sqrt{ppqr}+8\sqrt{pqqr}+8\sqrt{pqrr}$. Or
$4pq+4pr+4qr=4g$, ainsi l'équation devient $x^4-2fxx+ff-4g=8\sqrt{pqr}.(\sqrt{p}$
$+\sqrt{q}+\sqrt{r})$; mais $\sqrt{p}+\sqrt{q}+\sqrt{r}=x$,
& $pqr=h$, ou $\sqrt{pqr}=\sqrt{h}$; donc on parvient à l'équation du quatrieme degré x^4
$-2fxx-8x\sqrt{h}+ff-4g=0$, dont une
des racines est surement $x=\sqrt{p}+\sqrt{q}$
$+\sqrt{r}$, & où p, q & r font les racines de
l'équation du troisieme degré, z^3-fzz
$+gz-h=0$.

775.

L'équation du quatrieme degré, à laquelle nous sommes parvenus, peut être regardée comme générale, quoique le second terme x^3 y manque ; car nous ferons voir plus bas qu'une équation complette quelconque peut être transformée en une autre où le second terme soit ôté.

Soit donc proposée l'équation $x^4 - axx - bx - c = 0$, pour en déterminer une racine. Nous la comparerons avec la formule trouvée, afin de parvenir aux valeurs de f, g & h ; il faut 1°. que $2f = a$, & $f = \frac{a}{2}$; 2°. que $8\sqrt{h} = b$, ainsi $h = \frac{bb}{64}$; 3°. que $ff - 4g = -c$, ou $\frac{aa}{4} - 4g + c = 0$, ou $\frac{1}{4}aa + c = 4g$; par conséquent que $g = \frac{1}{16}aa + \frac{1}{4}c$.

776.

Puis donc que l'équation $x^4 - axx - bx - c = 0$, donne les valeurs des lettres f, g & h, de maniere que $f = \frac{1}{2}a$, $g = \frac{1}{16}aa$

$+\frac{1}{4}c$, & $h=\frac{1}{64}bb$, ou $\sqrt{h}=\frac{1}{8}b$, on formera de ces valeurs l'équation du troisieme
degré $z^3-fzz+gz-h=0$, pour en chercher les trois racines par la regle connue.
Et si l'on suppose ces racines, I.) $z=p$,
II.) $z=q$, III.) $z=r$, il faut qu'une des racines de notre équation du quatrieme degré
soit $x=\sqrt{p}+\sqrt{q}+\sqrt{r}$.

777.

Il semble d'abord que cette méthode ne
fournit qu'une seule des racines de l'équation proposée; mais si on réfléchit que chaque signe $\sqrt{}$ peut être pris, tant négativement que positivement, on sentira sur
le champ que cette formule contient même
toutes les quatre racines.

Il y a plus, si on vouloit admettre tous
les changemens possibles des signes, on
auroit huit valeurs différentes pour x, &
cependant quatre seulement peuvent avoir
lieu. Mais remarquons que le produit de
ces trois termes, qui est $\sqrt{pqr}$, doit être

égal à $\sqrt{h}=\frac{1}{8}b$, & que si $\frac{1}{8}b$ est positif, le produit des termes $\sqrt{p}$, $\sqrt{q}$ & $\sqrt{r}$, doit pareillement être positif, de sorte que les variations admissibles se réduisent aux quatre qui suivent :

I.) $x = \sqrt{p} + \sqrt{q} + \sqrt{r}$,

II.) $x = \sqrt{p} - \sqrt{q} - \sqrt{r}$,

III.) $x = -\sqrt{p} + \sqrt{q} - \sqrt{r}$,

IV.) $x = -\sqrt{p} - \sqrt{q} + \sqrt{r}$.

De même, quand $\frac{1}{8}b$ est négatif, on a simplement les quatre valeurs de x que voici :

I.) $x = \sqrt{p} + \sqrt{q} - \sqrt{r}$,

II.) $x = \sqrt{p} - \sqrt{q} + \sqrt{r}$,

III.) $x = -\sqrt{p} + \sqrt{q} + \sqrt{r}$,

IV.) $x = -\sqrt{p} - \sqrt{q} - \sqrt{r}$.

Cette remarque nous met en état de déterminer les quatre racines dans tous les cas; l'exemple suivant le fera voir.

778.

Soit propofée l'équation du quatrieme degré $x^4 - 25xx + 60x - 36 = 0$, dans laquelle le fecond terme manque. Si nous la comparons avec la formule générale, nous avons $a = 25$, $b = -60$ & $c = 36$, & après cela $f = \frac{25}{2}$, $g = \frac{625}{16} + 9 = \frac{769}{16}$, & $h = \frac{225}{4}$; moyennant quoi notre équation du troifieme degré devient:

$$z^3 - \frac{25}{2}zz + \frac{769}{16}z - \frac{225}{4} = 0.$$

Pour chaffer d'abord les fractions, faifons $z = \frac{u}{4}$; nous aurons $\frac{u^3}{64} - \frac{25}{2} \cdot \frac{u^2}{16} + \frac{769}{16} \cdot \frac{u}{4} - \frac{225}{4} = 0$, & en multipliant par le plus grand dénominateur, $u^3 - 50uu + 769u - 3600 = 0$. Il faut déterminer les trois racines de cette équation; elles fe trouvent toutes trois pofitives; l'une d'elles eft $u = 9$, & en divifant l'équation par $u - 9$, on trouve la nouvelle équation $uu - 41u + 400 = 0$, ou $uu = 41u - 400$, qui donne $u = \frac{41}{2} \pm \sqrt{\frac{1681}{4} - \frac{1600}{4}} = \frac{41 \pm 9}{2}$; de forte que les trois racines font $u=9$, $u=16$, & $u=25$. Par conféquent

I.) $z=\frac{9}{4}$, II.) $z=4$, III.) $z=\frac{25}{4}$.

Et voilà donc les valeurs des lettres p, q & r, c'eft-à-dire que $p=\frac{9}{4}$, $q=4$, $r=\frac{25}{4}$. Maintenant, fi nous faifons attention que $\sqrt{pqr}=\sqrt{h}=-\frac{15}{2}$, & qu'ainfi cette valeur $=\frac{1}{8}b$ eft négative, il nous faudra, pour nous conformer à ce qui a été dit à l'égard des fignes des racines $\sqrt{p}$, $\sqrt{q}$ & $\sqrt{r}$, prendre tous ces trois radicaux en *moins*, ou n'en prendre qu'un feul en *moins*; & par conféquent, comme $\sqrt{p}=\frac{3}{2}$, $\sqrt{q}=2$ & $\sqrt{r}=\frac{5}{2}$, les quatre racines de l'équation propofée fe trouvent être :

I.) $x=\frac{3}{2}+2-\frac{5}{2}=1$,

II.) $x=\frac{3}{2}-2+\frac{5}{2}=2$,

III.) $x=-\frac{3}{2}+2+\frac{5}{2}=3$,

IV.) $x=-\frac{3}{2}-2-\frac{5}{2}=-6$.

De ces racines réfultent les quatre facteurs,

$(x-1)(x-2)(x-3)(x+6)=0$.

Les deux premiers, multipliés enſemble, donnent $xx-3x+2$; le produit des deux derniers eſt $xx+3x-18$, & en multi-pliant ces deux produits l'un par l'autre, on trouve exactement l'équation propoſée.

779.

Il nous reſte à faire voir comment une équation du quatrieme degré, dans laquelle le ſecond terme ſe trouve, peut être tranf-formée en une autre où ce terme manque. Nous donnerons pour cet effet la regle ſui-vante.

Soit propoſée l'équation générale $y^4 +ay^3 +byy+cy+d=0$. Qu'on ajoute à y la quatrieme partie du coefficient du ſecond terme, ou bien $\frac{1}{4}a$, & qu'on écrive à la place de la ſomme une nouvelle lettre x, de façon que $y+\frac{1}{4}a=x$, & par con-ſéquent $y=x-\frac{1}{4}a$; on aura $yy=xx-\frac{1}{2}ax+\frac{1}{16}aa$, $y^3=x^3-\frac{3}{4}axx+\frac{3}{16}aax-\frac{1}{64}a^3$, & enfin ce qui ſuit:

$$y^4 = x^4 - ax^3 + \tfrac{3}{8}aaxx - \tfrac{1}{16}a^3x + \tfrac{1}{256}a^4$$
$$+ay^3 = \quad +ax^3 - \tfrac{3}{4}aaxx + \tfrac{3}{16}a^3x - \tfrac{1}{64}a^4$$
$$+byy = \qquad\quad +bxx - \tfrac{1}{2}abx + \tfrac{1}{16}aab$$
$$+cy = \qquad\qquad\quad +cx - \tfrac{1}{4}ac$$
$$+d = \qquad\qquad\qquad\quad +d$$

$$\left.\begin{aligned}
x^4 + 0 - \tfrac{3}{8}aaxx + \tfrac{1}{8}a^3x - \tfrac{3}{256}a^4 \\
+bxx - \tfrac{1}{2}abx + \tfrac{1}{16}aab \\
+cx - \tfrac{1}{4}ac \\
+d
\end{aligned}\right\} = 0.$$

On a donc à préfent une équation, dans laquelle le fecond terme eft ôté, & à laquelle rien n'empêche d'appliquer la regle donnée, pour en déterminer les quatre racines. Après quoi ces valeurs de x étant trouvées, on déterminera facilement celles de y, puifque $y = x - \tfrac{1}{4}a$.

780.

Voilà où on eft parvenu jufqu'à préfent dans la réfolution des équations algébriques; c'eft inutilement qu'on s'eft donné beaucoup de peines pour réfoudre de la même maniere les équations du cinquieme degré &
de

de dimenfions plus élevées , ou pour les réduire du moins à des degrés inférieurs ; de forte qu'on n'eft pas en état de donner des regles générales pour trouver les racines des équations qui paffent le quatrieme degré.

Tout ce qu'on a eu de fuccès ne s'étend qu'à des cas très-particuliers ; le principal de ces cas eft celui où une racine rationnelle a lieu ; car on la trouve facilement par la méthode des divifeurs , parce qu'on fait qu'une telle racine doit toujours être facteur du dernier terme ; le procédé , au refte , eft le même que celui que nous avons enfeigné pour les équations du troifieme & du quatrieme degré.

781.

Il fera cependant néceffaire d'appliquer encore la regle de *Bombelli* auffi à une équation qui n'ait point de racines rationnelles.

Soit donnée l'équation $y^4 - 8v^3 + 14yy$

$+4y-8=0$. Il faudra commencer par retrancher le second terme, en ajoutant le quart de son coefficient à y, en suppofant $y-2=x$, & en fubftituant dans l'équation, au lieu de y fa nouvelle valeur $x+2$, au lieu de yy la valeur $xx+4x+4$, & au lieu de y^3 la valeur $x^3+6xx+12x+8$. Et faifant de même à l'égard de y^4, on aura:

$$
\begin{aligned}
y^4 &= x^4+8x^3+24xx+32x+16 \\
-8y^3 &= \quad\ -8x^3-48xx-96x-64 \\
+14yy &= \qquad\quad +14xx+56x+56 \\
+4y &= \qquad\qquad\quad +4x+8 \\
-8 &= \qquad\qquad\qquad\ -8 \\
\hline
x^4 &+ 0 -10xx-4x+8=0.
\end{aligned}
$$

Cette équation étant comparée avec notre formule générale, donne $a=10$, $b=4$, $c=-8$; d'où nous concluons que $f=5$, $g=\frac{17}{4}$, $h=\frac{1}{4}$ & $\sqrt{h}=\frac{1}{2}$; que le produit $\sqrt{pqr}$ fera pofitif; & que c'eft de l'équation du troifieme degré $z^3-5zz+\frac{17}{4}z-\frac{1}{4}=0$, qu'il faut chercher les trois racines p, q, r.

782.

Retranchons d'abord les fractions de cette équation. Si nous faisons $z = \frac{u}{2}$, nous avons, après avoir multiplié par 8, l'équation $u^3 - 10uu + 17u - 2 = 0$, où toutes les racines sont positives. Or les diviseurs du dernier terme sont 1 & 2; si nous essayons par $u = 1$, nous trouvons $1 - 10 + 17 - 2 = 6$; ainsi l'équation ne se réduit pas à zéro; mais en essayant par $u = 2$, nous trouvons $8 - 40 + 34 - 2 = 0$, ce qui satisfait à l'équation, & donne à connoître que $u = 2$ est une des racines. Les deux autres se trouveront en divisant par $u - 2$, comme de coutume; le quotient $uu - 8u + 1 = 0$ donne $uu = 8u - 1$, & $u = 4 \pm \sqrt{15}$. Et puisque $z = \frac{1}{2}u$, les trois racines de l'équation du troisieme degré sont, I.) $z = p = 1$, II.) $z = q = \frac{4+\sqrt{15}}{2}$, III.) $z = r = \frac{4-\sqrt{15}}{2}$.

783.

Ayant donc déterminé p, q, r, nous avons aussi leurs racines quarrées, savoir:

$$\sqrt{p}=1, \sqrt{q}=\frac{\sqrt{8-2\sqrt{15}}}{2}, \& \sqrt{r}=\frac{\sqrt{8-2\sqrt{15}}}{2}.$$

Mais nous avons vu plus haut, (675, 676), que la racine quarrée de $a\pm\sqrt{b}$, quand $\sqrt{aa-b}=c$, s'exprime par $\sqrt{a\pm\sqrt{b}}$ $=\sqrt{\frac{a+c}{2}}\pm\sqrt{\frac{a-c}{2}}$; ainsi, comme dans notre cas $a=8$ & $\sqrt{b}=2\sqrt{15}$, & que par conséquent $b=60$ & $c=2$, nous avons $\sqrt{8+2\sqrt{15}}=\sqrt{5}+\sqrt{3}$, & $\sqrt{8-2\sqrt{15}}$ $=\sqrt{5}-\sqrt{3}$.

Or nous avons maintenant $\sqrt{p}=1$, $\sqrt{q}=\frac{\sqrt{5}+\sqrt{3}}{2}$, & $\sqrt{r}=\frac{\sqrt{5}-\sqrt{3}}{2}$; donc, puisque nous savons aussi que le produit de ces quantités est positif, les quatre valeurs de x feront celles-ci:

I.) $x=\sqrt{p}+\sqrt{q}+\sqrt{r}=1+\frac{\sqrt{5}+\sqrt{3}+\sqrt{5}-\sqrt{3}}{2}$
$=1+\sqrt{5}$,

II.) $x=\sqrt{p}-\sqrt{q}-\sqrt{r}=1-\frac{\sqrt{5}-\sqrt{3}-\sqrt{5}+\sqrt{3}}{2}$
$=1-\sqrt{5}$,

III.) $x = -\sqrt{p} + \sqrt{q} - \sqrt{r} = -1 + \frac{\sqrt{5}+\sqrt{3}-\sqrt{5}+\sqrt{3}}{2}$

$= -1 + \sqrt{3}$,

IV.) $x = -\sqrt{p} - \sqrt{q} + \sqrt{r} = -1 - \frac{\sqrt{5}-\sqrt{3}+\sqrt{5}-\sqrt{3}}{2}$

$= -1 - \sqrt{3}$.

Enfin, comme nous avions $y = x + 2$, les quatre racines de l'équation propofée font :

I.) $y = 3 + \sqrt{5}$,   III.) $y = 1 + \sqrt{3}$,

II.) $y = 3 - \sqrt{5}$,   IV.) $y = 1 - \sqrt{3}$.

CHAPITRE XVI.

De la réfolution des Equations par des approximations.

784.

LORSQUE les racines d'une équation ne font pas rationnelles, foit qu'on puiffe les exprimer par des quantités radicales, foit qu'on n'ait pas même cette reffource, comme c'eft le cas pour les équations qui paffent le quatrieme degré, on eft obligé de fe contenter de déterminer leurs valeurs par des approximations, c'est-à-dire par des voies qui font qu'on approche toujours davantage de la vraie valeur, jufqu'à ce que l'erreur puiffe être cenfée nulle. On a propofé différentes méthodes de cette efpece, nous allons détailler les principales.

785.

Le premier moyen dont nous parlerons, fuppofe qu'on ait déjà déterminé affez exactement la valeur d'une racine (*) ; qu'on fache, par exemple, qu'une telle valeur furpaffe 4, & qu'elle eft plus petite que 5. Dans ce cas, fi l'on fuppofe cette valeur $= 4 + p$, on eft fûr que p exprime une fraction. Or fi p eft une fraction, & par conféquent moindre que l'unité, le quarré

(*) Cette méthode eft celle que *Newton* a donnée au commencement de fa *méthode des fluxions*. En l'approfondiffant on la trouve fujette à différentes imperfections ; c'eft pourquoi on y fubftituera avec avantage la méthode que M. *de la Grange* a donnée dans les Mémoires de Berlin, pour les années 1767 & 68.

de p, fon cube, & en général toutes les puiſſances plus hautes de p, feront encore beaucoup plus petites à l'égard de l'unité, & cela fait que, puiſqu'il ne s'agit que d'une approximation, on peut les omettre dans le calcul. Quand on aura donc déterminé à peu près la fraction p, on connoîtra déjà plus exactement la racine $4+p$; on partira de-là pour déterminer une nouvelle valeur encore plus exacte, & on continuera de la même maniere, jufqu'à ce qu'on ait approché de la vérité autant qu'on le fouhaitoit.

786.

Nous éclaircirons cette méthode d'abord par un exemple facile, en cherchant par approximation la racine de l'équation $xx = 20$.

On voit ici que x eſt plus grand que 4 & plus petit que 5; en conféquence de cela on fera $x = 4+p$, & on aura $xx = 16 + 8p + pp = 20$; mais comme pp eſt très-petit, on négligera ce terme pour avoir seulement l'équation $16 + 8p = 20$, ou $8p = 4$; elle donne $p = \frac{1}{2}$ & $x = 4\frac{1}{2}$, ce qui approche déjà beaucoup plus de la vérité. Si donc on suppose à présent $x = 4\frac{1}{2} + p$; on est sûr que p signifie une fraction encore beaucoup plus petite qu'auparavant, & qu'on pourra négliger pp à bien plus forte raison. On aura donc $xx = 20\frac{1}{4} + 9p = 20$, ou $9p = -\frac{1}{4}$, & par conséquent $p = -\frac{1}{36}$; donc $x = 4\frac{1}{2} - \frac{1}{36} = 4\frac{17}{36}$.

Que si l'on vouloit approcher encore davantage de la vraie valeur, on feroit $x = 4\frac{17}{36} + p$, & on auroit $xx = 20\frac{1}{1296} + 8\frac{34}{36}p = 20$; ainsi $8\frac{34}{36}p = -\frac{1}{1296}$, $322p = -\frac{36}{1296} = -\frac{1}{36}$, & $p = -\frac{1}{36.322} = -\frac{1}{11592}$. Donc $x = 4\frac{17}{36} - \frac{1}{11592} = 4\frac{4473}{11592}$, valeur qui approche si fort de la vérité, qu'on peut avec confiance regarder l'erreur comme nulle.

787.

Généralifons ce que nous venons d'expofer, en fuppofant que l'équation donnée foit $xx = a$, & qu'on fache d'avance que x eft plus grand que n, mais plus petit que $n+1$. Si après cela nous fuppofons $x = n + p$, en forte que p doive être une fraction, & que pp puiffe fe négliger comme une quantité très-petite, nous aurons $xx = nn + 2np = a$; ainfi $2np = a - nn$, & $p = \frac{a-nn}{2n}$; par conféquent $x = n + \frac{a-nn}{2n} = \frac{nn+a}{2n}$. Or fi n approchoit déjà de la vraie valeur, cette nouvelle valeur $\frac{nn+a}{2n}$ en approchera encore beaucoup plus. Ainfi en la fubftituant à n, on fe trouvera encore plus près de la vérité; on aura une nouvelle valeur qu'on pourra fubftituer de nouveau, afin d'approcher encore davantage; & on pourra continuer le même procédé auffi loin qu'on voudra.

Soit, par exemple, $a = 2$, c'eft-à-dire qu'on demande la racine quarrée de 2; fi

on connoît déjà une valeur aſſez approchante , & qu'on l'exprime par n , on aura
une valeur de la racine encore plus approchante, exprimée par $\frac{nn+2}{2n}$. Soit donc

I.) $n = 1$, on aura $x = \frac{3}{2}$,

II.) $n = \frac{3}{2}$, on aura $x = \frac{17}{12}$,

III.) $n = \frac{17}{12}$, on aura $x = \frac{577}{408}$;

& cette derniere valeur approche ſi fort
de $\sqrt{2}$, que ſon quarré $\frac{332929}{166464}$ ne diffère du
nombre 2 que de la petite quantité $\frac{1}{166464}$,
dont il le ſurpaſſe.

788.

On pourra procéder de la même maniere, quand il s'agira de trouver par approximation des racines cubiques, quarré-
quarrées, &c.

Soit donnée l'équation du troiſieme degré, $x^3 = a$, & qu'on ſe propoſe de trouver la valeur de $\sqrt[3]{a}$. On ſuppoſera, ſa-
chant qu'elle eſt à peu près n , que $x = n$
$+ p$; on aura, en omettant pp & p^3 , x^3

$$= n^3 + 3nnp = a \; ; \quad \text{ainsi} \quad 3nnp = a - n^3,$$

& $p = \dfrac{a - n^3}{3nn}$; donc $x = \dfrac{2n^3 + a}{3nn}$. Si donc

n est de fort près $= \sqrt[3]{a}$, la formule que l'on vient de trouver en approchera encore beaucoup plus. Mais pour une précision encore plus grande, on pourra la substituer à son tour à la place de n, & ainsi de suite.

Soit, par exemple, $x^3 = 2$, & qu'on veuille déterminer $\sqrt[3]{2}$. Si n approche de près le nombre cherché, la formule $\dfrac{2n^3 + 2}{3nn}$ exprimera ce nombre encore de plus près ; qu'on fasse donc

I.) $n = 1$, on aura $x = \frac{4}{3}$,

II.) $n = \frac{4}{3}$, on aura $x = \frac{91}{72}$,

III.) $n = \frac{91}{72}$, on aura $x = \frac{162130896}{128634294}$.

789.

On emploie cette méthode avec le même succès, pour trouver par approximation les racines de toutes les équations.

Suppofons, pour le faire voir, qu'on ait l'équation générale du troifieme degré, $x^3 + axx + bx + c = 0$, où n approche déjà beaucoup d'une des racines. Faifons $x = n - p$; &, puifque p fera une fraction, négligeant les puiffances de cette lettre plus hautes que le premier degré, nous aurons $xx = nn - 2np$, & $x^3 = n^3 - 3npp$, d'où réfulte l'équation $n^3 - 3nnp + ann - 2anp + bn - bp + c = 0$, ou $n^3 + ann + bn + c = 3nnp + 2anp + bp = (3nn + 2an + b)p$; ainfi $p = \dfrac{n^3 + ann + bn + c}{3nn + 2an + b}$, & x

$$= n - \left(\frac{n^3 + ann + bn + c}{3nn + 2an + b} \right) = \frac{2n^3 + ann - c}{3nn + 2an + b}.$$

Cette valeur, qui eft déjà plus exacte que la premiere, étant fubftituée à la place de n, en fournira une nouvelle encore plus exacte.

790.

Soit, pour appliquer ce procédé à un exemple, $x^3 + 2xx + 3x - 50 = 0$, où

$a = 2$, $b = 3$ & $c = -50$. Si n eft cenſé approcher de près une des racines, $x = \frac{2n^3 + 2nn + 50}{3nn + 4n + 3}$, fera une valeur encore plus proche de la vraie. Or la valeur $x = 3$ n'étant pas éloignée de la véritable, nous ſuppoſerons $n = 3$, & nous trouvons $x = \frac{62}{21}$. Que ſi nous écrivions cette nouvelle valeur à la place de n, nous en trouverions une autre encore plus exacte.

791.

Nous ne donnerons pour les équations des degrés ſupérieurs au troiſieme, que l'exemple ſuivant :

Soit $x^5 = 6x + 10$, ou $x^5 - 6x - 10 = 0$, où on remarque facilement que 1 eſt trop petit, & que 2 eſt trop grand. Or, ſi $x = n$ eſt une valeur aſſez proche de la vraie, & qu'on faſſe $x = n + p$, on aura $x^5 = n^5 + 5n^4 p$, & par conſéquent $n^5 + 5n^4 p = 6n + 6p + 10$, ou $5n^4 p - 6p = 6n + 10 - n^5$. Donc $p = \frac{6n + 10 - n^5}{5n^4 - 6}$

& $x = \dfrac{4n^5 + 10}{5n^4 - 6}$. Qu'on suppose $n = 1$, on aura $x = \frac{14}{-1} = -14$; cette valeur est tout-à-fait impropre, & cela vient de ce que la valeur approchée de n étoit de beaucoup trop petite. On fera donc $n = 2$, & on aura $x = \frac{138}{74} = \frac{69}{37}$, valeur qui s'écarte beaucoup moins de la vraie. Si on se donnoit la peine de substituer maintenant, au lieu de n, la fraction $\frac{69}{37}$, on parviendroit à une valeur encore bien plus exacte de la racine x.

792.

Voilà la méthode la plus ordinaire pour trouver par approximation les racines d'une équation, & elle s'applique utilement dans tous les cas.

Nous allons indiquer cependant une autre méthode, qui mérite attention à cause de la facilité du calcul (*). Le fondement de

(*) La méthode d'approximation qui suit, se fonde sur la théorie des séries qu'on nomme *récurrentes*, & qui

cette méthode confifte à déterminer pour chaque équation une fuite de nombres, comme a, b, c, &c. tels que chaque terme de la fuite, divifé par le précédent, indique la valeur de la racine d'autant plus exactement, qu'on aura continué plus loin cette fuite de nombres.

Suppofons que nous foyons parvenus déjà aux termes p, q, r, f, t, &c. il faudra que $\frac{q}{p}$ indique la racine x déjà affez exactement, c'eft-à-dire qu'on ait à très-peu près $\frac{q}{p} = x$. On aura de même $\frac{r}{q} = x$, & la multiplication des deux valeurs donnera $\frac{r}{p} = x x$.

ont été imaginées par M. *de Moivre*. On doit cette méthode à M. *Daniel Bernoulli*, qui l'a donnée dans les anciens Commentaires de Pétersbourg, *tom. III*. Mais M. *Euler* la préfente ici fous un point de vue un peu différent. Ceux qui fouhaiteront d'approfondir ces matieres, peuvent confulter les chapitres XIII & XVII du premier volume de l'*Introd. in anal. inf.* de notre célebre Auteur : Ouvrage excellent, dans lequel plufieurs des matieres traitées dans cette premiere partie, & beaucoup d'autres qui font pareillement relatives aux Mathématiques pures, font développées avec autant de clarté que de profondeur.

De plus, comme $\frac{s}{r}=x$, on aura aussi $\frac{s}{p}$ $=x^3$; ensuite, puisque $\frac{t}{s}=x$, on aura $\frac{t}{p}$ $=x^4$, & ainsi de suite.

793.

Afin de nous expliquer mieux sur cette méthode, nous commencerons par l'équation du second degré $xx=x+1$, & nous supposerons que dans la série ci-dessus se présentent les termes p, q, r, s, t, &c. Or, comme $\frac{q}{p}=x$, & $\frac{r}{p}=xx$, nous obtiendrons l'équation $\frac{r}{p}=\frac{q}{p}+1$, ou $q+p=r$. Et comme nous trouvons de la même manière que $s=r+q$, & $t=s+r$; nous en concluons que chaque terme de notre suite est la somme des deux termes précédens; de sorte qu'ayant les deux premiers termes, on est en état de continuer facilement la suite aussi loin qu'on voudra. Quant à ces deux premiers termes, on peut les prendre à volonté; si nous supposons donc qu'ils soient 0, 1, notre suite sera 0, 1, 1, 2,

3,

3, 5, 8, 13, 21, 34, 55, 89, 144, &c.
& telle que, fi on en divife un terme quelconque par celui qui le précede immédiatement, on aura une valeur de x d'autant
plus approchante de la véritable, qu'on
aura choifi un terme plus éloigné. L'erreur,
à la vérité, eft très-grande au commencement; mais plus on avance, & plus elle
diminue. Voici la fuite de ces valeurs de x,
dans l'ordre où elles s'approchent toujours
davantage de la véritable:

$$x = \frac{1}{0}, \frac{1}{1}, \frac{2}{1}, \frac{3}{2}, \frac{5}{3}, \frac{8}{5}, \frac{13}{8}, \frac{21}{13}, \frac{34}{21}, \frac{55}{34},$$
$$\frac{89}{55}, \frac{144}{89}, \&c.$$

Si, par exemple, on fait $x = \frac{21}{13}$, on a
$\frac{441}{169} = \frac{21}{13} + 1 = \frac{442}{169}$, où l'erreur n'eft que de
$\frac{1}{169}$: les termes fuivans la donneroient en-
core plus petite.

794.

Confidérons auffi l'équation $xx = 2x + 1$;
& puifque toujours $x = \frac{q}{p}$, & $xx = \frac{r}{p}$,
nous aurons $\frac{r}{p} = \frac{2q}{p} + 1$, ou $r = 2q + p$.

Tome I. X x

d'où nous concluons que le double de chaque terme ajouté au terme précédent, donne le terme fuivant. Si nous commençons donc encore par 0, 1, nous aurons la férie :

0, 1, 2, 5, 12, 29, 70, 169, 408, &c.

d'où il s'enfuit que la valeur cherchée de x fera exprimée de plus en plus exactement par les fractions fuivantes :

$$x = \frac{1}{0}, \ \frac{2}{1}, \ \frac{5}{2}, \ \frac{12}{5}, \ \frac{29}{12}, \ \frac{70}{29}, \ \frac{169}{70}, \ \frac{408}{169}, \ \&c.$$

lefquelles, par conféquent, approcheront toujours davantage de la vraie valeur $x = 1 + \sqrt{2}$; de forte que fi on retranche de ces fractions l'unité, la valeur de $\sqrt{2}$ fe trouvera exprimée de plus en plus exactement par les fractions :

$$\frac{1}{0}, \ \frac{1}{1}, \ \frac{3}{2}, \ \frac{7}{5}, \ \frac{17}{12}, \ \frac{41}{29}, \ \frac{99}{70}, \ \frac{239}{169}, \ \&c.$$

Par exemple, $\frac{99}{70}$ a pour quarré $\frac{9801}{4900}$, ce qui ne diffère que de $\frac{1}{4900}$ du nombre 2.

795.

Cette méthode n'eft pas moins applicable aux équations qui ont un plus grand nombre de dimenfions. Si l'on a, par exemple, l'équation du troifieme degré $x^3 = xx + 2x + 1$, on fera $x = \frac{q}{p}$, $xx = \frac{r}{p}$, & $x^3 = \frac{f}{p}$, & on aura $f = r + 2q + p$, par où l'on voit comment, par les trois termes p, q & r, on doit déterminer le fuivant f; & comme le commencement eft toujours arbitraire, on peut former la férie qui fuit:

$$0, 0, 1, 1, 3, 6, 13, 28, 60, 129, \&c.$$

de laquelle réfultent les fractions fuivantes pour les valeurs approchées de x:

$$x = \frac{0}{0}, \frac{1}{0}, \frac{1}{1}, \frac{3}{1}, \frac{6}{3}, \frac{13}{6}, \frac{28}{13}, \frac{60}{28}, \frac{129}{60}, \&c.$$

les premieres de ces valeurs font prodigieufement en défaut; mais fi on fubftitue dans l'équation, au lieu de x, $\frac{60}{28}$ ou $\frac{15}{7}$, on trouve $\frac{3375}{343} = \frac{225}{49} + \frac{30}{7} + 1 = \frac{3388}{343}$, où l'erreur n'eft que de $\frac{13}{343}$.

796.

Il faut remarquer cependant que toutes les équations ne font pas de nature à pouvoir y appliquer cette méthode; & particuliérement lorfque le fecond terme manque, elle ne peut être employée. Car foit ; par exemple, $xx = 2$; fi on vouloit faire $x = \frac{q}{p}$ & $xx = \frac{r}{p}$, on auroit $\frac{r}{p} = 2$, ou $r = 2p$, c'eft-à-dire $r = 0q + 2p$, d'où ré-fulteroit la fuite

$1, 1, 2, 2, 4, 4, 8, 8, 16, 16, 32, 32$ &c.

de laquelle on ne peut rien conclure, parce que chaque terme, divifé par le précédent, donne toujours $x = 1$, ou $x = 2$. Mais on peut obvier à cet inconvénient, en faifant $x = y - 1$; car de cette façon on a $yy + 2y - 1 = 2$; & fi l'on fait maintenant $y = \frac{q}{p}$ & $yy = \frac{r}{p}$, on trouve l'approximation que nous avons déjà donnée ci-deffus.

797.

Il en feroit de même de l'équation $x^2 = 2$; elle ne fourniroit pas une telle fuite de nombres qui indiquât la valeur de $\sqrt[3]{2}$. Mais on n'a qu'à fuppofer $x = y - 1$, afin d'avoir l'équation $y^3 - 3yy + 3y - 1 = 2$, ou $y^3 = 3yy - 3y + 1$; car faifant à préfent

$y = \frac{q}{p}$, $yy = \frac{r}{p}$, & $y = \frac{f}{p}$, on a $f = 3r - 3q$ $+ 3p$, moyennant quoi l'on voit comment trois termes donnés déterminent le fuivant.

Adoptant donc trois termes quelconques pour les premiers, par exemple 0, 0, 1, on a la férie que voici :

0, 0, 1, 3, 6, 12, 27, 63, 144, 324, &c.

Les deux derniers termes de cette fuite donnent $y = \frac{324}{144}$ & $x = \frac{5}{4}$; & cette fraction approche en effet affez de la racine cubique de 2 ; car le cube de $\frac{5}{4}$ eft $\frac{125}{64}$, & celui de $2 = \frac{128}{64}$.

798.

Il faut obferver de plus, au fujet de cette méthode, que lorfque l'équation a une racine rationnelle, & qu'on choifit le commencement de la période tel que cette racine en réfulte, chaque terme de la fuite, divifé par le terme précédent, donnera également la racine exaĉtement.

Pour le faire voir, foit donnée l'équation $xx = x + 2$, dont une des racines eft

$x = 2$; comme on a ici, pour la férie, la formule $r = q + 2p$, fi on prend 1, 2 pour les deux premiers termes, on a la fuite 1, 2, 4, 8, 16, 32, 64, &c. qui eft une progreffion géométrique dont l'expofant $= 2$.

La même propriété fe prouve par l'équation du troifieme degré $x^3 = xx + 3x + 9$, qui a $x = 3$ pour une des racines. Si on fuppofe les premiers termes 1, 3, 9, on trouvera, par la formule $f = r + 3q + 9p$, la férie 1, 3, 9, 27, 81, 243, &c. qui eft pareillement une progreffion géométrique.

799.

Mais lorfque le commencement de la fuite s'écarte de la racine, il ne faut pas croire qu'on ira du moins en s'approchant de cette racine; car lorfque l'équation a plus d'une racine, la fuite ne donne par approximation que la plus grande racine; on ne trouve pas une des moindres, à moins d'avoir choifi les premiers termes convenablement pour cet effet ; cela s'éclaircira par l'exemple fuivant :

Soit l'équation $xx = 4x - 3$, dont les deux racines font $x = 1$ & $x = 3$. La formule pour la fuite eft $r = 4q - 3p$, & fi l'on prend 1, 1 pour le commencement de la férie, qui indique par conféquent la plus petite racine, on a pour la fuite entiere : 1, 1, 1, 1, 1, 1, 1, 1, &c. mais fi on adopte pour premiers termes les nombres 1, 3, qui contiennent la plus grande racine, on a la fuite : 1, 3, 9, 27, 81, 243, 729, &c. où tous les termes indiquent avec précifion la racine 3. Enfin, fi on adopte un autre commencement quelconque, pourvu qu'il foit tel que la plus petite racine n'y foit pas comprife, la férie approchera toujours davantage de la plus grande racine 3 ; c'eft ce qu'on peut voir par les féries qui fuivent :

X x iv

Commencement,

0, 1, 4, 13, 40, 121, 364, &c.

1, 2, 5, 14, 41, 122, 365, &c.

2, 3, 6, 15, 42, 123, 366, 1095, &c.

2, 1,−2, −11,−38,−118,−362, −1091, −3278, &c.

où les quotiens de la division des derniers termes par les précédens, approchent toujours plus de la racine plus grande 3, & jamais de la plus petite.

800.

On peut appliquer cette méthode même à des équations qui vont à l'infini; l'équation suivante en fournira un exemple:

$$x^\infty = x^{\infty-1} + x^{\infty-2} + x^{\infty-3} + x^{\infty-4} + \text{ &c.}$$

La série doit être telle pour cette équation, que chaque terme soit égal à la somme de tous les précédens, c'est-à-dire qu'on aura

1, 1, 2, 4, 8, 16, 32, 64, 128, &c.

d'où l'on voit que la plus grande racine

de l'équation proposée est exactement $x = 2$; & c'est ce qu'on peut faire voir aussi de la maniere suivante. Qu'on divise l'équation par x^{∞}, on aura

$$1 = \frac{1}{x} + \frac{1}{x^2} + \frac{1}{x^3} + \frac{1}{x^4} + \&c.$$

ce qui est une progression géométrique, dont la somme se trouve $= \frac{1}{x-1}$; de sorte que $1 = \frac{1}{x-1}$; multipliant donc par $x - 1$, on a $x - 1 = 1$, & $x = 2$.

801.

Outre ces deux méthodes de déterminer par des approximations les racines d'une équation, on en trouve çà & là quelques autres, mais qui sont toutes ou trop pénibles ou pas assez générales. La méthode qui mérite la préférence sur toutes, est celle que nous avons expliquée en premier lieu; car elle s'applique avec succès à toutes les especes d'équations, tandis que l'autre exige souvent que l'équation soit préparée d'une certaine maniere, fans quoi on ne pourroit en faire ufage ; nous en avons vu la preuve dans différens exemples.

Fin du Tome premier.

TABLE
DES
SECTIONS ET CHAPITRES
CONTENUS DANS CE VOLUME.

SECTION PREMIERE.

DES différentes Méthodes de calcul pour les grandeurs simples ou incomplexes.

SECTION SECONDE.

Des différentes Méthodes de calcul pour les grandeurs compofées ou complexes.